한눈에 알아보는
우리 나무 1

한눈에 알아보는 우리 나무

차이점을 비교하는
신개념 나무도감

1

박승철 지음

글항아리

1. 이 책을 쓰게 된 동기

저는 서울특별시 공무원으로 23년간 서대문구청과 은평구청에서 나무와는 관련이 없는 업무만 하다가 1998년 명예퇴직했습니다.

직장인들이 실업자가 되면 제일 먼저 하는 일이 등산이죠? 저 또한 서울에 있는 북한산부터 전국의 산을 돌아다니기 시작했습니다. 언제나 산에는 날렵하게 아름다운 새들이 예쁜 목소리로 노래하고 있으며, 365일 날마다 새로운 모습으로 변신을 거듭하는 나무와 풀들이 살고 있었습니다.

처음 산에 올랐을 때는 그저 '나무다! 꽃이다! 바위다!'라고 탄성하며 지나쳤지만 날이 갈수록 그냥 나무가 아니라 소나무, 리기다소나무, 진달래, 철쭉이라고 구별하기 시작했습니다. 나무 이름을 불러주려다 보니 내가 얼마나 나무에 대하여 무지한 사람인가 하는 것을 새삼 깨닫게 되었습니다. 아무리 둘러보아도 내가 이름을 아는 나무는 거의 없었습니다. 오랜만에 친구를 만났는데 그 친구 이름이 얼른 생각나지 않아 어색하고 민망했던 기억들이 있을 것입니다. 이와 마찬가지로 나무의 이름을 불러주지 못하는 것은 친구에 대한 모독이라는 생각이 들었습니다.

그래서 식물도감을 사서 읽어보고 인터넷을 뒤져 나무 이름을 찾아도 봤지만 도무지 오늘 내가 만났던 나무나 꽃의 이름을 알아낼 방법이 없었습니다. 어쩌다 식물도감에서 비슷한 모양의 식물을 찾게 되어 설명을 읽어보더라도 그 설명이 어찌나 어려운 말로 되어 있는지 아무리 읽어보아도 외국어를 읽는 것보다 더 이해하기 어렵기만 했습니다.

그렇게 오랜 시행착오 끝에 인터넷에서 야사모(야생화를 사랑하는 사람들의 모임 http://www.wildplant.kr)를 알게 되었습니다. 다른 사람들이 야사모에 올려준 꽃 사진을 통하여 꽃 이름을 배우게 되었으며, 또 내가 찍어 온 사진을 야사모에 올려 꽃 이름 하나 하나를 익혀 나갈 수 있게 되었습니다. 야사모에서 활동하는 박학한 고수님들이 초보가 물어보는 꽃마다 귀찮아하지 않고 성심성의를 다하여 가르쳐준 덕분에 꽃이나 나무에 대하여 많은 것을 배울 수 있었습니다. 그 분들이 아니었더라면 저는 아직도 산행 길에 '나무, 꽃, 바위' 하면서 그냥 지나치고 있을 것입니다. 야사모 여러분께 진심으로 감사 말씀을 전합니다.

인터넷에 사진을 올려 꽃 이름을 배우는 것에도 한계가 있었습니다. 우리 주변에 아주 흔하게 자라고 있는 나무들이 원예종이라는 이름으로 외면당하고 있는 것입니다. 우리 아파트의 동백꽃은 겹꽃이 피는데 어떤 식물도감에서도 겹꽃이 피는 동백나무는 찾을 수 없었습니다. 야사모에서도 겹꽃이 피는 동백은 원예종이라고 거들떠보려고 하지 않았고요. 그래서 대형 서점과 청계천 헌책방을 모조리 뒤져 절판된 책까지 사 모아 찾아봤지만 역시 찾고자 하는 나무들은 없었습니다.

우리가 너무나 잘 알고 있는 '능금'은 우리나라 기존 식물도감에 이렇게 설명되어 있습니다. "열매에 남아 있는 꽃받침의 기부가 혹처럼 부푼 것이 사과와 다르다." 그런 설명은 있지만 정작 능금나무의 사진을 올려놓은 나무도감은 아무리 찾아보아도 보이지 않습니다. 왜 없을까? 유행가 노래 가사에도 나오는 능금이 어째서 식물도감에는 없는 것일까? '꽃받침의 기부가 혹처럼 부푼' 모양은 어떤 모습일까? 이러한 의문에서 이 나무도감을 기획하고 사진을 찍어 모으게 되었습니다.

2. 이 책에 사용된 사진

1998년 직장에서 퇴직한 후 2020년까지 23년간 꽃과 나무 사진을 찍어 모아온 것이 150만 장을 훌쩍 넘어섰습니다. 이중 4만 여 장의 사진을 골라 이 책을 만들게 되었습니다. 현장에 나갔다가 이름 모르는 나무를 만나면 꽃 사진은 물론 잎의 배열, 잎 하나하나의 모양, 열매, 줄기 등 최소한 50장 이상의 사진을 찍어서 돌아왔습니다.

제가 처음 참죽나무를 본 것은 2006년 1월 아파트 뒷산 백련사에서였습니다. 특히 꽃이 아닌가 생각되었을 정도로 참죽나무의 열매 모습은 환상적으로 아름다운 모습이었습니다. 그런 멋진 열매 사진을 찍어두었으니 마땅히 꽃 사진도 찍어야겠지요? 다음해, 참죽나무의 꽃 사진을 찍으려고 이곳저곳을 기웃거렸지만 높이 20미터 정도 자라는 큰키나무喬木의 꽃 사진을 찍는다는 것은 쉬운 일이 아니었습니다. 어쩌다 운 좋게 참죽나무를 만나는 경우에도 까마득히 높이 매달려 있는 꽃은 감히 찍을 엄두도 내지 못하게 됩니다. 하릴없이 나무의 잎이나 나무껍질만 열심히 찍어 모으는 수밖에 없었던 일이 한두 번이 아니었습니다.

그러던 차 홍릉수목원에서 만난 숲 해설사 한 분으로부터 관악수목원 가는 길에 참죽나무가 살고 있다는 정보를 듣게 되었고, 그 분과 함께 꽃

피는 시기에 맞춰 관악수목원을 찾아갔습니다. 그러나 역시 꽃은 10미터 이상 높은 나무 꼭대기에 피어 있어 작은 꽃 하나하나의 모습을 사진에 담고자 하는 욕심은 접을 수밖에 없었습니다. 어쩔 수 없이 쌀알처럼 땅바닥에 떨어져 흐트러져 있는 작은 꽃(길이 6밀리미터)을 주워 루페(돋보기)로 들여다보는 것으로 만족해야만 했습니다.

기존 식물도감엔 '참죽나무에는 5개의 헛수술'이 있는 것으로 적혀 있는데 헛수술의 모습을 사진에 담지 못한 것이 못내 아쉬웠습니다. 몇 년 동안 그 헛수술 사진을 찍기 위해 6월만 되면 참죽나무 꽃을 찾아 다녔지만 허탕만 치기 일쑤였습니다. 4년이 지난 2010년 6월이 되어서야 물향기수목원에서 키가 3미터도 되지 않는 아담한 참죽나무 한 그루를 만나게 되었습니다. 그 나무에서 드디어 헛수술이 있는 참죽나무 꽃의 모습을 사진에 담을 수 있었습니다. 그렇게 몇 년 동안 자나 깨나 만나보고 싶었던 헛수술을 루페로 들여다보는 순간의 그 설렘과 짜릿한 희열을 이 세상 어떤 행복과 견줄 수 있겠습니까?

그렇게 참죽나무 사진은 마무리되는 줄 알았습니다. 그 후 제가 나무도감을 집필하면서 기존 식물도감을 펼쳐보니 "종자는 양쪽에 날개가 있다"고 적혀 있었습니다. 그래서 양쪽에 날개가 있는 참죽나무 씨앗의 모습을 다시 사진에 담아야 했지요. 참죽나무 열매는 튀는열매蒴果이므로 열매가 익으면 다섯 갈래로 갈라지면서 씨앗이 바람에 날아가버리게 됩니다. 튀는 열매가 터지는 순간을 잡지 못한다면 날개가 있어 바람에 날리는 씨앗의 사진을 담는다는 것은 불가능에 가까웠습니다. 오늘 열매가 터질까? 다음 날에 터질까? 수없이 많은 발걸음을 참죽나무로 향하지 않을 수 없었습니다. 그러던 그해 10월 드디어 열매가 터지는 모습을 만날 수 있었습니다. 그렇게 기대하고 기다리던 열매 터지는 모습을 만나는 순간 저는 첫사랑을 만난 듯 가슴이 두근두근, 셔터를 누르는 손가락은 파르르 떨렸습니다.

그런데 씨앗을 보니 '양쪽에 날개가 있는' 것이 아니라 '한쪽에만 날개가 있는' 것이 아니겠습니까. 분명 기존 식물도감의 오류였습니다. 이렇게 제가 직접 들여다보고 직접 길이를 자로 재보아 명백하게 오류임이 확인된 많은 부분이 이 책에서 수정되었습니다.

이렇게 헛수술 사진 한 장을 얻기 위해, 씨앗 사진 한 장을 얻기 위해 많은 노력과 시간이 소요되었으며, 많은 감동과 짜릿한 희열이 모아진 한 장 한 장의 사진으로 이 책을 만들게 된 것입니다.

3. 원예종에 대한 아쉬움과 사진 배치

우리나라 기존 나무도감들을 보면 대부분이 한국에서 자생하는 나무들만 취급하고 있습니다. 해외에서 도입되어 우리 땅에 뿌리를 내려 자라고 있는 원예종들은 외면하고 있는 것입니다. 우리나라에서 자생한다는 나무들조차도 과연 우리나라에서만 자라고 있는 순수한 우리 토종인 것이 맞을까요? 우리 사회도 이미 다문화 시대가 된 지 오래이며, 수입 소도 국내에서 6개월 이상만 키우면 국내 소로 인정하여 한우로 팔리고 있다는데 해외에서 도입되어 수십 년이 넘도록 우리 땅에 뿌리 내려 자라고 있는 원예종도 마땅히 우리 자원이 아니던가요?

그래서 저는 우리나라 산이나 들에 자생하고 있는 나무들은 물론이고, 공원, 수목원, 온실 등에서 자라고 있는 원예종까지 포함하여 우리 땅에 살고 있는 모든 나무를 총망라하여 백과사전처럼 찾아볼 수 있도록 하려고 노력했습니다. 그렇게 우리나라에 살고 있는 자생종과 원예종(2102종),

선인장과 다육식물(663종)까지 총 2765종을 모았습니다. 그러나 막상 책을 내려다보니 너무 방대한 양이 되어 오히려 독자의 접근을 제한할 수 있다는 우려가 발생했습니다. 그래서 아쉽지만 이번 책에서는 원예종 중 일부만 수록할 수밖에 없었습니다. 그래도 기존 식물도감에서는 볼 수 없었던 종들을 이 책에서는 많이 만나볼 수 있습니다.

기존 도감들을 보면 사진은 이쪽에 따로 모아놓고, 설명은 저쪽에 따로 적어놓다보니 좁은 지면에 사진이 작아지고 사진의 개수가 적어 책을 볼 때마다 늘 답답하다는 느낌을 지울 수 없었습니다. 저는 이런 답답한 식물도감이 싫었습니다. 좀 더 크고 시원시원한 사진을 볼 수 있고 읽을 수 있으며, 머릿속에 그 뜻이 바로 떠오를 수 있는 그런 나무도감이 필요하다고 생각했습니다. 그래서 이 책에서는 사진의 크기를 크게 하기 위해 사진 위에 직접 설명하는 글을 집어넣어 최대한 사진을 키웠습니다. 또한 설명은 학생들이 보고 읽어도 이해가 될 수 있도록 가능하면 쉬운 우리말로 풀어쓰려고 노력했습니다.

4. 행복지수

알면 곧 참으로 사랑하게 되고 知則爲眞愛
사랑하면 참으로 보게 되며 愛則爲眞看
볼 줄 알면 모으게 되니 그것은 한갓 모으는 것이 아니다 看則畜之而非徒畜也
_유한준 兪漢雋(1732~1811, 조선 후기의 뛰어난 문장가·서화가)

위의 유한준의 문장을 저는 이렇게 해석하고 싶습니다.

"나무를 알게 되면 사랑하게 되고,
나무를 사랑하게 되면 보이기 시작합니다.
그때 보이는 나무는 예전에 보아오던 모습과는 전혀 다른 새로운 모습으로
보이게 됩니다."

　책을 읽은 다음에 보는 나무는 전에 보던 나무와는 전혀 다른 새로운 모습입니다. 멀리 높은 한라산 꼭대기에 살고 있는 나무도 중요한 나무이지만, 가까이 아파트에서 말없이 오랜 세월을 버티며 살아가고 있는 나무도 분명 귀중한 나무입니다. 아파트에 살고 있는 그 나무를 사랑해보세요.

　이른 봄, 다른 나무들이 아직도 겨울잠을 자고 있을 때 커다랗고 우아한 백목련 꽃이 흐드러지게 피기 시작합니다. 사람들은 백목련 꽃이 피면 스마트폰을 꺼내 사진 찍기에 여념이 없습니다. 그러곤 그만이지요. 꽃이 진 뒤에는 아무도 거들떠보려고 하지 않습니다. 백목련의 잎이 어떤 모습인지 기억하십니까? 거위 대가리나 새 주둥이처럼 생긴 백목련의 특이한 열매 모습을 보신 적은 있는지요? 백목련의 열매껍질이 터지는 모습은요? 그 벌어진 열매 속에 들어 있는 보석처럼 아름다운 붉은색 씨앗도 못 보셨겠지요. 백목련의 붉은 씨앗이 흰 실에 대롱대롱 매달린 구슬처럼 앙증맞은 모습에 반하여 한참을 들여다본 적이 있습니다. 은은하고 향기로운 꽃향기에 흠뻑 취해 꽃 멀미를 했습니다. 자연이 우리에게 선물한 환상적이고 귀여운 그 모습에 혼을 빼앗긴 것이지요.

　우리 주변에는 행복할 거리들이 너무나 많이 널려 있습니다. 나무! 그들이 바로 우리 행복의 시작입니다. 한 나라의 언어를 알면 그 나라의 문화가 속속들이 보이기 시작하듯, 나무 이름과 특징을 알게 되면 자연이라는 큰 세계가 당신에게 무한히 열리기 시작합니다.

5. 고마운 사람들

이 책이 나오기까지 많은 도움이 있었습니다. 먼저, 우리 집 이연희 여사의 도움을 말하지 않을 수 없습니다. 공무원 생활을 접고 명예퇴직하겠다고 했을 때 흔쾌히 동의해준 것도 고맙고, 나무 사진 찍으러 다니거나 컴퓨터로 사진과 자료를 정리하는 오랜 세월 한결같이 상냥하게 대해준 이연희 여사가 없었다면 이 책의 출간은 불가능했을 겁니다.

컴퓨터와 관련하여 문제가 발생할 때마다 즉시 해결해주고, 아빠가 하는 일이라면 전폭적인 지지를 아끼지 않은 예쁜 딸 보라미에게도 고맙다는 말을 전합니다.

홍릉수목원에서 고 이영노 박사님을 포함한 훌륭한 식물 동호인들을 만나 많은 가르침을 받은 것도 큰 행운이었습니다.

끝으로 이 책의 출간을 결심해준 글항아리 강성민 대표님께 감사의 말씀을 드리며, 자료와 사진을 정리하고 전문용어를 알기 쉽게 풀어주었으며, 책을 아름답게 만들어주신 편집자와 디자이너 여러분의 노고에도 깊은 감사를 드립니다.

2021년 3월

홍은동에서 박승철

식물도감은 보통 사진과 설명을 따로 분리하다 보니, 사진이 작아지고 그 수도 적어 책을 볼 때마다 답답하다는 인상을 지울 수 없었다. 그래서 사진을 크고 시원하게 보면서도 설명을 읽을 수 있으며, 그 뜻을 바로 알 수 있는 나무도감이 필요하다고 생각했고 그에 따라 책을 구성했다. 읽을 때 미리 알아두면 유용한 것들을 간략히 설명한다.

사진의 배치

이 책에 수록된 사진은 1998년부터 2020년까지 23년 동안 현지에서 직접 찍은 150만 장의 사진 가운데 4만여 장을 고른 것이다. 이것을 재료로 나무도감을 집필하여 권당 400~500쪽 정도의 전체 8권으로 묶어낸다. 나무 종류마다 15장의 사진은 두 페이지에 걸쳐 그 나무의 특징을 보여주는, 다른 도감에서 찾아보기 힘든 대표적인 사진들로 채웠다. 이때 어떤 나무를 펼치더라도 특정 부분 사진이 같은 자리에 오도록 배치했다. 꽃차례부터 잎, 줄기, 나무의 전체적인 모습 등 사진만 비교해도 쉽게 동정同定할 수 있도록 하기 위함이다.

사진을 크게 싣기 위해 설명하는 글은 사진 위 여백을 활용해 넣었다. 이렇게 함으로써 크기가 다른 다양한 나무 사진을 그에 맞게 넣을 수 있었다. 특히 첫 사진에서는 그 종만의 독특한 특징을 개괄해 그것만 읽어도 헷갈리기 쉬운 다른 종과 쉽게 구별할 수 있도록 했다. 사진 속 나무 모습과 설명이 바로 붙어 있어 직관적 이해에 도움을 주는 것도 이 책의 큰 특징이다. 각 자리의 세부적 쓰임새는 다음과 같다.

00 종의 특징을 보여주는 대표 사진.
01 꽃차례花序 전체 모습.
02 홀성꽃單性花일 때 암꽃의 모습.
03 홀성꽃일 때 수꽃의 모습.
04 암술이나 수술, 꽃받침 등 종의 특징을 나타내는 꽃의 특정 부분을 확대.
05 잎 표면(위)과 잎 뒷면.

06 잎자루葉柄나 턱잎托葉의 모습.
07 겹잎複葉을 이루는 작은 잎小葉 하나 또는 홀잎單葉 하나.
08 잎차례葉序, 작은 잎이 모두 모여 이루는 전체 겹잎의 모습.
09 열매가 달리는 열매차례果序의 전체 모습.
10 열매 하나하나의 모습.

11 씨앗種子.
12 잎의 톱니, 잎맥葉脈, 줄기의 가시, 꽃받침, 겨울눈冬芽 등 그 나무만의 특징적인 모습.
13 햇가지新年枝 또는 어린 가지에 난 털이나 겨울눈.
14 나무껍질樹皮과 함께 나무의 높이 등 형태상의 특징.

수록종과 분류 체계

이 책은 우리나라 산과 들에서 자생하는 나무는 물론 해외에서 들여왔지만 우리 땅에 뿌리를 내린 원예종, 선인장과 다육식물까지 총 1500여 종을 수록해 국내 도감 중 가장 많은 수종을 다루고 있다. 특히 원예종 중에서도 야생에서 얼어 죽지 않고 월동하는 나무들을 포함해 공원이나 수목원, 온실 또는 실내에서 흔히 만날 수 있는 나무들까지 모두 수록하려고 노력했다. 그 가운데는 기존의 나무도감에서 찾아볼 수 없던, 이 책에서 처음으로 소개되는 종도 더러 있다. 나무는 우선 크게 일반 수종과 다육으로 나눈 다음, 다시 과별로 묶어 배열했다. 같은 과에서도 모양이나 색깔이 비슷해 헷갈리기 쉬운 종끼리 모아 가급적 비교·검토하기 쉽도록 배치했다.

각 나무는 과명을 먼저 적은 뒤 찾아보기 쉽도록 번호를 붙이고, 국명과 이명(괄호 표시), 학명을 묶어서 적었다. 학명과 국명은 국립수목원의 '국가표준식물목록'을 따랐으며, 여기에 없는 이름은 북미식물군, 중국식물지FOC, 일본식물지 등을 두루 참고했다. 선인장과 다육식물은 국가표준식물목록을 기본으로 'RSChoi 선인장정원'을 참조해 정리했다.

– 국가표준식물목록 http://www.nature.go.kr/kpni/index.do

– 북미식물군Flora of North America http://www.efloras.org

참고 자료

종에 관한 정보는『대한식물도감』(이창복, 향문사, 1982)과 국립수목원의 '국가생물종지식정보시스템'의 식물도감 편,『한국식물검색집』(이상태, 아카데미서적, 1997)을 주로 참고했다. 다만 무궁화는『무궁화』(송원섭, 세명서관, 2004)를, 선인장과 다육식물은 해외 전문 인터넷 사이트도 함께 참고했다.

– 국가생물종지식정보시스템 http://www.nature.go.kr/

용어의 사용

글은 누구나 어렵지 않게 이해할 수 있게끔 가능하면 쉬운 우리말로 풀어썼다. 전문용어를 쓸 때는 이해를 돕기 위해 사진에 그에 해당하는 부분을 함께 표시했다. 학자마다 다른 용어를 사용하고 있을 때는 일반적으로 두루 쓰이는 용어를 선택했다. 또 한자어 등 다른 이름으로도 자주 쓰이는 말은 제1권 부록에 용어사전을 따로 실어 찾아볼 수 있도록 했다.(용어사전의 양이 많아 제2권부터는 싣지 못했다.) 용어사전은 국립수목원의 '식물용어사전'과 농촌진흥청의 '농업용어사전',『우리나라 자원식물』(강병화, 한국학술정보, 2012) 등을 참고했다. 용어사전을 먼저 익힌 뒤 도감을 읽어 나가면 시간을 좀 더 절약할 수 있을 것이다.

– 국립수목원 식물용어사전 http://www.nature.go.kr/
– 농촌진흥청 농업용어사전 http://lib.rda.go.kr/newlib/dictN/dictSearch.asp

차례

암배우체大胞子毬花는 줄기 끝에
납작한 공 모양偏球形으로 달린다.

잎은 뒤로 말리며
잎 뒷면에
털이 촘촘하다.

소철

Cycas revoluta

—

작은 잎이 60〜150개인 깃꼴겹잎이다. 작은 잎은 길이 10〜20센티미터, 폭 4〜7
밀리미터의 줄꼴線形이다. 암수딴그루이며 수배우체는 줄기 끝에 길이 50〜60
센티미터의 기둥 모양으로 달린다. 길이 약 3센티미터의 열매는 붉은색으로 익
는다.

열매는 11〜12월에
붉은색으로 익는다.

열매는 황갈색 털로 덮여 있다.

겉씨껍질外種皮은 붉은색이고
열매의 길이는 약 3센티미터다.

겉씨껍질은
붉은색

씨앗

작은
홀씨잎

작은
홀씨주머니
小胞子囊

작은 홀씨잎
아래쪽에
작은 홀씨주머니가
있다.

수배우체小胞子毬花는 줄기 끝에 달리고
길이 50~60센티미터의 기둥 모양이다.

작은 홀씨잎
小胞子葉

수배우체

길이 10~20센티미터의
잎자루에는
6~18개의 가시가 있다.

작은 잎은
길이 10~20센티미터,
폭 4~7밀리미터로 줄꼴이다.

겹잎의 길이는
약 50~150센티미터다.

수배우체는 여러 개의
작은 홀씨잎으로 된
솔방울毬果 모양이다.

새잎新葉이 나오는 모습

1~4미터 높이로 자라
늘푸른떨기나무常綠灌木
또는 작은키나무小喬木다.

암수딴그루이며
수꽃이삭은 1~5개의
꼬리꽃차례에 달린다.

은행나무

[행자목]

Ginkgo biloba

—

40~60미터 높이로 자란다. 잎은 부채 모양이며 흔히 두 갈래로 갈라진다. 암수
딴그루이며 수꽃이삭의 길이는 약 15~22밀리미터로, 1~5개의 꼬리꽃차례柔夷
花序에 달린다. 암꽃의 꽃자루는 길이가 약 1~2센티미터이고 두 개의 밑씨가 달
린다. 열매의 길이는 25~35밀리미터까지 자라며 10월이면 살구색으로 익는다.

Y자맥
叉狀脈

잎맥은 굵기의 변화 없이
Y자 모양으로 갈라지는
Y자맥이다.

열매의 길이는
약 25~35밀리미터이고
10월에 살구색으로 익는다.

겉껍질外果皮 속에 열매살果肉이 있고,
그 속에 겉씨껍질外種皮에
싸인 배젖胚乳이 들어있다.

겉껍질

겉씨껍질

배젖

겉씨껍질

속씨껍질
內種皮

속씨껍질의
위쪽은 갈색이고
아래쪽은 흰색이다.

수꽃이삭의 길이는
15∼22밀리미터다.

암꽃

짧은마디가지
短枝

암꽃은 가지 끝에
4∼7개씩 달린다.

암꽃

암꽃에는
2개의 밑씨胚珠가
달린다.

잎자루의 길이는
약 5∼8(∼10)센티미터다.

잎의 폭은
약 5∼8센티미터다.

잎은 부채 모양이며
흔히 두 갈래로 갈라진다.

돌기

겉씨껍질 한 쪽 끝에
능선 수만큼의
작은 돌기가 있다.

오래된 나무줄기에
유주라고 하는
특별한 혹이 생기기도 한다.

유주
乳柱

40∼60미터 높이로
자라는 갈잎큰키나무落葉喬木다.

소나무과

전나무

[저수리 · 젓나무]

Abies holophylla

잎은 길이 2~4센티미터, 폭 1.5~2.5밀리미터다. 잎 끝은 뾰족하며 솔방울열매의 길이는 약 6~12센티미터로, 둥근기둥꼴이다. 솔방울조각實片의 길이는 25~30밀리미터이며 부채꼴이다. 씨앗의 길이는 약 8~9밀리미터이고, 15밀리미터 길이의 날개가 달려 있다.

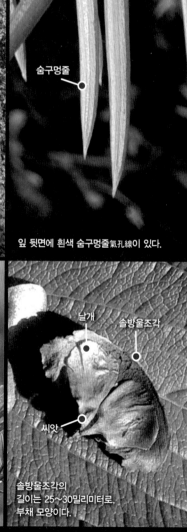

암수한그루이며
4월에 황록색 꽃이 핀다.

숨구멍줄

잎 뒷면에 흰색 숨구멍줄氣孔線이 있다.

열매는
11월에 익는다.

솔방울열매의
길이는 6~12센티미터로,
둥근기둥꼴이다.

날개

솔방울조각

씨앗

솔방울조각의
길이는 25~30밀리미터로,
부채 모양이다.

수꽃이삭의 길이는
약 15밀리미터로,
둥근기둥꼴이다.

암꽃이삭은
2〜3개씩 서로
접근하여 달린다.

암꽃이삭의
길이는 약 35밀리미터로,
긴 길둥근꼴이다.

잎 끝은
뾰족하다.

잎은 길이 2〜4센티미터,
폭 1.5〜2.5밀리미터다.

잎은 줄꼴이다.

씨앗의 길이는
8〜9밀리미터이고,
약 15밀리미터 길이의
날개가 달려 있다.

날개

씨앗

어린 가지에
털이 없거나
간혹 있다.

30〜40미터 높이로 자라는
늘푸른큰키나무常綠喬木다.

암수한그루이며
5월에 황록색 꽃이 핀다.

잎 뒷면에
흰색 숨구멍줄이
있다.

일본전나무

[굵은잎전나무]

Abies firma

—

전나무*A. holophylla*와 달리 잎 끝이 오목하게 파여 예리하게 두 갈래로 갈라진다.
솔방울열매의 길이는 12~15센티미터로 약간 큰 편이다.

활짝 핀
수꽃이삭

수꽃이삭은
잎겨드랑이에
달린다.

겨울눈

수꽃이삭의
길이는 15밀리미터로,
둥근기둥꼴이다.

꽃밥은 익으면
봉선縫線을 따라 갈라진다.

비늘조각
鱗片

수술

갈라진
부분

잎은 길이 20~35밀리미터,
폭 3~4밀리미터다.

잎 끝이
오목하게 파여
예리하게 두 갈래로
갈라진다.

늘푸른잎은
줄꼴이다.

나무껍질

어린 가지에
짧은 털이 촘촘하다.

30~50미터
높이로 자라는
늘푸른큰키나무다

수꽃이삭의
길이는 10밀리미터로,
둥근기둥꼴이다.

숨구멍줄

갈라진 부분

잎 끝은 오목하게
두 갈래로 얕게 갈라진다.

구상나무

Abies koreana
—

잎은 길이 10~15밀리미터, 폭 2~2.5밀리미터다. 잎 끝은 오목하게 두 갈래로
얕게 갈라진다. 솔방울열매의 길이는 4~6센티미터이며 둥근기둥꼴이다. 솔방울
조각의 바늘 모양 돌기는 뒤로 젖혀진다.

솔방울열매의 길이는
4~6센티미터 정도이며
둥근기둥꼴이다.

솔방울조각은 길이 9밀리미터,
폭 18밀리미터다.
날개를 포함한 씨앗의 길이는
약 10밀리미터다.

씨앗

날개

돌기

솔방울조각에
바늘 모양 돌기는
뒤로 젖혀진다.

솔방울조각

비늘조각

암꽃이삭의
길이는 약 18밀리미터다.

암꽃이삭

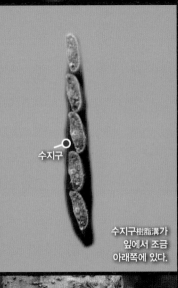

수지구

수지구樹脂溝가
잎에서 조금
아래쪽에 있다.

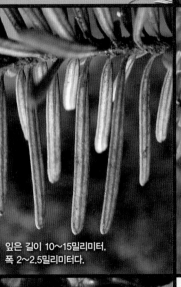

잎은 길이 10~15밀리미터,
폭 2~2.5밀리미터다.

줄꼴의 잎을 가졌다.

나무껍질은
갈라지지
않는다.

어린 가지에 난 털은
곧 없어진다.

약 18미터 높이로 자라는
늘푸른큰키나무다.

암꽃이삭의 길이는
약 18밀리미터다.

잎 뒷면에 흰색 숨구멍줄이 있고
잎 끝은 두 갈래로 오목하고
얕게 갈라진다.

숨구멍줄

검은구상

[검구상나무]

Abies koreana f. nigrocarpa

—

구상나무*A. koreana*에 비해 솔방울열매의 색깔이 검다.

솔방울열매는
검은색이다.

11월에 관찰한
솔방울열매

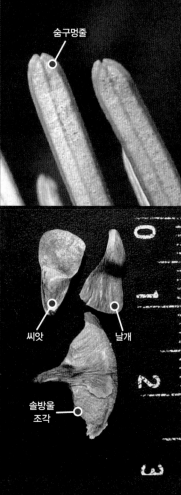

씨앗

날개

솔방울
조각

비늘조각

암꽃이삭은
검은 자주색이다.

암꽃이삭과
어린 잎

잎은 길이 10~15밀리미터,
폭 2~2.5밀리미터다.

잎은 가지에
돌려나기輪生로 달린다.

잎은 줄꼴이다.

암꽃이삭

어린 가지의 털은
곧 없어진다.

약 18미터 높이로 자라는
늘푸른큰키나무다.

검은구상

수꽃이삭의 길이는
약 10밀리미터이며
둥근기둥꼴이다.

잎 뒷면에 흰색 숨구멍줄이 있고
잎 끝은 오목하게
두 갈래로 얕게 갈라진다.

붉은구상

Abies koreana f. rubrocarpa

—

구상나무*A. koreana*에 비해 솔방울열매의 색깔이 붉다.

초기
수꽃이삭

씨앗이 날아간 후
솔방울열매의 모습

솔방울열매의 길이는
4~6센티미터 정도로
둥근기둥꼴이다.

비늘조각

암꽃이삭의 길이는
약 18밀리미터이며
자주색이다.

암꽃이삭

새잎

잎은
줄꼴이다.

잎은 길이 10~15밀리미터,
폭이 2~2.5밀리미터다.

수꽃이삭은
잎겨드랑이에 달린다.

어린 가지의 털은
곧 없어진다.

약 18미터
높이로 자라는
늘푸른큰키나무다.

수꽃이삭의 길이는
약 10밀리미터이며
둥근기둥꼴이다.

푸른구상
Abies koreana f. chlorocarpa
—
구상나무*A. koreana*에 비해 솔방울열매의 색깔이 푸르다.

잎 끝은 오목하게
두 갈래로
얕게 갈라진다.

솔방울열매의 길이는
4~6센티미터로,
둥근기둥꼴이다.

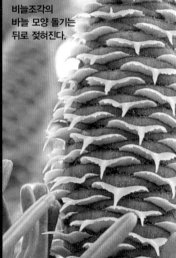

비늘조각의
바늘 모양 돌기는
뒤로 젖혀진다.

활짝 핀
수꽃이삭

암꽃이삭은 연한 초록색이다.

암꽃이삭의 길이는
약 18밀리미터다.

암꽃이삭

잎은 가지에
돌려나기로 달린다.

잎은 길이 10~15밀리미터,
폭 2~2.5밀리미터다.

잎은 줄꼴이다.

어린 암꽃이삭

어린 가지의
털은 곧 없어진다.

약 18미터 높이로
자라는
늘푸른큰키나무다.

암수한그루이며
4월에 황갈색 꽃이 핀다.

얕게 갈라진다.

숨구멍줄 ─○

잎 뒷면에
흰색 숨구멍줄이 있고
잎 끝은 예리하게
두 갈래로 얕게
갈라진다.

분비나무

Abies nephrolepis

—

구상나무*A. koreana*와 달리 잎은 길이 25~40밀리미터, 폭 2밀리미터로 길고 약간 좁은 편이며 수지구는 잎 횡단면 양쪽 중앙에 있다. 솔방울조각에 바늘 모양의 돌기는 뒤로 젖혀지지 않는다. 전나무에 비해 잎 끝은 예리하게 두 갈래로 얕게 갈라지며 일본전나무에 비하면 잎의 폭이 2밀리미터 정도로 좁은 편이다.

4월 활짝 핀
수꽃이삭

비늘조각

구상나무보다
잎의 길이가 길다.

수꽃이삭의 길이는
10밀리미터로,
둥근기둥꼴이다.

꽃밥이 터진 후의 모습

수꽃이삭

수지구

수지구는 잎 횡단면
양쪽 중앙에 있다.

잎은 길이 25～40밀리미터,
폭 2밀리미터다.

잎은 줄꼴이다.

겨울눈은 달걀 같은
둥근꼴이다.

어린 가지에
황갈색 털이 있다.

25～30미터
높이로 자라는
늘푸른큰키나무다.

암수한그루이며
10월에 황갈색 꽃이 핀다.

개잎갈나무

[히마라야시다 · 설송]

Cedrus deodara

원가지(주지)가 수평으로 퍼지며 나무껍질은 얇은 조각으로 벗겨진다. 잎의 길이는 3~4센티미터이고 잎 끝은 뾰족하다. 수꽃이삭의 길이는 3~7센티미터로, 둥근기둥꼴이며 위를 향해 달린다. 솔방울열매의 길이는 7~12센티미터이며 달걀꼴卵形이다.

숨구멍줄 ─○

잎에는 흰색
숨구멍줄이 있고
잎 끝은 뾰족하다.

솔방울열매의 길이는
7~12센티미터이며 달걀꼴이다.

씨앗 ─○

솔방울
조각 ─○

솔방울조각은 부채 모양이고,
폭 3센티미터로
두 개의 씨앗이 들어 있다.

씨앗의 길이는
10밀리미터이며,
폭 2~3센티미터의
날개가 있다.

수꽃이삭의
길이는
3~7센티미터로,
둥근기둥꼴이며
위를 향해 달린다.

비늘조각

암꽃이삭의
길이는
15~25밀리미터로,
긴 길둥근꼴이며
녹색이다.

잎은 길이 3~4센티미터,
폭 1~1.5밀리미터다.

잎은 줄꼴이고,
짧은 마디 가지에서
15~20개 정도가
모여 달린다.

잎의 횡단면은
삼각형 또는
둥근꼴圓形이다.

어린 가지에
털이 있다.

30~60미터
높이로 자라는
늘푸른큰키나무다.

어린 가지는
밑으로 처진다.

수꽃이삭은 공 모양이며
아래를 향해 달린다.

일본잎갈나무

[낙엽송·청성이깔나무]

Larix kaempferi

—

개잎갈나무의 나무껍질에 비해 암갈색을 띠며 세로로 벗겨지고, 기다란 조각으로 떨어진다. 잎은 짧은 마디 가지에 20~50개가 모여 달린다. 잎은 길이 15~25밀리미터, 폭 1밀리미터다. 잎 뒷면에 분명하지 않은 흰색 숨구멍줄이 있고, 잎끝은 뾰족하지 않으며 만졌을 때 부드럽다.

잎 뒷면에
분명하지 않은
흰색 숨구멍줄이 있다.

솔방울조각의
숫자는 50~60개다.

솔방울조각

솔방울열매는
길이 15~35밀리미터의
달걀 같은 둥근꼴이다.
솔방울조각의
끝은 뒤로 젖혀진다.

씨앗의 길이는 3~4밀리미터이며,
길이 8밀리미터 정도의 날개가 있다.

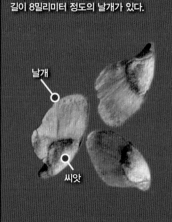

날개

씨앗

수꽃이삭은
연한 황록색이다.

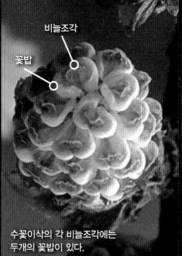
비늘조각

꽃밥

수꽃이삭의 각 비늘조각에는
두개의 꽃밥이 있다.

비늘조각

암꽃이삭의 비늘조각에는
두 개의 밑씨가 있다.

잎끝은 뾰족하지 않으며
만졌을 때 부드럽다.

10월의 단풍

잎은 길이 15~25밀리미터,
폭 1밀리미터다.

잎은 줄꼴이며,
짧은 마디 가지에서
20~50개가 모여 달린다.

짧은 마디 가지

어린 가지에
털이 없거나 있다.

약 20~30미터
높이로
자라는
갈잎큰키나무다.

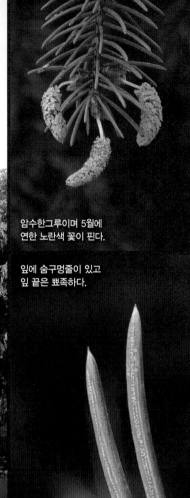

암수한그루이며 5월에
연한 노란색 꽃이 핀다.

잎에 숨구멍줄이 있고
잎 끝은 뾰족하다.

독일가문비나무

[긴방울까문비]

Picea abies

—

짧은 곁가지는 아래로 처진다. 잎의 길이는 12∼25밀리미터이며 약간 구부러진
다. 솔방울열매의 길이는 10∼20센티미터로, 긴 편이다. 솔방울조각에 불규칙한
톱니가 있거나 끝이 오목하다.

솔방울열매의
길이는
10∼20센티미터로,
긴 편이다.

열매는
연한 갈색으로
익는다.

솔방울조각에
불규칙한 톱니가 있다.
끝이 오목하다.

수꽃이삭의 길이는
20~25밀리미터이며
둥근기둥꼴이다.

암꽃이삭의 길이는
40~45밀리미터이며
연한 홍색으로 핀다.

암꽃이삭

잎의 길이는
12~25밀리미터이며
약간 구부러진다.

잎의 횡단면은
마름모꼴에 가깝다.

잎은 줄꼴이다.

날개를 포함한 씨앗의 길이는
약 14~20밀리미터다.

50~60미터
높이로 자라는
늘푸른큰키나무다.

겨울눈에
나무진樹脂이 없다.

암수한그루이며
꽃은 5월에 핀다.

잎에 흰색 숨구멍줄이 있고
잎 끝은 뾰족하다.

가문비나무

[가문비 · 감비]

Picea jezoensis

—

독일가문비에 비해 겨울눈은 나무진으로 덮인다. 솔방울열매의 길이는 40~75
밀리미터로 독일가문비나무보다 작다.

솔방울열매는 달걀 같은
둥근기둥꼴이다.

솔방울열매의 길이는
40~75밀리미터다.

솔방울조각은
거꿀달걀꼴倒卵形이고
불규칙한 톱니가 있다.

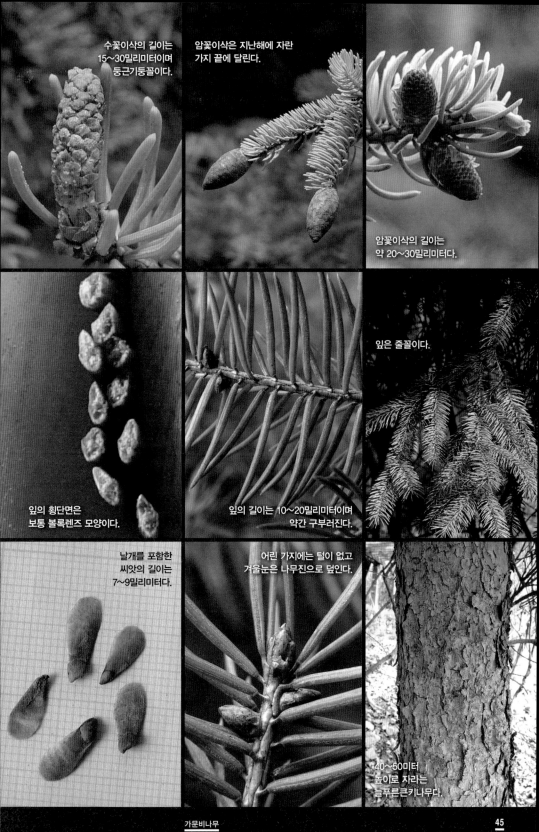

수꽃이삭의 길이는
15~30밀리미터이며
둥근기둥꼴이다.

암꽃이삭은 지난해에 자란
가지 끝에 달린다.

암꽃이삭의 길이는
약 20~30밀리미터다.

잎의 횡단면은
보통 볼록렌즈 모양이다.

잎의 길이는 10~20밀리미터이며
약간 구부러진다.

잎은 줄꼴이다.

날개를 포함한
씨앗의 길이는
7~9밀리미터다.

어린 가지에는 털이 없고
겨울눈은 나무진으로 덮인다.

40~50미터
높이로 자라는
늘푸른큰키나무다.

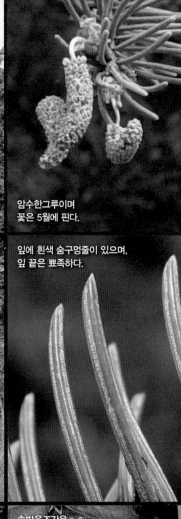

암수한그루이며
꽃은 5월에 핀다.

잎에 흰색 숨구멍줄이 있으며,
잎 끝은 뾰족하다.

종비나무

[비눌가문비]

Picea koraiensis

—

독일가문비의 솔방울열매와 달리 솔방울조각의 끝이 넓어지며 톱니가 없다. 잎은 10~12밀리미터 길이로 짧은 편이다.

솔방울열매는
길둥근 모양의
둥근기둥꼴이며
짙은 갈색으로 익는다.

솔방울열매의 길이는
약 6~8센티미터다.

솔방울조각은
15~19밀리미터 길이로,
끝이 넓어지며
톱니가 없다.

수꽃이삭의 길이는
15~30밀리미터이며
둥근기둥꼴이다.

암꽃이삭은 가지 끝에
한 개씩 달린다.

암꽃이삭의 길이는
20~30밀리미터이며
진한 자주색을 띤다.

잎의 횡단면은
사각형에 가깝다.

잎의 길이는 10~12밀리미터이며
약간 구부러진다.

잎은 줄꼴이다.

솔방울조각

씨앗

날개

어린 가지에
털이 없다.

25~30미터
높이로
자라는
늘푸른큰키
나무다.

종비나무

015
소나무과

핸가지

암수한그루이며
수꽃이삭은 핸가지
아래쪽에 달린다.

수꽃이삭

잎은 약간
뒤틀리며
만졌을 때
부드럽다.

소나무

[적송 · 솔나무 · 여송 · 육송]

Pinus densiflora

적갈색의 나무껍질은 오래되면 흑갈색을 띤다. 잎은 2개씩 모여 달리며, 길이는
약 5~10(~15)센티미터에 이른다. 솔방울열매의 길이는 약 4~5센티미터다.

씨앗의 날개

솔방울조각

제부
(배꼽臍부)

비후부
肥厚部

씨앗의 길이는 5~6밀리미터이고
날개에는 줄무늬가 있다.

씨앗

날개

솔방울열매의 길이는
4~5센티미터다.

수꽃이삭의 길이는
10밀리미터이며
둥근기둥꼴이다.

암꽃이삭은 보통
두세 개씩
모여 달린다.

암꽃이삭의 길이는
약 6밀리미터다.

잎집

잎 아래쪽
잎집葉鞘은
끝까지 남는다.

잎의 길이는
5~10(~15)센티미터다.

잎은 두 개씩
모여 달린다.

겨울눈의 눈비늘芽鱗은
뒤로 젖혀진다.

눈비늘

오래된 나무의
나무껍질은
흑갈색이다.

30~35미터
높이로 자라는
늘푸른큰키나무다.

암수한그루이며
수꽃이삭은 햇가지
아래쪽에 달린다.

1년생 솔방울열매

남복송

Pinus densiflora f. aggregata

소나무에 비해, 가지의 아래쪽에 여러 개의 솔방울열매가 모여 달린다.

잎은 약간 뒤틀리며,
잎 끝은 뾰족하다.

솔방울열매는
가지 아래쪽에
여러 개가 모여 달린다.

날개

씨앗

솔방울열매의
길이는 약 2~3센티미터이고
이듬해 10월에 익는다.

날개를 포함한
씨앗의 길이는
약 6밀리미터다.

수꽃이삭의 길이는
약 10밀리미터로,
둥근기둥꼴이다.

암꽃이삭은
햇가지 아래쪽에
달리며 자주색이다.

암꽃이삭의 길이는
약 6밀리미터다.

잎집은 흑회색이다.

잎의 길이는
8~9센티미터다.

잎은 두 개씩
모여 달린다.

잎의 횡단면은
반달 모양이다.

어린 가지에는
털이 없다.

30~35미터
높이로 자라는
늘푸른큰키나무다.

암수한그루이며
수꽃이삭은
햇가지에 달린다.

솔방울 열매가 ──●
가지의 끝부분에

여복송

Pinus densiflora f. congesta
─

남복송에 비해, 가지의 끝 부분에 여러 개의 솔방울열매가 모여 달린다.

잎은 약간 뒤틀리며
만졌을 때 부드럽다.

솔방울열매는
가지의 끝 부분에
여러 개가 모여 달린다.

솔방울열매의
길이는 약 4~5센티미터다.

날개를 포함한
씨앗의 길이는
약 15밀리미터이고
날개에는 줄무늬가 있다.

수꽃이삭의 길이는 약 10밀리미터이며 둥근기둥꼴이다.

암꽃이삭은 햇가지 끝 부분에 모여 달린다.

작은꽃싸개

암꽃이삭의 작은꽃싸개는 연한 흰색이다.

잎 아래쪽 잎집은 2년이 지나서 떨어진다.

잎집

잎의 길이는 약 8∼9센티미터다.

두 개씩 다발나기

잎은 두 개씩 모여 달린다.

2년생 솔방울열매

30∼35미터 높이로 자라는 늘푸른큰키나무다.

어린 가지에는 털이 없다.

임수한그루이며 수꽃이삭은
햇가지 아래쪽에 달린다.

원줄기가
없다

다행송

Pinus densiflora 'umbraculifera'

—

반송과 달리 원줄기主幹가 없으며 지면에서 여러 개의 줄기가 올라와 비스듬히
위로 퍼져서 자라는 모양의 소나무다.

잎은 딱딱하고
약간 비틀린다.

솔방울열매의
길이는 2~4센티미터다.

날개를 포함한 씨앗의 길이는
약 5~6밀리미터다.

반송과 비슷하지만
줄기에 원줄기가 없다.

수꽃이삭의 길이는
약 10밀리미터로,
둥근기둥꼴이다.

암꽃이삭은 햇가지
아래쪽에 달린다.

암꽃이삭의 길이는
약 6밀리미터다.

잎집

잎의 길이는
약 8~9센티미터다

잎은 두 개씩
모여 달린다.

겨울눈은 적갈색이다.

어린 가지에는
털이 없다.

3~6미터
높이로 자라는
늘푸른떨기나무다.

암꽃이삭

햇가지

수꽃이삭

암수한그루이며
수꽃이삭은 햇가지
아래쪽에 달린다.

반송

Pinus densiflora f. multicaulis

—

다행송과 달리 줄기에 원줄기主幹가 있다. 나무의 형태는 우산 꼴의 반공 모양半球形이다.

잎은 약간
뒤틀린다.

솔방울열매의 길이는
2~4센티미터 정도다.

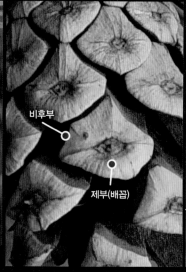

비후부

제부(배꼽)

날개를 포함한
씨앗의 길이는
약 13밀리미터다.

수꽃이삭의 길이는 약 10밀리미터이며 둥근기둥꼴이다.

암꽃이삭은 보통 두세 개가 가지 끝에 모여 달린다.

암꽃이삭의 길이는 약 6밀리미터다.

잎집

잎의 길이는 약 8~9센티미터다.

잎은 두 개씩 모여 달린다.

겨울눈은 적갈색이다.

원줄기가 있다.

2~5미터 높이로 자라는 늘푸른작은키나무다.

020
소나무과

처진소나무

[처진솔 · 류송]

Pinus densiflora **'pendula'**

—

소나무에 비해 가지가 아래로 처지는 모양의 소나무다.

암수한그루이며 수꽃이삭은
햇가지 아래쪽에 달린다.

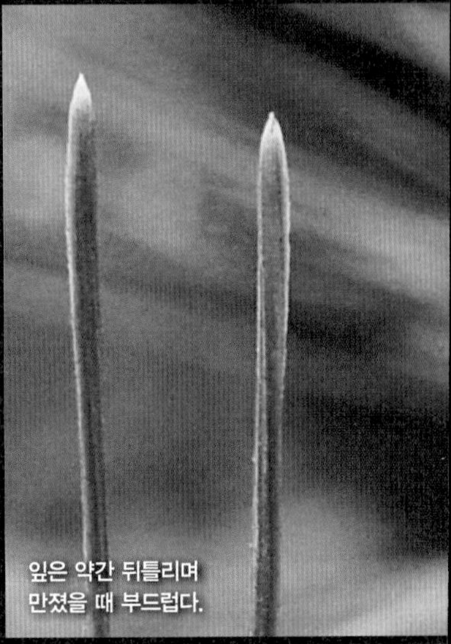

잎은 약간 뒤틀리며
만졌을 때 부드럽다.

솔방울열매의 길이는
약 4~5센티미터다.

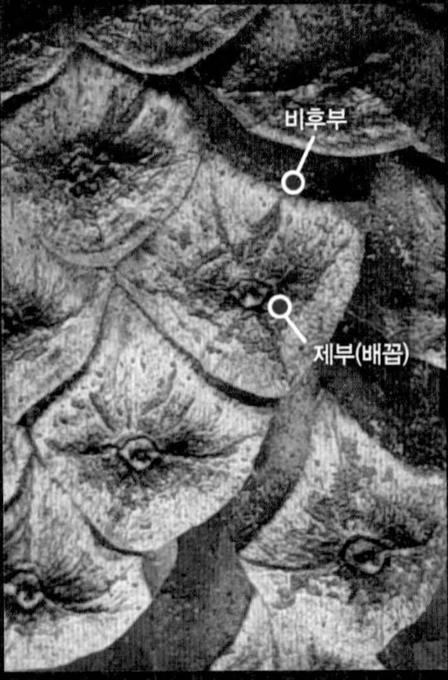

날개를 포함한 씨앗의 길이는
약 17밀리미터다.

수꽃이삭의 길이는
약 10밀리미터로,
둥근기둥꼴이다.

암꽃이삭

암꽃이삭은 햇가지
끝에 달린다.

붉은색비늘조각

암꽃이삭의 길이는 약 6밀리미터다.

잎집

잎 아래쪽 잎집은
끝까지 남는다.

잎의 길이는
5~10센티미터다.

잎은 두 개씩
모여 달린다.

겨울눈은 붉은색이다.

가지가 아래로 처지는 모양의 나무다.

1~5미터 높이로 자라는
늘푸른작은키나무다.

겉가지

암수한그루이며
수꽃이삭은 햇가지
아래쪽에 달린다.

원줄기

원가지
主枝

금강소나무

[강송 · 금강송]

Pinus densiflora f. erecta

—

소나무에 비해 일반적으로 원줄기가 곧게 자라며, 원가지가 짧다. 나무껍질은 얇은 편이고 거북등 모양이다. 잎의 길이는 8∼9센티미터로 소나무보다 약간 짧은 편이다.

잎은 약간
뒤틀리며
만졌을 때
부드럽다.

비후부

제부(배꼽)

솔방울열매의
길이는 4∼5센티미터다.

날개를 포함한 씨앗의 길이는
약 15∼18밀리미터다.

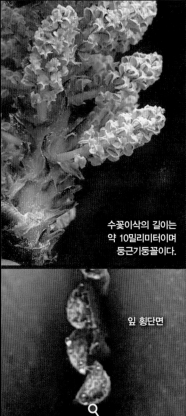

수꽃이삭의 길이는
약 10밀리미터이며
둥근기둥꼴이다.

암꽃이삭은
햇가지 끝에
보통 1~3개씩
모여 달린다.

암꽃이삭의 길이는 약 6밀리미터다.

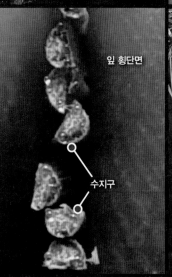

잎 횡단면

수지구

잎의 길이는
8~9센티미터다.

잎은 두 개씩
모여 달린다.

겨울눈은
적갈색이다.

원줄기 윗부분의
나무껍질은 적갈색을 띤다.

30~35미터
높이로 자라는
늘푸른큰키나무다.
나무껍질은
거북등 모양이다.

금강소나무

암수한그루이며 수꽃이삭은
햇가지 아래쪽에 달린다.

잎은 뒤틀림이 없고
만졌을 때 뻣뻣하다.

백송

[흰소나무 · 백피송]

Pinus bungeana

—

소나무와 달리 잎은 세 개씩 모여 달린다. 잎의 길이는 약 5~10센티미터다. 잎
은 뒤틀림이 없고 만졌을 때 뻣뻣하다. 나무껍질은 버즘나무처럼 얼룩지며 얇게
떨어진다.

솔방울열매는 11월에 갈색으로 익는다.

제부(배꼽)에 짧은 침은 예리하다.

침

제부(배꼽)

솔방울열매의 길이는
약 5~7센티미터다.

수꽃이삭의 길이는
10밀리미터이며
둥근기둥꼴이다.

암꽃이삭은
햇가지에 두세 개씩
달린다.

암꽃이삭의 길이는 약 6밀리미터다.

잎의 길이는
약 5〜10센티미터다.

잎 아래쪽 잎집은
일찍 떨어진다.

잎은 세 개씩 모여 달린다.

어린 줄기는
연한 초록색이다.

15〜30미터
높이로 자라는
늘푸른큰키나무다.

나무 모양樹型

암수한그루이며 수꽃이삭은
햇가지 아래쪽에 달린다.

잎은 약간 뒤틀리며
만졌을 때 딱딱하다.

리기다소나무

[세잎소나무 · 삼엽송]

Pinus rigida

소나무와 달리 잎은 세 개씩 모여 달린다. 원줄기에 곁가지가 많이 나와, 잎이 무성히 나온다.

비후부

제부(배꼽)

솔방울열매의 길이는
4~5센티미터다.

날개를 포함한
씨앗의 길이는
8~10밀리미터다.

수꽃이삭의 길이는
약 10밀리미터이며 둥근기둥꼴이다.

암꽃이삭은
햇가지에
보통 두세 개씩
모여 달린다.

암꽃이삭의 길이는
약 6밀리미터다.

잎 아래쪽 잎집은 끝까지 남는다.

잎은 세 개씩
모여 달린다.

잎의 길이는
약 8~9센티미터다.

겨울눈은
적갈색이다.

원줄기에
짧은 가지가
무성하게 나와,
잎이 많이
나온다.

30~35미터
높이로 자라는
늘푸른큰키나무다.

리기다소나무

암수한그루이며 수꽃이삭은
햇가지 아래쪽에 달린다.

잎은 약간 뒤틀리며
만졌을 때 딱딱하다.

테다소나무

Pinus taeda
—

소나무와 달리 잎은 세 개씩 모여 달린다. 잎의 길이는 약 12~25센티미터로 길다. 솔방울열매의 길이는 5~15센티미터로 소나무보다 두 배 이상 크다.

제부(배꼽)에
가시가 날카롭다.

솔방울열매의 길이는
5~15센티미터다.

열매는 소나무보다
두 배 이상 크다.

수꽃이삭의 길이는
약 15~22밀리미터로,
둥근기둥꼴이다.

암꽃이삭은
햇가지에 달린다.

암꽃이삭의 길이는
약 6밀리미터다.

잎집

잎 아래쪽 잎집의 길이는
약 10~25밀리미터다.

잎의 길이는
12~25센티미터로
긴 편이다.

잎은 세 개씩
모여 달린다.

겨울눈은 긴 길둥근꼴이며
나무진으로 덮인다.

원줄기에
짧은 가지가
나온다.

30~45미터
높이로 자라는
늘푸른큰키나무다.

테다소나무

025

소나무과

암꽃이삭 ─○

암수한그루이며
수꽃이삭은 햇가지
아래쪽에 달린다.

수꽃이삭 ─○

잎은 약간 뒤틀리며
만졌을 때 딱딱하다.

구주소나무

[구라파소나무 · 구주적송 · 유럽소나무]

Pinus sylvestris
—

소나무와 달리 잎은 회청색이다. 잎의 길이는 약 2~7센티미터로 소나무보다 짧
다. 나무껍질은 불규칙하게 벗겨진다. 방크스소나무에 비해 솔방울열매는 곧게
일찍 열린다.

암꽃이삭 ─○

솔방울열매의
길이는 3~7센티미터.

잎은 약간 뒤틀린다.

수꽃이삭의 길이는
약 15∼22밀리미터다.

암꽃이삭의 길이는 약 6밀리미터다.

암꽃이삭은
햇가지 끝에
모여 달린다.

수지구

잎의 횡단면 수지구는
바깥쪽外位에 있다.

잎의 길이는
약 2∼7센티미터다.

잎은 두 개씩
모여 달린다.

25∼45미터
높이로 자라는
늘푸른큰키나무다.

겨울눈은 갈색이며
나무진이 묻어있다.

햇가지는
회황색이다.

구주소나무

암수한그루이며 수꽃이삭은 햇가지 아래쪽에 달린다.

방크스소나무

[짧은잎소나무 · 방구스소나무]

Pinus banksiana
—

소나무에 비해 잎의 길이가 2~4센티미터 정도로 짧다. 솔방울열매는 대개 끝이 구부러지고 회갈색이다. 솔방울열매의 비후부는 약간 도드라지고 제부는 작으며 침이 없다.

잎은 약간 비틀린다.

솔방울열매의 길이는 약 3~5센티미터다. 열매는 대개 끝이 구부러지고 회갈색이다.

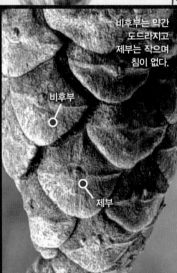

비후부는 약간 도드라지고 제부는 작으며 침이 없다.

비후부

제부

날개를 포함한 씨앗의 길이는 약 10밀리미터다.

수꽃이삭의 길이는
약 15~22밀리미터다.

꽃이삭의 길이는
약 6밀리미터다.

암꽃이삭은
보통 2~3개씩
모여 달린다.

잎은 두 개씩
모여 달린다.

잎집

잎의 길이는
약 2~4센티미터로 짧다.

겨울눈은
연한 갈색이다.

어린 가지에는
털이 없다.

25~35미터
높이로 자라는
늘푸른큰키나무다.

암수한그루이며
수꽃이삭은 햇가지 아래쪽에 달린다.

풍겐스소나무

[푼겐스소나무 · 거센잎소나무]

Pinus pungens

—

소나무에 비해 잎은 길이 4~6센티미터 정도로 짧은 편이다. 솔방울열매의 비후
부는 튀어 나오며, 날카롭고 긴 가시가 있다. 버지니아소나무에 비해 솔방울열매
의 가시는 날카롭고 길며 구불구불하다.

잎은 약간
비틀린다.

비후부

가시

솔방울열매의 길이는
약 6~10센티미터다.

제부(배꼽)에 가시는
뾰족하고, 길며 구불구불하다.

수꽃이삭의 길이는
약 10~15밀리미터다.

암꽃이삭은 햇가지에
보통 한두 개씩 달린다.

암꽃이삭의 길이는
약 6밀리미터이며 연한 녹색이고
솔방울조각이 길다.

잎집

잎의 길이는
약 4~6센티미터다.

잎은 두 개씩
모여 달린다.

겨울눈은 나무진으로 덮인다.

나무진   겨울눈

어린 가지는
연한 갈색이며
털이 없다.

9~18미터
높이로 자라는
늘푸른큰키나무다.

암수한그루이며
수꽃이삭은 햇가지
아래쪽에 달린다.

곰솔
[해송 · 가지해송 · 흑송]

Pinus thunbergii
—

소나무와 달리 나무껍질은 검고 겨울눈은 회백색이다. 잎은 손바닥에 눌러보면
찔릴 정도로 딱딱하다.

잎은 손바닥에 눌러보면
찔릴 정도로 딱딱하다.

제부에 가시가
거의 없다.

씨앗

날개

솔방울조각

솔방울열매의 길이는
4~6센티미터 정도다.

제부(배꼽)

날개를 포함한 씨앗의 길이는
약 17밀리미터다.

수꽃이삭의 길이는
약 15밀리미터다.

암꽃이삭은 햇가지에
보통 두세 개씩 모여 달린다.

암꽃이삭의 길이는 약 6밀리미터다.

흰 작은
꽃싸개

잎집

잎의 길이는
9~14센티미터다.

잎은 두 개씩
모여 달린다.

겨울눈은
회백색이다.

어린 가지는
황갈색 또는
회흑색이다.

20~30미터
높이로 자라는
늘푸른큰키나무다.

곰솔

암수한그루이며 수꽃이삭은
햇가지 아래쪽에 달린다.

잎은 손바닥에 눌러보면
찔릴 정도로 딱딱하다.

만주곰솔

[만주흑송 · 맹산검은소나무]

Pinus tabuliformis var. mukdensis

—

곰솔과 달리 나무껍질과 겨울눈이 황갈색이다. 잎의 길이는 10∼17센티미터로
곰솔보다 길다. 잎은 대부분 두 개씩 모여 달리지만 가끔 세 개씩 모여 달리는 것
도 있다.

제부(배꼽)에 가시가
뚜렷하지 않다.

능선이
뚜렷

제부

솔방울열매의 길이는
약 4∼7센티미터다.

날개를 포함한
씨앗의 길이는
약 20밀리미터다.

비늘조각

수꽃이삭의 길이는
15~18밀리미터이며
둥근기둥꼴이다.

암꽃이삭은
보통 2~3개씩
모여 달린다.

암꽃이삭의 길이는
6~7밀리미터 정도이며
연한 붉은색이다.

잎집은
황갈색이다.

잎집

잎은 대부분
두 개씩 모여 달리지만
가끔 세 개씩 모여
달리는 것도 있다.

잎의 길이는
10~17센티미터다.

어린 가지는
연한 노란색 또는
회황색이다.

겨울눈은
황갈색이다.

20~30미터
높이로 자라는
늘푸른큰키나무다.

암수한그루이며 수꽃이삭은
햇가지 밑에 달린다.

잣나무

[홍송]

Pinus koraiensis

—

나무껍질은 흑갈색이며 불규칙하게 벗겨진다. 잎의 길이는 6~12센티미터이며
다섯 개씩 모여 달린다. 솔방울열매의 길이는 12~15센티미터다. 씨앗은 날개가
없으며 길이는 12~16밀리미터다.

잎에 흰색
숨구멍줄이
뚜렷하다.

솔방울열매의 길이는
약 12~15센티미터다.

솔방울조각은 길게 자라
뒤로 젖혀진다.

씨앗의 길이는
12~16밀리미터이고
날개가 없다.

수꽃이삭의 길이는
약 10밀리미터로,
둥근기둥꼴이다.

암꽃이삭은 보통
2~5개씩 모여 달린다.

암꽃이삭의 길이는
1~2센티미터이며
연한 녹색이다.

잎집은
일찍 떨어진다.

잎의 길이는
6~12센티미터
정도다.

잎은 다섯 개씩
모여 달린다.

겨울눈은
적갈색이다.

어린 가지에는
털이 있다.

30~50미터 높이로 자라는
늘푸른큰키나무다.
나무껍질은 흑갈색이며
불규칙하게 벗겨진다.

암수한그루이며
수꽃이삭은
햇가지 밑에
달린다.

잎은 흰색 숨구멍줄이 있으며
약간 비틀린다.

섬잣나무

Pinus parviflora

—

잣나무에 비해 잎의 길이가 4〜8센티미터로 짧은 편이다. 솔방울열매의 길이는
약 5〜7센티미터로 잣나무보다 소형이다. 씨앗은 길이가 12〜15밀리미터이며, 짧
은 날개가 있거나 날개가 없다.

씨앗의 길이는 12〜15밀리미터이며, 짧은
날개가 있거나 날개가 없다.

날개

솔방울열매의 길이는
5〜7센티미터다.

열매는 다음해
9〜10월에
갈색으로 익는다.

수꽃이삭의 길이는
약 8밀리미터이며
둥근기둥꼴이다.

암꽃이삭은 보통
1~6개씩 모여 달린다.

암꽃이삭의 길이는
약 10~12밀리미터이며
연한 녹적색이다.

잎집은
일찍 떨어진다.

잎의 길이는
4~8센티미터다.

잎은 5개씩
모여 달린다.

6월의 어린 열매

어린 가지에는
털이 있다.

25~30미터 높이로
자라는 늘푸른큰키나무다.
나무껍질은 흑회색이며
불규칙하게 벗겨진다.

암수한그루이며 수꽃이삭은
햇가지 밑에 달린다.

잎은 부드럽고
흰색 숨구멍줄이 있다.

스트로브잣나무

[가는잎소나무]

Pinus strobus

—

잣나무에 비해 잎의 길이는 6~14센티미터 정도로 가늘고 길다. 솔방울열매의
길이는 8~20센티미터로 가늘고 길며 흔히 구부러진다. 날개를 포함한 씨앗의
길이는 약 18~23밀리미터다. 나무껍질은 녹갈색이며 벗겨지지 않는다.

솔방울열매는
가늘고 길며
흔히 구부러진다.

솔방울열매의 길이는
8~20센티미터다.

날개를 포함한
씨앗의 길이는
약 18~23밀리미터다.

수꽃이삭의 길이는
약 10밀리미터이며
둥근기둥꼴이다.

암꽃이삭은 보통
2~3개씩 모여 달린다.

암꽃이삭

비늘조각

작은꽃싸개

잎의 횡단면은
삼각형이고
수지구는 두 개씩,
바깥쪽에 있다.

잎의 길이는
6~14센티미터 정도다.

잎은 다섯 개씩 모여 달린다.

가지는 돌려 달린다.
(윤생)

어린 가지에는 털이 있다.
잎집은 일찍 떨어진다.

30~65미터 높이로
자라는 늘푸른큰키나무다.
나무껍질은 녹갈색이며
벗겨지지 않는다.

솔송나무

[좀솔송나무]

Tsuga sieboldii

캐나다솔송과 달리 원가지는 수평으로 퍼지고 나무의 모양은 달걀 같은 원뿔 모양(圓錐形)이다. 잎은 길이 7~25밀리미터, 폭 2~3밀리미터로 캐나다솔송(길이 5~15, 폭 0.5밀리미터)보다 길이가 길고 폭이 넓다. 캐나다솔송(길이 15~20밀리미터)에 비해 솔방울열매의 길이는 약 20~30밀리미터로 더 크며, 나무껍질은 약간 깊게 갈라진다.

암수한그루이며
5월에 흑적색 꽃이 핀다.

잎 뒷면에
흰색 숨구멍줄이 있다.

솔방울열매의 길이는
20~30밀리미터 정도로
캐나다솔송보다 크다.

열매는 10월에
갈색으로 익는다.

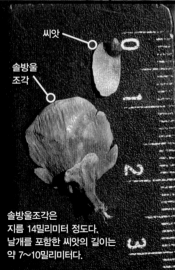

씨앗

솔방울
조각

솔방울조각은
지름 14밀리미터 정도다.
날개를 포함한 씨앗의 길이는
약 7~10밀리미터다.

수꽃이삭의 길이는
약 5~6밀리미터이고
비늘조각은 흑적색이다.

암꽃이삭은 줄기 끝에
한 개씩 달린다.

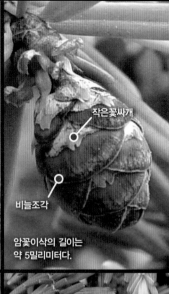

작은꽃싸개

비늘조각

암꽃이삭의 길이는
약 5밀리미터다.

잎자루의 길이는
약 1밀리미터.

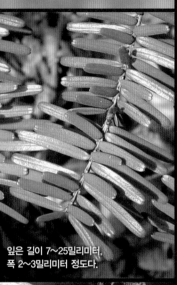

잎은 길이 7~25밀리미터,
폭 2~3밀리미터 정도다.

잎은 줄꼴이다.

원가지는
수평으로 퍼지고
나무의 모양은 달걀 같은
원뿔 모양이다.

어린 가지에는
털이 없다.

20~30미터 높이로 자라는
늘푸른큰키나무다.
나무껍질은 캐나다솔송에 비해
약간 깊게 갈라진다.

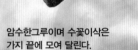

암수한그루이며 수꽃이삭은
가지 끝에 모여 달린다.

삼나무

[숙대나무]

Cryptomeria japonica

—

나무껍질은 적갈색을 띠며 세로로 길게 벗겨진다. 잎은 3~4각이 지고, 수지구는
1개이며 잎 횡단면의 중앙에 있다. 솔방울열매의 지름은 16~30밀리미터 정도
다. 열매조각 끝에 몇 개의 돌기가 있다.

잎에는 4~6줄의
흰색 숨구멍줄이 있다.

솔방울열매의 지름은
약 16~30밀리미터다.

돌기

열매조각 끝에
몇 개의 돌기가 있다.

씨앗의 길이는 약 8밀리미터이고
좁은 날개가 있다.

수꽃이삭의 길이는
약 8~10밀리미터이며
길둥근꼴楕圓形이다.

암꽃이삭은 가지 끝에
한 개씩 달린다.

암꽃이삭의 지름은
약 2~3밀리미터다.

수지구

잎은 다소 굽은
바늘꼴(침형)이다.

잎은 3~4각이 지고,
수지구는 1개이며
횡단면의 중앙에 있다.

잎은 길이
12~25밀리미터,
폭 0.8~1.2밀리미터다.

나무의 모양

어린 가지

40~50미터
높이로 자라는
늘푸른큰키나무다.
나무껍질은
적갈색을 띠며
세로로 길게
벗겨진다.

삼나무

암수한그루이며 수꽃은
가지 끝에 모여 달린다.

잎 끝은
오목하다.

금송

Sciadopitys verticillata

—

잎은 두 개씩 합쳐져 있으며 두껍다. 잎 끝은 오목하고 잎 양면 중앙에 얕은 홈이
있다. 암수한그루이며 수꽃이삭은 가지 끝에 모여 달린다. 암꽃이삭은 가지 끝에
1~2개씩 달리며 길둥근꼴이다. 솔방울열매의 길이는 8~12센티미터 정도다.

열매조각은 편평하고
둥글며 폭이 25밀리미터 정도다.

잎 양면 중앙에
얕은 홈이 있다.

열매조각

잎 횡단면

솔방울열매의 길이는
약 8~12센티미터다.

비늘조각

수꽃이삭의 길이는
약 7밀리미터이며 길둥근꼴이다.

암꽃이삭의 길이는 3센티미터이며
길둥근꼴이다.

암꽃이삭은 가지 끝에
한두 개씩 달린다.

잎은 두 개씩
합쳐져 있으며
두껍다.

잎은 길이
6~13센티미터,
폭 3밀리미터다.

잎은 가지 끝에
15~40개가
돌려 달린다.

5월의
어린 잎

어린 가지에는
털이 없다.

30~40미터 높이로
자라는 늘푸른큰키나무다.
나무껍질은 회갈색이며
불규칙하게 갈라진다.

수꽃이삭

암수한그루이며 수꽃이삭은
가지 끝에 모여 달린다.

잎 밑은 둥글고,
잎 끝은 뾰족하다.

메타세쿼이아

[수삼나무 · 메타세콰이아]

Metasequoia glyptostroboides
—

낙우송과 달리 어린 가지와 잎이 마주 달린다. 솔방울열매의 지름은 약 14~25
밀리미터이며 공 모양이다. 5~9개의 열매조각은 보통 십자 모양으로 배열된다.

5~9개의 열매조각은
보통 십자 모양으로 배열된다.

열매조각

솔방울열매의 지름은
약 14~25밀리미터이며
공 모양이다.

씨앗의 길이는
약 5밀리미터이고
넓은 날개가 있다.

수꽃이삭의 길이는
약 3~5밀리미터다.

암꽃이삭은 줄기 끝에
한 개씩 달린다.

암꽃이삭은 길이
6밀리미터 정도다.

잎의 길이는
약 15~23밀리미터다.

잎의 길이는 약 10~23센티미터이며
깃꼴로 배열된다.

마주
달리기

잎은 마주 달리며
갈잎落葉性이다.

나무의 모양은
좁은 피라밋형이다.

가지는 마주 달린다.

35~50미터 높이로
자라는 갈잎큰키나무다.
나무껍질은 회갈색이며
세로로 길게 벗겨진다.

메타세쿼이아

낙우송

암꽃이삭

수꽃이삭

암수한그루이며
4월에 갈색 꽃이 핀다.

잎 밑은 둥글고,
잎 끝은 길게
뾰족하다.

낙우송

[아메리카수송]

Taxodium distichum

메타세쿼이아에 비해 어린 가지와 잎은 어긋나게 달린다. 솔방울열매의 지름은 약 2~4센티미터로 다소 크다. 씨앗의 길이는 약 12~25밀리미터이고 불규칙한 삼각형이다. 나무 밑동 주변에서 호흡뿌리呼吸根가 솟아오른다.

열매毬果는 10월에
황갈색으로 익는다.

7월의 열매

솔방울열매의 지름은
약 2~4센티미터이며 공 모양이다.

씨앗의 길이는
약 12~25밀리미터이고
불규칙한 삼각형이다.

수꽃이삭의 길이는
약 3∼5밀리미터이며
달걀꼴이다.

암꽃이삭은 가지 끝에 모여
달리며 초록색이다.

암꽃이삭

잎은 두 줄로
어긋나게 배열된다.

어긋나게
달린다.

잎의 길이는
약 15∼20밀리미터로,
줄꼴이다.

잎은 어긋나게
달리며 갈잎이다.

나무의
밑동 주변에서
호흡뿌리가
솟아오른다.

가지는
어긋나게
달린다.

35∼50미터
높이로 자라는
갈잎큰키나무다.
나무껍질은
회갈색이며
세로로 길게
벗겨진다.

낙우송

암수딴그루이며 수꽃이삭의
길이는 약 3～5밀리미터다.

향나무

[노송나무]

Juniperus chinensis
—

어린 나무의 잎은 바늘잎針葉만 있지만, 7～8년 이상이 되면 비늘잎鱗葉이 나타
난다. 바늘잎의 길이는 5～10밀리미터이고 숨구멍줄이 있다. 솔방울열매의 지름
은 7～8밀리미터이며 공 모양이다. 열매조각에는 작은 돌기가 있다.

비늘잎의
끝은 둥글다.

열매조각에는
작은 돌기가 있다.

돌기

씨앗의 길이는
4～6밀리미터이고,
두 개의 희미한
능선이 있다.

솔방울열매의 지름은
약 7～8밀리미터로, 공 모양이다.

수꽃이삭의 비늘조각은
14개이며 갈색을 띤다.

비늘조각

암꽃이삭은 지난해에 자란 가지 끝에
달리며 길이가 약 1~2밀리미터다.

비늘조각
밑씨

암꽃이삭은 바깥쪽에
네 장의 비늘조각이 있으며,
안쪽에는 서로 마주 보는
두 쌍의 밑씨가 있다.

바늘잎은 흔히
세 개씩 돌려나거나
마주 달린다.

바늘잎의 길이는
약 5~10밀리미터이며
숨구멍줄이 있다.

어린 나무의 잎은
바늘잎만 있지만,
7~8년 이상이 되면
비늘잎이 나타난다.

비늘잎

바늘잎

비늘잎

바늘잎

원줄기가 있다.

원줄기

20~25미터
높이로 자라는
늘푸른큰키나무다.
나무껍질은
회갈색이며
세로로 길게
벗겨진다.

039
측백나무과

암수딴그루이며
수꽃이삭은
지난해 가지
끝에 달린다.

가이즈카향나무

[나사백螺絲柏 · 카이즈카향나무]

Juniperus chinensis 'Kaizuka'

향나무와 달리 대부분 비늘잎만 있고 가끔 바늘잎이 있다. 잎은 부드럽고 촘촘하므로, 가지치기하여 인위적인 나무의 모양을 만들기 적당하다.

비늘잎

나무의 모양을 만들기
적당한 나무다.

솔방울열매의 지름은
6~7밀리미터이며
공 모양이다.

열매조각은 네 개이며
작은 돌기가 있다.

수꽃이삭의 길이는
약 3~5밀리미터다.

암꽃이삭의 길이는
1~2밀리미터 정도다.

비늘조각

밑씨

암꽃이삭에는
네 장의 비늘조각이 있으며
두 쌍의 밑씨가 있다.

비늘잎은 마름모꼴이고
끝이 둥글다.

잎은 대부분 비늘잎만 있고
가끔 바늘잎이 있다.

드물게
바늘잎이
있다.

어린 가지는
회갈색이다.

6~10미터 높이로 자라는
늘푸른작은키나무다.

어린 가지

암수딴그루이며 수꽃이삭은
지난해 가지 끝에 달린다.

연필향나무

Juniperus virginiana
—

향나무에 비해 가지 끝에 달리는 비늘잎의 끝이 뾰족하다. 솔방울열매의 지름은
4~6밀리미터로 향나무(7~8밀리미터)보다 작다.

비늘잎의 길이는
약 1.5밀리미터이며
달걀꼴이다.

비늘잎

열매조각에는
작은 돌기가 있다.

바늘잎은
4~6줄로
배열된다.

돌기

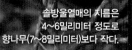

솔방울열매의 지름은
4~6밀리미터 정도로
향나무(7~8밀리미터)보다 작다.

수꽃이삭의 길이는
약 3~5밀리미터이며
길둥근꼴이다.

암꽃이삭은 지난해
가지 끝에 달리며 길이가
약 1~2밀리미터다.

암꽃이삭에는 네 장의
비늘조각이 있으며
안쪽에 두 개의
밑씨가 있다.

비늘조각   밑씨

바늘잎은 마주 달리지만
가끔 세 개씩 돌려 달린다.

바늘잎의 길이는 5~10밀리미터
정도이고 숨구멍줄이 있다.
가지 끝에 달리는 비늘잎의
끝은 뾰족하다.

잎은 바늘잎과
비늘잎이 함께 있다.

비늘잎

바늘잎

나무의 모양

어린 가지는
향나무보다
가늘다.

30미터
높이로 자라는
늘푸른키나무다.
나무껍질은
적갈색이며
세로로 얇게
벗겨진다.

연필향나무

암수딴그루이며 수꽃이삭은
지난해 가지 끝에 달린다.

눈향나무

[누운향나무]

Juniperus chinensis var. sargentii

—

섬향나무에 비해 잎은 대부분 비늘잎이지만, 가끔 바늘잎이 함께 있다. 잎은 부드러워 찔리지 않는다. 향나무와 달리 땅에 누워 자란다伏狀. 바늘잎은 약간 안쪽으로 구부러지고 네 줄로 배열된다. 바늘잎의 길이는 3~5밀리미터 정도로 약간 짧은 편이다.

비늘잎

솔방울열매의 지름은
6~8밀리미터이며 공 모양이다.

열매조각은 네 개이며
작은 돌기가 있다.

잎 끝은 날카롭지만
부드러워 찔리지 않는다.

수꽃이삭의 길이는
약 3~4밀리미터이고,
비늘조각은 14개다.

암꽃이삭은 지난해 가지 끝에 달리며
길이는 약 1~2밀리미터다.

밑씨

비늘조각

암꽃이삭에는
네 장의 비늘조각과
두 쌍의 밑씨가 있다.

바늘잎은 약간 안쪽으로
구부러지고 네 줄로 배열된다.

바늘잎의 길이는
3~5밀리미터이고
부드러워 찔리지 않는다.

잎은 대부분 비늘잎이지만,
가끔 바늘잎이 함께 있다.

가지에는 말라버린
비늘잎(침엽)이 붙어 있다.

줄기는 땅에 누워 자란다(복와상).

40~60센티미터
높이로 자라는
늘푸른떨기나무다.
줄기의 길이가
2~4미터 정도로
작고 옆으로 퍼져서
땅에 누워 자란다.

암수딴그루이며 수꽃이삭은
지난해 가지 끝에 달린다.

바늘잎의 길이는 6~8밀리미터이고
숨구멍줄이 있다.

섬향나무

Juniperus chinensis var. procumbens

—

눈향나무와 달리 잎은 바늘잎만 있으며, 빳빳하여 찔린다. 향나무와 달리 땅에
누워 자란다. 바늘잎은 약간 안쪽으로 구부러지고 여섯 줄로 배열된다. 바늘잎의
길이는 6~8밀리미터 정도로 약간 짧은 편이다.

솔방울열매의 지름은
6~10밀리미터이며 공 모양이다.

열매조각에는
작은 돌기가 있다.

4월의 새잎

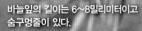

수꽃이삭의 길이는
약 3~4밀리미터이고,
비늘조각은 14개다.

꽃밥

비늘조각

암꽃이삭은 지난해
가지 끝에 달리며
길이는 약 1~2밀리미터다.

암꽃이삭에는
네 장의 비늘조각이 있으며
두 쌍의 밑씨가 있다.

가을과 겨울에는 잎의 색깔이
자줏빛이 도는 청녹색이다.

잎은 약간 안쪽으로 구부러지고
여섯 줄로 배열된다.

잎은 바늘잎만 있으며
빳빳하여 찔린다.

줄기는 땅에 누워 자란다.

가지에 말라버린
바늘잎이 남아 있다.

20~45센티미터
높이로 자라는
늘푸른떨기나무다.
줄기의 길이는
120~200센티미터로,
키가 낮고 옆으로 퍼져서
땅에 누워 자란다.

암수딴그루이며 수꽃이삭은
지난해 가지 끝에 달린다.

비늘잎의 끝은 둥글다.

원줄기가
없다

옥향

[둥근향나무]

Juniperus chinensis 'Globosa'

—

향나무에 비해 높이 90~120센티미터, 폭 60~90센티미터 정도 자란다. 원줄기
가 없으며, 비스듬히 위로 자라 공처럼 둥근 나무 모양이 된다. 잎은 비늘잎만 있
고, 바늘잎이 거의 없다.

공처럼 둥근 나무
모양이 된다.

열매조각에는
작은 돌기가 있다.

열매의 지름은
5~6밀리미터이며
공 모양이다.

수꽃이삭은 길이
3〜4밀리미터 정도다.

암꽃이삭에는
네 장의 비늘조각이 있으며
두 개의 밑씨가 있다.

암꽃이삭은 지난해
가지 끝에 달린다.

비늘잎은
마름모 모양의
둥근꼴이다.

잎은 비늘잎만 있고
바늘잎이 거의 없다.

비늘잎

높이 90〜120센티미터,
폭 60〜90센티미터
정도 자라는 늘푸른떨기나무다.

어린 가지

원줄기가 없으며,
가지는 비스듬히 위로 자란다.

옥향

암수딴그루이며
수꽃이삭은
지난해 가지의
잎겨드랑이에 달린다.

잎 표면에 좁은
흰색 홈이 있다.

홈

노간주나무
[노가주나무 · 노가지나무]

Juniperus rigida
—
원줄기가 있으며 나무의 모양은 빗자루 모양이다. 잎은 바늘잎만 있고 비늘잎은
없다. 잎은 3개씩 돌려 달리며 3개의 능선이 있다. 솔방울열매는 다음해 10월에
자흑색으로 익는다.

씨앗의 길이는
4~5밀리미터이고
샘점이 있다.

솔방울열매의
지름은
약 7~8밀리미터이며
공 모양이다.

열매조각은 세 개이며,
솔방울열매는 다음해 10월에
자흑색으로 익는다.

샘점

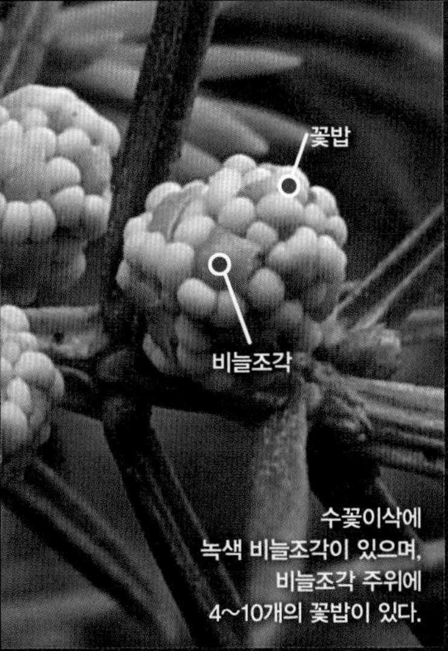

꽃밥

비늘조각

수꽃이삭에
녹색 비늘조각이 있으며,
비늘조각 주위에
4~10개의 꽃밥이 있다.

암꽃이삭은
지난해 가지의
잎겨드랑이에 달린다.

암꽃이삭에는
세 개의 비늘조각과
세 개의 밑씨가 있다.

밑씨

비늘조각

잎은 세 개씩 돌려 달리며
세 개의 능선이 있다.

바늘잎의 길이는
약 12~20밀리미터다.

잎은 바늘잎만 있고 비늘잎은 없으며,
예리하고 딱딱하여 찔린다.

암꽃이 지고 난 뒤의 모습

원줄기가 있으며
빗자루 모양이다.

8~10미터
높이로
자라는
늘푸른
큰키나무다.

암수한그루이며 수꽃이삭은
지난해 가지 끝에 달린다.

화백에 비해 잎 끝이 뭉뚝하다.

편백
[일본편백 · 히노끼]

Chamaecyparis obtusa

원줄기는 곧추서고 원가지는 수평으로 퍼진다. 잎 뒷면에 Y자 모양의 숨구멍줄
이 있다. 비늘잎은 달걀 같은 마름모꼴이며 끝이 뭉뚝하다. 솔방울열매는 지름
10~12밀리미터 정도이며 공 모양이다. 씨앗의 지름은 약 3~4밀리미터이고 날
개는 화백보다 좁다.

솔방울열매의 지름은
10~12밀리미터이며
공 모양이다.

열매조각은 사각형이며
작은 돌기가 있다.

열매조각

씨앗은 지름 3~4밀리미터 정도이고
날개는 화백보다 좁다.

씨앗

날개

수꽃이삭에 흑갈색 비늘조각이 있으며, 비늘조각 주위에 4~5개의 꽃밥이 있다.

암꽃이삭은 지난해 가지 끝에 달린다.

암꽃이삭의 비늘조각은 십자마주交互對生 달린다.

잎 뒷면

잎 뒷면에 Y자 모양의 숨구멍줄이 있다.

잎의 길이는 약 1~3밀리미터다.

잎은 비늘잎만 있고 바늘잎은 없다.

햇가지

지난해 가지

원가지

곁가지

원가지는 수평으로 퍼진다.

30~40미터 높이로 자라는 늘푸른큰키나무다.

수꽃이삭은 지난해
가지 끝에 달린다.

편백에 비해
잎 끝이 뾰족하다.

화백
[일본화백]

Chamaecyparis pisifera
—

편백에 비해 잎 끝이 뾰족하다. 잎 뒷면에 나비 모양의 숨구멍줄이 있다. 솔방울
열매는 지름 6밀리미터 정도로 편백보다 작다. 씨앗의 지름은 약 3~4밀리미터
로, 날개는 편백보다 넓다.

열매조각은 오각형
또는 육각형이다.

씨앗의 지름은 3~4밀리미터
정도이고 날개는 편백보다 넓다.

솔방울열매의
지름은
약 6밀리미터로
편백보다 작다.

비늘조각

꽃밥

수꽃이삭에
흑갈색 비늘조각이 있으며,
비늘조각 주위에
5~10개의 꽃밥이 있다.

암꽃이삭은 지난해
가지 끝에 달린다.

암꽃이삭

숨구멍줄

잎 뒷면

잎 뒷면에 나비 모양의
숨구멍줄이 있다.

잎은 비늘 모양鱗片狀이다.

햇가지

나무 모양은 원뿔 모양이다.

30~50미터
높이로 자라는
늘푸른큰키나무다.

암수한그루이며
수꽃이삭은 지난해
가지 끝에 달린다.

잎 끝은
뾰족하다.

실화백

Chamaecyparis pisifera 'Filifera'
—

화백에 비해 약 180~240센티미터 높이로 키가 낮게 자란다. 원줄기는 곧추서
지만 곁가지는 실처럼 가늘게 아래로 늘어진다.

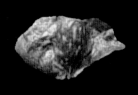

씨앗은 지름 3~4밀리미터 정도이고
넓은 날개가 있다.

솔방울열매는
지름 6~8밀리미터
정도의 공 모양이다.

열매조각은
5~6각이 진다.

수꽃이삭의 길이는
약 3밀리미터이며 길둥근꼴이다.

암꽃이삭은 지난해
가지 끝에 달린다.

암꽃이삭

잎 뒷면에
흰색 숨구멍줄이 있다.

숨구멍줄은
나비 모양이다.

곁가지의 길이는
약 30센티미터이며
길게 아래로 늘어진다.

3년 된 가지는
갈색이다.

원가지는
회색이다.

180~240센티미터
높이로 자라는
늘푸른작은키나무다.

암수한그루이며
4월에 꽃이 핀다.

황금실화백
[황금수양화백]
Chamaecyparis pisifera 'Filifera Aurea'
—
실화백과 달리 잎은 황금색이다. 곁가지는 실처럼 가늘게 아래로 늘어진다.

잎 끝은
뾰족하다.

열매조각은
5~6각이 진다.

씨앗의 지름은
약 3~4밀리미터이며
넓은 날개가 있다.

솔방울열매는
지름 6~8밀리미터
정도의 공 모양이다.

암꽃이삭은 지난해
가지 끝에 달린다.

암꽃이삭은
공 모양이다.

암꽃이삭은
살구색이다.

샘점

잎에 샘점이 있다.

잎 뒷면 숨구멍줄은
나비 모양이다.

봄이면
잎은 황금색이 진해진다.

봄이 되면 잎은
특히 노란색이 진하다.

곁가지는 실처럼 가늘며
아래로 늘어진다.

2~6미터
높이로 자라는
늘푸른
작은키나무다.

암수한그루이며
수꽃이삭은 지난해
가지 끝에 달린다.

측백나무
Thuja orientalis
—
잎은 양면이 모두 녹색이다. 잎에 있는 흰색 숨구멍줄은 희미하다. 솔방울열매의 길이는 약 15~20밀리미터이며 달걀꼴이다. 열매조각은 여덟 개이며 가시 같은 돌기가 있다. 씨앗의 길이는 약 5~7밀리미터이고 날개가 없다.

숨구멍줄

잎에 흰색
숨구멍줄은
희미하다.

솔방울열매의 길이는
15~20밀리미터 정도이고,
열매조각은 여덟 개이며
가시 같은 돌기가 있다.

돌기

씨앗

열매조각

씨앗의 길이는
약 5~7밀리미터이며
날개가 없다.

꽃밥

비늘조각

수꽃이삭에
황갈색 비늘조각이 있으며,
비늘조각 주위에
2~8개의 꽃밥이 있다.

암꽃이삭의
지름은
약 2~3밀리미터다.

비늘조각

밑씨

암꽃이삭에는 여덟 개의
비늘조각이 있고,
여섯 개의 밑씨가 있다.

잎의 길이는
약 1~3밀리미터다.

잎 끝은 둥글다.

잎은 바늘잎이 없고
비늘잎만 있다.

가지에는
마른 비늘잎이
남아 있다.

원가지

높이 20~25미터,
줄기지름 1미터
정도로 자라는
늘푸른큰키나무다.

측백나무

암수한그루이며 수꽃이삭은
지난해 가지 끝에 달린다.

천지백
Thuja orientalis f. sieboldii
—
측백나무와 달리 원줄기가 없으며, 땅에서 많은 줄기가 올라와 비스듬히 위로 퍼져 우산 모양을 이루는 다행송과 비슷한 나무 모양으로 자란다.

잎에 숨구멍줄은
희미하다.

솔방울열매의 길이는
약 15~20밀리미터다.

열매조각은 여덟 개이며,
가시 같은 돌기가 있다.

씨앗의 길이는
약 5~7밀리미터이며
날개가 없다.

수꽃이삭은 길이
2∼3밀리미터 정도의
길둥근꼴이다.

암꽃이삭의 지름은
약 2∼3밀리미터다.

암꽃이삭에는
여덟 개의 비늘조각이 있고,
여섯 개의 밑씨가 있다.

잎 끝은
둥글다.

잎의 길이는
약 1∼3밀리미터다.

잎은 바늘잎이 없고
비늘잎만 있다.

가지에는
말라버린
잎이 붙어 있다.

약 2∼4(∼20)미터
높이로 자라는
늘푸른떨기나무다.

원줄기가 없으며 땅에서 많은
줄기가 올라와 비스듬히 위로 퍼진다.

암수한그루이며 수꽃이삭은
지난해 가지 끝에 달린다.

서양측백나무

[미국측백나무]

Thuja occidentalis

—

측백나무에 비해 높이 10~15미터, 폭 3~4.5미터 정도 폭이 넓게 자란다. 원뿔
같은 나무 모양을 이룬다. 잎에 샘점이 있으며 향기가 있다. 솔방울열매의 길이
는 8~12밀리미터로, 달걀꼴이다. 씨앗의 길이는 약 5~7밀리미터이며 날개가
있다.

잎 끝은
뾰족하다.

솔방울열매의 길이는
8~12밀리미터
정도이며 달걀꼴이다.

열매조각은 8~10개다.

씨앗의 길이는
약 5~7밀리미터이며
날개가 있다.

수꽃이삭의 길이는
약 1～2밀리미터다.

암꽃이삭은 지름 2～3밀리미터 정도이고
지난해 가지 끝에 달린다.

암꽃이삭에는
여덟 개의
비늘조각이 있다.

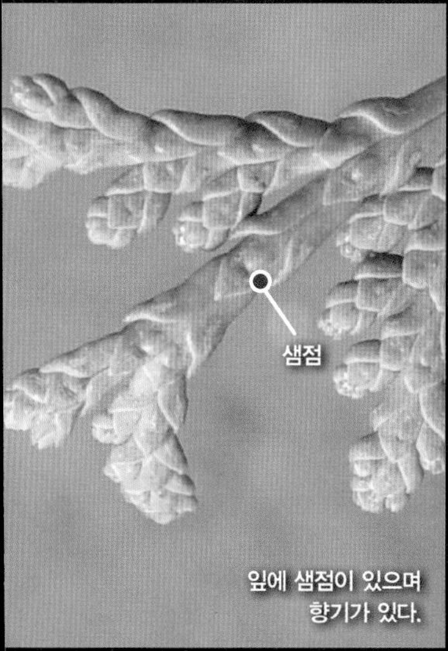

샘점

잎에 샘점이 있으며
향기가 있다.

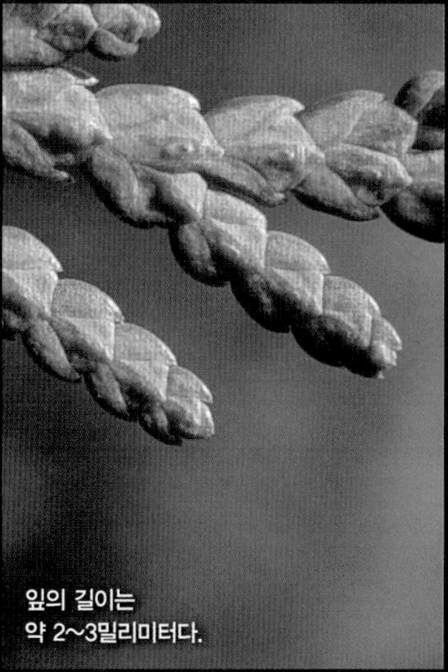

잎의 길이는
약 2～3밀리미터다.

잎은 바늘잎이 없고
비늘잎만 있다.

4월의
어린 열매

어린 가지에
말라버린
마른 잎이 있다.

높이 10～15미터,
폭 3～4.5미터 정도
자라는 늘푸른큰키나무다.

꽃은 3월에 핀다.

잎에 있는 흰색 숨구멍줄(기공선)은 희미하다.

황금측백나무

[황금둥근측백]

Platycladus orientalis 'Aurea Nana'

—

측백나무에 비해 높이 120~180센티미터, 폭 90~150센티미터 정도로 키가 작고 둥근 공 같은 나무 모양으로 자란다. 잎은 황금빛 노란색이며 촘촘하게 많이 달린다.

솔방울열매의 길이는 15~20밀리미터다.

열매조각은 5~6개이며 가시 같은 돌기가 있다.

씨앗의 길이는 약 5~7밀리미터이며 날개가 없다.

암꽃이삭은 지난해 가지 끝에 달린다.

비늘조각

밑씨

암꽃에는 여덟 개의 비늘조각이 있고 여섯 개의 밑씨가 있다.

암꽃이삭의 지름은 약 2〜3밀리미터다.

잎의 길이는 약 1〜3밀리미터다.

잎 끝은 둥글다.

잎은 바늘잎이 없고 비늘잎만 있다.

뿌리 근처에서 많은 줄기가 갈라진다.

키가 작고 둥근 공 같은 나무 모양으로 자란다.

높이 120〜180센티미터, 폭 90〜150센티미터 정도 자라는 늘푸른떨기나무다.

황금측백나무

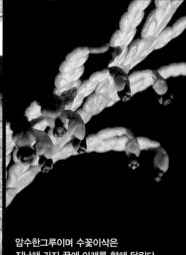

암수한그루이며 수꽃이삭은
지난해 가지 끝에 아래를 향해 달린다.

잎 뒷면은 회록색이지만
거의 흰색에 가깝게 보인다.

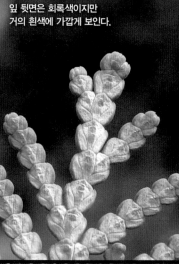

눈측백

[찝빵나무 · 누운측백]

Thuja koraiensis

—

측백나무에 비해 잎 뒷면은 회록색이지만 거의 흰색에 가깝게 보인다. 씨앗의 길이는 4밀리미터 정도이고 날개가 있다.

솔방울열매의 길이는
7~10밀리미터이며 달걀꼴이다.

열매는 9월에
갈색으로 익는다.

씨앗의 길이는
약 4밀리미터이며 날개가 있다.

수꽃이삭의 길이는
약 1~2밀리미터다.

암꽃이삭에는
여덟 개의 비늘조각이 있다.

암꽃이삭의 지름은
약 2~3밀리미터다.

잎의 길이는
약 2~3밀리미터다.

잎 뒷면의 색깔

잎 표면의 색깔

잎은 바늘잎이 없고
비늘잎만 있다.

5월의 잎 뒷면

흔히 2(10~20)미터
높이로 자라는
늘푸른떨기나무다.

가지는
적갈색으로
변한다.

눈측백

125

수꽃이삭의 길이는 약 5센티미터이며,
3〜5개씩 모여 잎겨드랑이에 달린다.

나한송

[토송]

Podocarpus macrophyllus

수꽃이삭의 길이는 약 5센티미터이며 3〜5개씩 모여 달린다. 암꽃의 길이는 약 1
센티미터이고 잎겨드랑이에 달린다. 꽃턱花托이 변한 열매턱果托은 가을에 붉은
색으로 익는다. 씨앗의 지름은 10〜15밀리미터다.

잎 뒷면

잎 양면에
털이 없다.

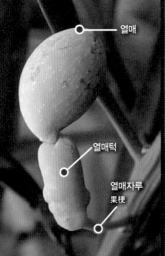

열매

열매턱

열매자루
果梗

열매는 청록색이며 흰 가루로 덮인다.
열매턱은 붉은색으로 익는다.

열매턱에
비늘조각은
네 개다.

수꽃

암꽃의 길이는 약 1센티미터이고 잎겨드랑이에 달린다.

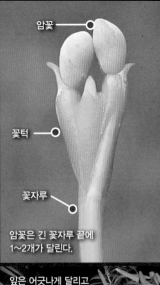

암꽃

꽃턱

꽃자루

암꽃은 긴 꽃자루 끝에 1~2개가 달린다.

잎의 횡단면

잎 양면의 중심맥은 도드라진다.

잎은 길이 8~12센티미터, 폭 5~10밀리미터다.

잎은 어긋나게 달리고 넓은 줄꼴이다.

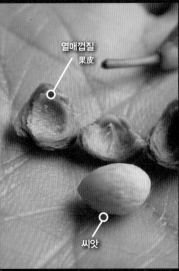

열매껍질
果皮

씨앗

어린 가지에 털이 없다.

5~20미터 높이로 자라는 늘푸른큰나무다.

암수딴그루이고, 수꽃이삭은
6~10개씩 모여 잎겨드랑이에 달린다.

잎이 부드러워
잎 끝은 찔리지 않는다.

개비자나무
Cephalotaxus koreana
—

비자나무와 달리 높이 3~6미터 정도로 작게 자란다. 잎은 길이 4~8센티미터,
폭 2~3밀리미터 정도로 길다. 잎이 부드러워 잎 끝은 찔리지 않는다. 열매는 다
음해 9월 붉은색으로 익는다. 씨앗의 길이는 약 15밀리미터이며 미끈거리는 헛
씨껍질에 싸여 있다.

열매의 길이는 17~20밀리미터
정도이며 길둥근꼴이다.

굳은씨열매(핵과)는 다음해
9월 붉은색으로 익는다.

씨앗 ────○

열매 ────○

씨앗의 길이는
약 15밀리미터이며
미끈거리는
헛씨껍질에 싸여 있다.

꽃싸개苞葉

수꽃이삭의 길이는
약 3~5밀리미터다.

암꽃이삭의 길이는
약 5밀리미터이고,
2개씩 모여 달린다.

꽃싸개

암꽃이삭은 10여개의 뾰족한 녹색
꽃싸개로 싸여있다.

도드라진다.　중심맥

잎의 중심맥은
앞 뒤 모두
도드라진다.

비자나무

개비자나무

잎의 길이
비자나무: 2~3센티미터
개비자나무: 4~8센티미터

잎은 줄꼴이고
두 줄로 배열된다.

어린 가지에는
털이 없다.

나무껍질은
회갈색이
얇게
벗겨진다.

3~6미터 높이로
자라는 늘푸른떨기나무다.
줄기는 비스듬히 위로 자란다.

개비자나무

암수딴그루이며 수꽃이삭은
잎겨드랑이에 달린다.

암꽃이삭

눈개비자나무

[누운개비자나무]

Cephalotaxus harringtonia var. nana

개비자나무와 달리 줄기가 땅에 누워서 자란다.

꽃싸개

열매의 길이는
약 17~20밀리미터로,
길둥근꼴이다.

굳은씨열매(핵과)는 다음해
9월에 붉은색으로 익는다.

8월의 열매

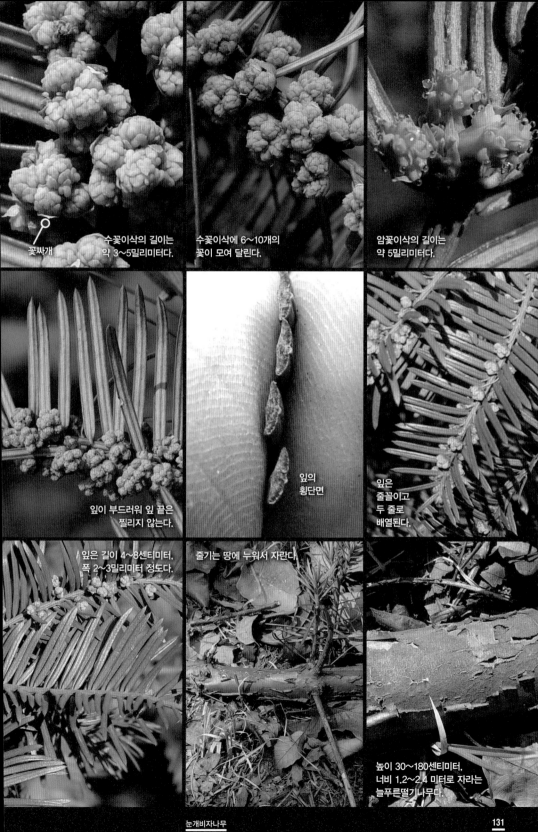

꽃싸개

수꽃이삭의 길이는 약 3~5밀리미터다.

수꽃이삭에 6~10개의 꽃이 모여 달린다.

암꽃이삭의 길이는 약 5밀리미터다.

잎이 부드러워 잎 끝은 찔리지 않는다.

잎의 횡단면

잎은 줄꼴이고 두 줄로 배열된다.

잎은 길이 4~8센티미터, 폭 2~3밀리미터 정도다.

줄기는 땅에 누워서 자란다.

높이 30~180센티미터, 너비 1.2~2.4 미터로 자라는 늘푸른떨기나무다.

암수딴그루이며
꽃은 5월에 핀다.

비자나무

Torreya nucifera

—

개비자나무에 비해 잎의 길이가 2~3센티미터 정도로 짧다. 잎 끝은 찔리면 아플 정도로 딱딱하다. 열매의 길이는 2~3센티미터 정도이며 거꿀달걀꼴이다. 열매는 녹색으로 익는다.

잎 뒷면에 숨구멍줄이 있다.
잎 끝은 찔리면 아플 정도로 딱딱하다.

열매는 9~10월
녹색으로 익는다.

한 수꽃이삭에
열 개 내외의
꽃이 달린다.

열매는 거꿀달걀꼴이며
길이가 약 2~3센티미터다.

수꽃이삭의 길이는
약 10밀리미터다.

수꽃이삭의
봉오리

꽃싸개

암꽃이삭의 길이는
약 6밀리미터다.

수지구

잎의 횡단면은
볼록렌즈 모양이다.

잎은 길이 2~3센티미터,
폭 2~3밀리미터 정도다.

잎은 줄꼴이고
깃꼴로 배열된다.

가지는
적갈색이다.

25미터 높이로 자라는
늘푸른큰키나무다.

가지는 돌려 달리며
사방으로 퍼진다.

암수딴그루이며 수꽃이삭은
잎겨드랑이에 달린다.

잎 끝은
뾰족하다.

주목

[화솔나무 · 적목]

Taxus cuspidata

—

17~20미터 높이로 자란다. 원줄기가 뚜렷하고 곧추서며, 가지는 땅에 닿지 않는다. 열매의 길이는 약 6밀리미터이며 달걀꼴이다. 씨앗의 길이 는 5밀리미터 정도이고 컵 모양의 두꺼운 붉은색 헛씨껍질假種皮에 싸여있다.

열매의 길이는
약 6밀리미터이며 달걀꼴이다.

씨앗은 컵 모양의 두꺼운
붉은색 헛씨껍질에 싸여있다.

헛씨껍질

씨앗

씨앗의 길이는
약 5밀리미터다.

수꽃은 여섯 개의
비늘조각으로 싸여있다.

암꽃이삭은
잎겨드랑이에
달린다.

암꽃은 열 개의
비늘조각으로 싸여있다.

비늘조각

잎 표면
중심맥이
도드라진다.

잎 횡단면

잎은 길이 10~25밀리미터,
폭 2~3밀리미터 정도다.

잎은 줄꼴이고
깃꼴로 배열된다.

줄기와
가지는
적갈색이다.

원줄기가 뚜렷하고 곧추서며,
가지는 땅에 닿지 않는다.

17~20미터 높이로 자라는
늘푸른큰키나무다.

암수딴그루이며
꽃덮이가 없다.

소귀나무

[속나무]

Myrica rubra

—

어린 가지에 약간의 털이 있다. 잎은 어긋나게 달리고 가죽질의 긴 길둥근 모양
으로, 거꿀바소꼴倒披針形이다. 암수딴그루이며 꽃덮이花被가 없다. 열매는 지
름이 1~2센티미터인 공 모양의 굳은씨열매이며 붉은색으로 익는다.

잎 양면에 털이 없고
뒷면에 샘점이 있다.

열매는
붉은색으로
익는다.

수꽃의 꽃밥이
날린 모습

굳은씨열매의 지름은
약 1~2센티미터다.

터진 후

수꽃차례

수꽃차례의 길이는
약 1~3센티미터다.

꽃밥은 익으면
봉선을 따라 터진다.

터지기 전

잎자루의 길이는
약 2~10밀리미터다.

잎은 길이 5~14센티미터,
폭 1~4센티미터 정도다.

잎은 어긋나게 달리고
가죽질이며 긴 길둥근 모양의
거꿀바소꼴이다.

수꽃

어린 가지에는
약간의 털이 있다.

10~15미터
높이로 자라는
늘푸른큰키나무다.

소귀나무

암수한그루이고 수꽃차례의
길이는 10~20센티미터 정도다.

잎 표면에 잔털이 있으나 없어지고

뒷면은 털이 있거나 없다.

가래나무

[산추자나무 · 가래추나무]

Juglans mandshurica

—

작은 잎이 9~19개인 깃꼴겹잎이며, 겹잎의 길이는 40~90센티미터. 작은 잎
은 길이 6~17센티미터, 폭 2~7센티미터 정도이며 암꽃차례의 길이는 약 5~12
센티미터다. 암술은 두 갈래로 갈라지고 암술머리는 붉은색이다. 굵은껍질열매
의 길이는 25~35밀리미터이며 양 끝이 뾰족하다.

굵은씨열매(핵과)의 길이는
약 4~8센티미터다.

굵은껍질열매(견과)의 길이는
25~35밀리미터이며
양 끝이 뾰족하다.

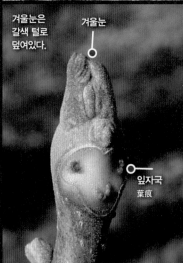

겨울눈은
갈색 털로
덮여있다.

겨울눈

잎자국
葉痕

수술은
12~14개다.

암꽃차례의 길이는
약 5~12센티미터다.

암술은 두 갈래로 갈라지고
암술머리는 붉은색이다.

잎줄기에
털이 있다.

작은 잎은 길이 6~17센티미터,
폭 2~7센티미터다.

작은 잎은 9~19개인
깃꼴겹잎이다.

어린 가지의
골속髓은
계단 모양이다.

어린 가지에는
털이 있다.

15~20미터
높이로 자라는
갈잎큰키나무이다.

암수한그루이고
수꽃차례의 길이는
약 5~10센티미터다.

잎 양면에
털이 거의 없다.

호두나무

[호도나무]

Juglans regia

—

작은 잎이 5~7(~9)개인 깃꼴겹잎이며, 겹잎의 길이는 25~30센티미터다. 작은 잎은 길이 6~15센티미터, 폭 3~6센티미터 정도다. 암꽃차례에는 1~3개의 꽃이 달린다. 암술머리는 연한 녹색이다. 굳은껍질열매堅果의 길이는 약 35~45밀리미터이며 한쪽 끝만 뾰족하다.

굳은씨열매의 길이는
4~5센티미터 정도다.

굳은껍질열매의 길이는
약 35~45밀리미터이며
한 쪽 끝만 뾰족하다.

4월의 새잎은
붉은색이다.

수술은
6~30개다.

암꽃차례에는
1~3개의 꽃이
달린다.

암술머리는
연한 녹색이다.

작은 잎은 길이
6~15센티미터,
폭 3~6센티미터다.

작은 잎은 5~7(~9)개인
깃꼴겹잎이며,
겹잎의 길이는
약 25~30센티미터다.

잎줄기에
털이 없다.

수꽃이
피는 모습

어린 가지에는
털이 촘촘하다.

20~30미터
높이로 자라는
갈잎큰키나무다.

주름

암수한그루이고
수꽃차례의 길이는
약 5~10센티미터다.

잎 표면에 털이 없고,

잎 뒷면에 약간의 털이 있다.

흑호두나무

[흑호도]

Juglans nigra

—

작은 잎이 15~19 (9~23)개인 깃꼴겹잎이며, 겹잎의 길이는 20~60센티미터 정
도다. 굳은껍질열매의 지름은 30~40밀리미터이며, 굳은껍질열매 표면에 불규칙
한 주름이 있다.

굳은씨열매의
지름은
약 4~8센티미터다.

주름

굳은껍질열매의
지름은 30~40밀리미터이고,
굳은껍질열매 표면에
불규칙한 주름이 있다.

굳은껍질열매의 모양 비교

가래나무

호두

흑호두

수꽃은
17~50개다.

암꽃차례에는
1~3개의 꽃이 달린다.

암술머리는
연한 녹색이다.

잎줄기

잎줄기에
털이 있다.

작은 잎은 길이 10~15센티미터,
폭 3~5센티미터 정도다.

작은 잎이
15~19(9~23)개인
깃꼴겹잎이며,
겹잎의 길이는
20~60센티미터
정도다.

7월의 덜익은 열매

암술

어린 가지에는 털이 있다.

20~30미터
높이로 자라는
갈잎큰키나무다.

수꽃차례 ─○

암꽃차례 ─○

암수한그루이다.

잎 뒷면
잎줄겨드랑이脈腋에
흰색 털이 있다.

굴피나무

[굴태나무 · 꾸정나무 · 산가죽나무]

Platycarya strobilacea

작은 잎은 7~19개인 깃꼴겹잎이며, 겹잎의 길이는 8~30센티미터 정도다. 암수
한그루이고 꽃은 가지 끝에 모여 달린다. 수꽃은 꽃싸개 조각苞片에 싸여있고 꽃
잎이 없다. 열매이삭果穗의 길이는 약 3~5센티미터이며 긴 길둥근꼴이다. 작은
굳은껍질열매의 지름은 5~6밀리미터이며 날개가 있다.

열매이삭의 길이는
약 3~5센티미터이며
긴 길둥근꼴이다.

꽃싸개 조각은 떨어지지 않고
남아 있으며 바소꼴披針形이다.

꽃싸개 조각

0   1

날개

작은굳은껍질열매(소견과)의 지름은
약 5~6밀리미터이며 날개가 있다.

암술

꽃싸개 조각

암꽃차례의 길이는
2~4센티미터다.

수꽃차례의 길이는
약 5~10센티미터다.

수꽃은 꽃싸개 조각에
싸여있고 꽃잎이 없다.

꽃밥

꽃싸개
조각

잎줄기에
털이 있으나
없어진다.

작은 잎은 길이 3~11센티미터,
폭 2~4센티미터 정도다.

작은 잎은 7~19개인 깃꼴겹잎이며,
겹잎의 길이는 8~30센티미터다.

4월의 새잎

어린 가지에
털이 있으나
점차 없어진다.

5~15미터 높이로 자라는
갈잎작은키나무落葉性小喬木다.

굴피나무

암꽃차례

수꽃차례

수꽃차례의 길이는
약 5~7센티미터다.

중국굴피나무

[풍양나무 · 당굴피나무 · 감보풍]

Pterocarya stenoptera

작은 잎은 11~21개인 깃꼴겹잎이며, 겹잎의 길이는 약 8~25센티미터다. 수꽃
차례의 길이는 5~7센티미터 정도이고 꽃덮이조각은 1~4개, 수술은 6~18개다.
열매이삭의 길이는 20~30센티미터다. 작은굳은껍질열매(소견과)의 길이는 약
6~7밀리미터이며 두 개의 날개가 있다.

잎 표면에는 털이 없고
뒷면 맥 위에 갈색 털이 있다.

씨앗의 지름은
약 6~7밀리미터다.

열매

날개

열매이삭의 길이는
약 20~30센티미터다.

작은굳은껍질열매에는
두 개의 날개가 있다.

수술

꽃덮이조각

꽃덮이조각은 1~4개,
수술은 6~18개다.

암꽃차례의 길이는
약 5~8센티미터다.

암술은
두 갈래로
갈라진다.

잎줄기

잎줄기에
좁은 날개가 있다.

작은 잎은 길이 8~12센티미터,
폭 2~3센티미터 정도다.

작은 잎은
11~21개인
깃꼴겹잎이다.

겨울눈에
대가 있다.

어린 가지의 골속은
계단 모양이다.

겨울눈

대

20~30미터 높이로 자라는
갈잎큰키나무다.

065
버드나무과

은백양

Populus alba

어린 가지와 겨울눈에 솜털이 촘촘하고, 잎 뒷면에는 흰색 솜털綿毛이 많다. 잎은 3~5갈래로 얕게 갈라진다.

암수딴그루이며,
꽃은 꼬리꽃차례尾狀花序에 달린다.

잎 뒷면에
흰색 솜털이
촘촘하다.

튀는열매는
두 갈래로 갈라진다.

튀는열매蒴果는
5월에 익는다.

암꽃차례의 길이는
약 2~3센티미터다.

암꽃차례

암술머리

꽃싸개

꽃싸개

암술머리는
2∼4개다.

잎자루의 길이는 약 3센티미터이며,
잎자루의 횡단면은 둥글다.

잎은 3∼5갈래로
얕게 갈라진다.

잎은 어긋나게 달리며
길이는 8∼12센티미터다.

겨울눈에
솜털이 많다.

어린 가지에는
솜털이 빽빽하다.

약 20미터 높이로 자라는
갈잎큰키나무다.

암꽃차례

꽃은 4월에
잎보다 먼저 핀다.

은사시나무

[은수원사시 · 현사시나무]

Populus tomentiglandulosa

—

어린 가지와 겨울눈에 흰색 솜털이 빽빽하고, 잎 뒷면에 흰색 솜털이 많지만 점
차 없어진다. 잎 가에 불규칙한 치아상의 톱니가 있다. 사시나무와 은백양사이에
서 생긴 자연잡종이며, 인공잡종은 현사시나무라고 한다.

잎 뒷면에 흰색 솜털이
빽빽하지만
점차 없어진다.

열매이삭의 길이는
약 10센티미터다.

튀는열매는
긴 달걀꼴이다.

튀는열매는
두 갈래로
갈라진다.

암술머리

꽃밥

수꽃차례

꽃싸개

꽃싸개

잎은 길이 3∼8센티미터,
폭 2∼7센티미터 정도다.

잎은 어긋나게 달리며
달걀꼴 또는 둥근꼴이다.

잎자루의 길이는
약 1∼5센티미터다.

불규칙한
치아상의
톱니

겨울눈에 털
은백양: 있다.
은사시: 있다.
사시나무: 없다.

어린 가지에
흰색 솜털이
빽빽하다.

약 20미터 높이로 자라는
갈잎큰키나무다.

겨울눈에
털이 있다.

꽃은 3월에
잎보다 먼저 핀다.

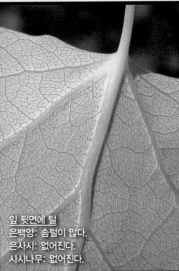

잎 뒷면에 털
은백양: 솜털이 많다.
은사시: 없어진다.
사시나무: 없어진다.

사시나무

[파드득나무 · 사실황철]

Populus davidiana

—

어린 가지와 겨울눈에 털이 없고, 잎 뒷면에 털은 곧 없어진다. 잎은 길이 2~6센티미터, 폭 2~5센티미터이며 잎 가에 얕은 물결 모양의 톱니가 있다.

튀는열매는
5월에 익는다.

튀는열매의 길이는
5밀리미터 정도다.

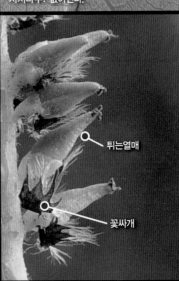

튀는열매

꽃싸개

암꽃차례의 길이는
약 4〜10센티미터다.

암꽃은 검은색
꽃싸개에 싸여있다.

씨방

꽃싸개

암술머리

암술머리는
2〜3개다.

잎 가에 얕은
물결 모양의
톱니가 있다.

잎은 길이 2〜6센티미터,
폭 2〜5센티미터 정도다.

잎은 어긋나게 달리고
둥근꼴 또는 넓은 달걀꼴이다.

겨울눈에
털이 없다.

어린 가지에 털
은백양: 있다.
은사시: 있다.
사시나무: 없다.

약 20미터 높이로 자라는
갈잎큰키나무다.

겨울눈에 털
은백양: 있다.
은사시: 있다.
사시나무: 없다.

068
버드나무과

꽃은 3~4월에
잎과 동시에 핀다.

황철나무

Populus maximowiczii

—

어린 가지에 세 갈래로 갈라지는 능선이 없다. 잎의 뒷면과 잎자루에 융털絨毛이
있으며 잎 표면에 잔주름이 많다. 잎은 달걀꼴 또는 넓은 길둥근꼴이다.

잎 뒷면에 흔히
융털(융모)이 있다.

열매자루축總果軸에 털이 있고
열매는 튀는열매이다.

튀는열매는
세 갈래로 갈라진다.

열매이삭은
밑으로 늘어진다.

암술머리

꽃덮이

암수딴그루이고
꽃은 꼬리꽃차례에 핀다.

암꽃차례의 길이는
약 10~20센티미터다.

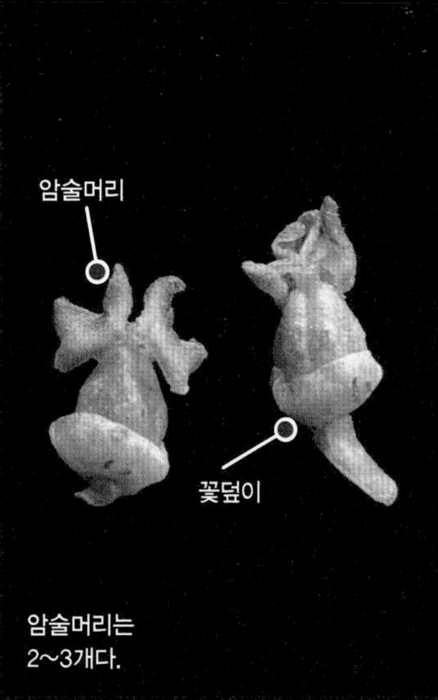

암술머리는
2~3개다.

잎자루의 길이는
약 1~4센티미터다.

잎자루에
융털(융모)이
있다.

잎의 길이는
3~8센티미터다.

잎은 어긋나게 달리고 두꺼우며
달걀꼴 또는 넓은 길둥근꼴이다.

잎 표면에
주름이 많다.

약 30미터 높이로 자라는
갈잎큰키나무다

어린 가지에는 세 갈래로
갈라지는 능선이 없다.

황철나무

꽃은 4월에
꼬리꽃차례에 핀다.

물황철나무

[황털나무 · 향털나무]

Populus koreana

어린 가지에 능선이 없고, 잎 표면에 잔주름이 많다. 잎 뒷면과 잎자루에 흔히 털
이 없으며 수꽃차례의 길이는 약 3~5센티미터다.

잎의 뒷면과 잎자루에
흔히 털이 없다.

열매의 길이는
약 3~6밀리미터다.

열매는
6월에 익는다.

튀는열매는
세 갈래로
갈라진다.

암꽃차례의 길이는
약 3〜5센티미터다.

수술은
10〜30개다.

씨방은 자루가 없고
암술머리는 3〜4개다.

잎 표면에
주름이 많다.

잎은 길이 4〜15센티미터,
폭 3〜9센티미터 정도다.

잎은 길둥근꼴 또는
달걀 모양 길둥근꼴이다.

겨울눈은
끈적끈적하고
향기가 있다.

어린 가지에
능선이 없다.

약 25미터 높이로 자라는
갈잎큰키나무다.

070
버드나무과

꽃은 3월에
꼬리꽃차례에 핀다.

잎 밑은
둥근밑

잎 양면에
털이 없다.

당버들
[백양목 · 좁은잎황철나무]

Populus simonii
—

약 20미터 높이로 자라며 어린 가지에는 세 갈래로 갈라지는 능선이 뚜렷하다.
잎은 중앙이 가장 넓으며, 잎 끝은 급하게 뾰족하고, 둥근밑圓底이다. 물황철나
무에 비해 잎 표면에 주름이 없다.

잎은
어긋나게
달린다.

3월에 잎보다 먼저
꽃이 핀 모습

잎 표면에 주름이 없어,
물황철나무와 구별한다.

수꽃차례의 길이는
2~5센티미터 정도다.

수꽃차례

꽃싸개

꽃대花軸에 털이 없으며
꽃싸개의 길이는 약 3밀리미터다.

잎자루의 길이는
약 1~2센티미터다.

잎의 중앙이
가장 넓다.

잎의 길이는 6~12센티미터 정도다.

잎은 마름모 모양의 달걀꼴 또는
마름모 모양의 길둥근꼴이며,
잎 끝은 급하게 뾰족하다.

어린 가지에는
세 갈래로
갈라지는 능선이
뚜렷하다.

약 20미터 높이로 자라는
갈잎큰키나무다.

겨울눈은 길며,
약간 끈적끈적하다.

암수딴그루이고
꼬리꽃차례에 핀다.

잎에는
털이 없다.

미루나무

[미류나무]

Populus deltoides

—

나무 모양은 이태리포푸라만큼 넓게 퍼지지 않고 양버들보다는 넓게 퍼진다. 어린 가지에 세 갈래로 갈라지는 능선이 뚜렷하다. 잎의 길이와 폭이 7~12센티미터이며 잎의 밑에 샘물질腺體이 있다.

열매이삭의
길이는
15~20센티미터다.

튀는열매는
3~4갈래로
갈라진다.

잎 가에 안으로
굽은 톱니內曲鋸齒가 있다.

암술머리

씨방

꽃덮이

꽃싸개는
둥근꼴이다.

암꽃차례

잎 밑에
샘물질이 있다.

잎의 길이와 폭은 7～12센티미터다.

잎은 어긋나게 달리고
달걀 같은 삼각형이다.

어린 가지에
세 갈래로 갈라지는
능선이 뚜렷하다.

어린 가지에는
털이 없다.

약 30미터 높이로 자라는
갈잎큰키나무다.

암수딴그루이며,
꽃은 4월에
잎보다 먼저 핀다.

잎 가에 안으로
굽은 톱니가 있다.

양버들

[피라밋드포푸라 · 삼각흑양]

Populus nigra var. italica

어린 가지에 세 갈래로 갈라지는 능선은 없거나 아주 미약하다. 가지가 위로 치솟기 때문에 나무 형태는 빗자루 모양이며 새잎은 연한 녹색이다. 잎 밑에 샘물질이 없고, 잎은 길이 5~10센티미터, 폭 4~9센티미터.

열매이삭의 길이는
약 10~15센티미터.

튀는 열매의 길이는
약 6~7밀리미터.

빗자루 같은
나무 모양

꽃밥

꽃싸개

암술머리

씨방

암꽃차례의 길이는
약 5~10센티미터다.

꽃싸개

잎 밑에
샘물질이 없다.

잎의 길이는 5~10센티미터 정도이며,
폭은 4~9센티미터다.

잎은 달갈꼴이며
어긋나게 달린다.

가지가 위로
치솟는다.

약 30미터 높이로 자라는
갈잎큰키나무다.

어린 가지에
세 갈래로
갈라지는
능선이 없거나
아주 미약하다.

양버들

암수딴그루이며,
꽃은 3~4월에
잎보다 먼저 핀다.

잎 밑에
샘물질이 없거나
미약하게 있다.

이태리포플러

[이태리포푸라]

Populus x canadensis

—

어린 가지에 세 갈래로 갈라지는 능선이 미약하게 발달하며 잎은 길이 5~10센티미터, 폭 4~8센티미터 정도다. 새잎은 붉은빛이 도는 종(I~214)과, 녹색인 종(I~476)이 있다.

열매는
5~6월에
익는다.

튀는 열매는
둘로 갈라진다.

씨앗에
솜털이
있다.

꽃밥은
황적색이다.

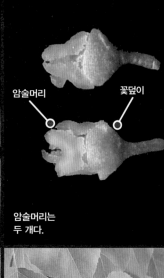

○─ 겨울눈

암꽃차례 ─○

암꽃차례는
연한 녹색이다.

암술머리 ─○

꽃덮이 ─○

암술머리는
두 개다.

잎 가에 안으로
굽은 톱니가 있다.

잎 밑은 가위로 자른 듯
거의 직선을 이룬다截底.

잎은 길이 5~10센티미터,
폭 4~8센티미터 정도다.

잎은 어긋나게 달리고
삼각 형태의 달걀꼴이다.

새잎은
붉은 빛이 도는 종(I~214)과
녹색인 종(I~476)이 있다.

능선 ─○

어린 가지에
세 갈래로 갈라지는
능선이 미약하게
발달한다.

약 30미터 높이에 달하는
갈잎큰키나무다.

늘어지는 가지는
능수버들에 비해
길이가 짧다.

수꽃차례의 길이는
2~4센티미터 정도다.

잎 양면에
털이 없다.

개수양버들

[민수양버들]

Salix dependens

—

수양버들과 거의 비슷하지만, 초봄의 가지는 황록색이다. 암꽃차례의 길이는
2~4센티미터 정도이며 가지는 아래로 늘어지지만 능수버들만큼 길게 늘어지지
는 않는다.

열매이삭은
둥근기둥꼴이며
5월에 익는다.

튀는열매에
털이 없다.

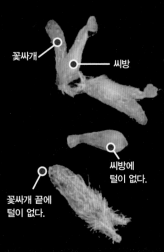

꽃싸개

씨방

씨방에
털이 없다.

꽃싸개 끝에
털이 없다.

수술은
2개

꽃싸개 끝에
털이 없다.

꽃싸개 끝에 털
능수버들: 있다.
수양버들: 없다.
개수양버들: 없다.

암꽃차례의 길이는
약 2~4센티미터다.

씨방에 털
능수버들: 있다.
수양버들: 없다.
개수양버들: 없다.

씨방에 털이 없다.

꽃싸개

턱잎托葉

뾰족꼴밑銳底

잎은 길이 7~12센티미터,
폭 10~17밀리미터 정도다.

잎은 어긋나게 달리고
좁은 바소꼴이다.

가지는 아래로
늘어지지만
능수버들만큼
길게 늘어지지는
않는다.

초봄 가지의 색깔
능수버들: 황록색
수양버들: 적자색
개수양버들: 황록색

약 20미터 높이로 자라는
갈잎큰키나무다.

개수양버들

수꽃차례의 길이는
약 2~4센티미터다.

잎 양면에
털이 없다.

수양버들

[참수양버들]

Salix babylonica

—

능수버들과 달리 잔가지의 색깔은 겨울에서 초봄 사이에 적자색으로 변한다. 암꽃차례의 길이는 약 2~4센티미터로 길고, 씨방과 꽃싸개 끝에 털이 없다. 늘어지는 가지의 길이가 2미터 이상 자라는 능수버들에 비해, 수양버들은 가지의 길이가 짧은 편이다. 기타 사항은 능수버들과 비슷하다.

열매이삭은
둥근기둥꼴이며
5월에 익는다.

열매에 비단털
수양버들: 없다.
능수버들: 있다.

튀는열매에
비단털絹毛이 없다.

2월에 어린 가지의 모습은
전체적으로 붉은빛이다.

꽃싸개 끝에 털
수양버들: 없다.
능수버들: 있다.

꽃싸개 끝에
털이 없다.

암꽃차례는
능수버들보다
길다.

암꽃차례의 길이
수양버들: 2~4센티미터
능수버들: 1~2센티미터

씨방의 털
수양버들: 없다.
능수버들: 있다.

씨방에
털이 없다.

꿀샘

잎은 길이 7~12센티미터,
폭 10~17밀리미터 정도다.

뾰족꼴밑

잎 밑의 모양
수양버들: 뾰족꼴밑
능수버들: 쐐기꼴밑楔底

가지는 길게
아래로 늘어지지만
능수버들보다는
길이가
짧은 편이다.

겨울눈에
털이 없다.

겨울눈

겨울 가지의 색깔
수양버들: 적자색
능수버들: 황록색

약 15~20미터 높이로 자라는
갈잎큰키나무다.

수꽃차례의 길이는
약 1~2센티미터다.

잎 뒷면은 회록색이고
털이 있거나 없다.

능수버들
Salix pseudolasiogyne
—

가지는 길게 아래로 늘어지고 1년에 20미터 정도 자란다. 초봄에 가지 색깔은 황
록색이며 보통 털이 없다. 수꽃차례의 길이는 약 1~2센티미터이며, 수술이 2개,
꿀샘도 2개다. 암꽃차례의 길이는 약 1~2센티미터이며, 암술머리는 2~4갈래로
갈라지고 씨방에 털이 있다.

열매이삭의 길이는
약 1~2센티미터다.

비단털

꽃싸개

수꽃차례는
둥근기둥꼴이다.

꽃싸개 끝에 털이 있다.

수술은 2개,
꿀샘도 2개다.

암꽃차례는 길이
1~2센티미터 정도다.

씨방에 털
능수버들: 있다.
수양버들: 없다

쐐기꼴밑

잎 밑의 모양
수양버들: 뾰족꼴밑
능수버들: 쐐기꼴밑

잎은 길이 7~12센티미터,
폭 10~17밀리미터 정도다.

잎은 어긋나게 달리고
바소꼴 또는 좁은 바소꼴이다.

초봄에 가지는
황록색이며
보통 털이 없다.

수꽃의 수술은
두 개씩이다.

약 15~20미터 높이로 자라는
갈잎큰키나무다.

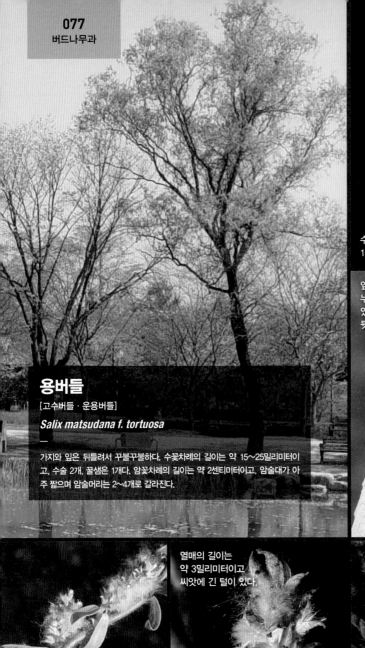

수꽃차례의 길이는
15~25밀리미터 정도다.

잎 표면에
누운 털伏毛이
있거나 없고
뒷면에는 털이 없다.

용버들

[고수버들 · 운용버들]

Salix matsudana f. tortuosa

—

가지와 잎은 뒤틀려서 꾸불꾸불하다. 수꽃차례의 길이는 약 15~25밀리미터이고, 수술 2개, 꿀샘은 1개다. 암꽃차례의 길이는 약 2센티미터이고, 암술대가 아주 짧으며 암술머리는 2~4개로 갈라진다.

열매의 길이는
약 3밀리미터이고
씨앗에 긴 털이 있다.

튀는 열매는
5월에 익는다.

꽃밥은
붉은색이다.

잎

수꽃차례는 짧은 대가 있으며,
세 개의 잎이 있다.

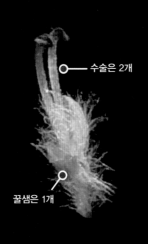

수술은 2개

꿀샘은 1개

암꽃에 꿀샘은 1개이며,
꽃싸개에 털이 많다.

잎도
꾸불꾸불하다.

잎은 길이 6~8센티미터,
폭 10~15밀리미터 정도다.

잎은 어긋나게 달리고
좁은 바소꼴이다.

잎은 어긋나게
달린다.

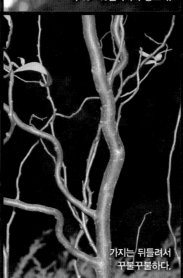

가지는 뒤틀려서
꾸불꾸불하다.

10~20미터 높이로 자라는
갈잎큰키나무다.

용버들

수꽃차례의
길이는 4~5센티미터
정도다.

왕버들

Salix chaenomeloides

―

어린 잎은 붉은빛이 돈다. 잎은 어긋나게 달리며 길둥근꼴 또는 긴 길둥근꼴이다. 수꽃차례의 길이는 약 4~5센티미터이고 수술은 보통 6개다. 수술마다 꿀샘은 보통 1개다. 암꽃차례의 길이는 5~8센티미터 정도이며 열매이삭의 길이는 약 5~10센티미터로, 5~6월에 익는다.

잎 양면에
털이 없다.

튀는 열매는
5~6월에 익는다.

잎 가장자리에
안으로
굽은 톱니가 있다.

열매이삭의 길이는
5~10센티미터.

수술은 보통 6개이지만
4~9개인 것도 있다.

암꽃차례의 길이는
약 5~8센티미터다.

씨방에 털이 없고
짧은 대가 있다.

꽃싸개

꿀샘

샘물질이 있다.

잎은 길이
3~10센티미터,
폭 3~4센티미터
정도다.

잎자루에 털이 없다.

어린잎은
붉은 빛이 돈다.

턱잎

턱잎은 귀 모양이며
톱니가 있다.

어린 가지에는
털이 없다.

약 20미터 높이로 자라는
갈잎큰키나무다.

털왕버들

Salix chaenomeloides var. pilosa

—

어린 가지에는 털이 있다. 잎은 길이 4~10센티미터 정도이고 잎자루에 털이 촘촘하다. 수꽃차례의 길이는 약 2~6센티미터이고, 수술은 보통 6개다. 수술마다 꿀샘은 보통 1개다. 암꽃차례의 길이는 약 5~8센티미터고 씨방에 대가 있다. 왕버들과 달리 가지와 잎자루에 털이 있다.

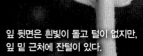

수꽃차례의 길이는
약 2~6센티미터다.

잎 뒷면은 흰빛이 돌고 털이 없지만,
잎 밑 근처에 잔털이 있다.

열매이삭의 길이는
약 5~10센티미터다.

튀는 열매의 길이는
약 3밀리미터이며 털이 없다.

튀는 열매는
두 갈래로
갈라진다.

수술은 보통
6(3∼7)개다.

암꽃차례의 길이는
약 5∼8센티미터다.

꽃대에
융털이 있다.

대

잎자루에 털
왕버들: 없다.
털왕버들: 있다.

잎자루에 털

새로 돋는 잎은
붉은색이다.

잎의 길이는
4∼10센티미터 정도다.

턱잎은
귀 모양이다.

어린 가지에 털
왕버들: 없다.
털왕버들: 있다.

약 20미터 높이로 자라는
갈잎큰키나무다.

080
버드나무과

수꽃차례의 길이는
약 3~4센티미터다.

쪽버들
Salix maximowiczii
—
새잎이 돋을 때, 잎의 색깔은 녹색이다. 수꽃차례의 길이는 3~4센티미터 정도이
고 수술은 보통 5개다. 암꽃차례의 길이는 약 4~6센티미터이며 꿀샘은 보통 2
개다.

잎 양면에
털이 없다.

열매이삭의 길이는
약 5~10센티미터다.

열매이삭

튀는 열매의 길이는
약 5밀리미터이며 털이 없다.

꽃싸개에 털이 있다.

수술은 보통 5개다.

암꽃차례의 길이는
4~6센티미터 정도다.

암술머리는
세 갈래로
갈라진다.

씨방에
털이 없다.

대가
있다.

턱잎은
귀 모양이다.

잎은 길이 10~15센티미터,
폭 3~5센티미터 정도다.

새잎의 색깔
쪽버들: 녹색
왕버들: 붉은색

봄에 새잎이 돋을 때
잎은 녹색이다.

겨울눈은 달걀 같은
긴 길둥근꼴이다.

어린 가지는
황록색이며
털이 없다.

약 20미터
높이로 자라는
갈잎큰키나무다.

쪽버들

수꽃차례의 길이는
약 1~2센티미터다.

버드나무

[버들 · 뚝버들 · 버들나무]

Salix koreensis

—

겨울눈에 털이 있다. 잎 뒷면 중심맥 위에 털이 있으나 점차 없어진다. 수꽃차례의 길이는 약 1~2센티미터다. 수술은 2개이고 꽃싸개에 비단털이 촘촘하다. 암꽃차례의 길이는 약 1~2센티미터다. 꿀샘은 1~2개이며 암술머리는 2~4개로 갈라진다.

잎 뒷면 중심맥 위에
털이 있으나 점차 없어진다.

열매이삭(과수)의 길이는
약 1~2센티미터다.

튀는열매는
달걀꼴이며
털이 있다.

겨울눈에
털이 있다.

수술은 2개이고 꽃싸개에
비단털이 촘촘하다.

꽃싸개

암꽃차례의 길이는
1~2센티미터 정도다.

꽃싸개에
털이 있다.

씨방에
털이 있다.

턱잎 끝은
점점 뾰족해진다.

잎은 길이 6~12센티미터,
폭 7~20밀리미터 정도다.

잎은 어긋나게 달리며,
바소꼴 또는 좁은 바소꼴이다.

내곡거치內曲鋸齒
: 안으로 갈고리처럼
휘어진 톱니

어린가지에
털이 있으나
점차 없어진다.

잎자루

10~20미터 높이로 자라는
갈잎큰키나무다.

수꽃차례의 길이는
3~4센티미터 정도다.

강계버들

[강계버드나무]

Salix kangensis

—

햇가지는 녹색 또는 황록색이며 털이 있다가 점차 없어진다. 겨울눈에 털이 있고, 잎 표면 중심맥에 잔털이 있으며 뒷면에도 털이 있다. 수꽃차례의 길이는 약 3~4센티미터이며, 수술 두 개, 꿀샘은 한 개다. 암꽃차례의 길이는 약 2~3센티미터이며, 씨방에 대가 있고 암술대가 매우 길며 암술머리는 네 갈래로 갈라진다.

잎 뒷면에
털이 있다.

열매이삭의 길이는
2~3센티미터 정도다.

잎 가에
잔 톱니가 있다.

열매는
달걀꼴이고
털이 있다.

수술은 두 개
꿀샘은 한 개다.

암꽃차례의 길이는
약 2~3센티미터다.

암술머리

암술대가
매우 길다.

암술대는
매우 길고
암술머리는
네 갈래로
갈라진다.

턱잎

잎자루에
털이 있다.

잎은 길이 10~20센티미터,
폭 2~6센티미터 정도다.

잎은 어긋나게 달리고
바소꼴 또는
넓은 바소꼴이다.

겨울눈에
털이 있다.

햇가지는 녹색 또는
황록색이며 털이 있다가
점차 없어진다.

약 5~7미터 높이로 자라는
갈잎작은키나무다.

083
버드나무과

선腺버들

[선버드나무]

Salix subfragilis

—

어린 가지는 짙은 갈색 또는 자갈색을 띤다. 턱잎에 사마귀 같은 돌기가 많이 있으며 수술은 보통 3(2~5)개, 꿀샘은 2개다. 씨방에 털이 없고 암술머리는 네 갈래로 갈라진다.

수꽃차례의 길이는 약 2~8센티미터다.

잎 뒷면은 회백색이며 털이 없다.

튀는 열매는 5월에 익는다.

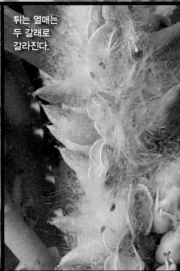

튀는 열매는 두 갈래로 갈라진다.

샘물질

잎자루에 흔히 샘물질腺物質이 있다.

수술은 보통 세 개

꽃싸개

꿀샘은 두 개

암꽃차례의 길이는 약 2~7센티미터다.

암꽃에 꿀샘은 한 개이며 대가 있다.

씨방

대

꿀샘

돌기

턱잎托葉에 돌기(샘腺)가 많이 있다.

잎은 길이 6~14센티미터, 폭 2~5센티미터 정도다.

잎은 어긋나게 달리며, 좁고 긴 길둥근꼴 또는 바소꼴이다.

햇가지는 털이 있으나 점차 없어진다.

약 5~7미터 높이로 자라는 갈잎떨기나무落葉灌木 또는 작은키나무다.

7월 어린 잎은 짙은 적갈색이다.

꽃차례는 위로 곧추선다.

수꽃차례의 길이는
15~35밀리미터 정도다.

잎 뒷면의 털은
점차 없어진다.

좀분버들

[애기분버들]

Salix rorida var. roridaeformis

—

어린 가지는 황록색이며 흔히 흰 가루로 덮인다. 수술은 두 개, 꿀샘은 한 개이며
씨방에 네 개의 능선이 있다.

열매이삭의 길이는
약 4~5센티미터이며
곧추선다.

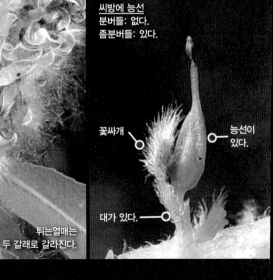

씨방에 능선
분버들: 없다.
좀분버들: 있다.

꽃싸개

능선이
있다.

튀는열매는
두 갈래로 갈라진다.

대가 있다.

수술은
두 개

꿀샘은
한 개

암꽃차례의 길이는
약 4~5센티미터다.

꽃싸개

씨방에
네 개의
능선이
있다.

꿀샘 한 개

턱잎

잎은 어긋나게
달리고 바소꼴이다.

잎의 길이는 7~15센티미터,
폭 20~25밀리미터 정도다.

겨울눈에 털이 없다.

약 10미터 높이로 자라는
갈잎큰키나무다.

흰 가루

어린 가지는 황록색이며
흔히 흰 가루로 덮인다.

종분버들

수꽃차례의 길이는
약 2~3센티미터로,
길둥근꼴이다.

4월 잎 뒷면의 비단털

10월의 비단털은 맥 위에만 남는다.

떡버들

Salix hallaisanensis

—

어린 가지는 연녹색이며 비단털이 있다. 잎 뒷면은 흰빛이 돌고 비단털이 있지만, 점차 없어져 맥 위에만 남는다. 수술은 두 개이고 수술대 아래쪽에 털이 있다. 씨방의 대에는 털이 있고 암술머리는 네 갈래로 갈라진다. 열매이삭의 길이는 3~6센티미터이며, 튀는 열매에 비단털이 있다.

열매이삭의 길이는
약 3~6센티미터다.

튀는 열매는
두 갈래로
갈라진다.

잎 표면에 비단털이 있으나
점차 없어진다.

꽃싸개는 거꿀바소꼴이며, 대에는 털이 있다.

꽃싸개

씨방

대

암꽃차례의 길이는 약 2~3센티미터다.

암술머리는 네 갈래로 갈라진다.

잎 뒷면

잎 표면에 주름이 많다.

잎은 길이 3~14센티미터, 폭 2~7센티미터 정도다.

잎은 어긋나게 달리고 둥근꼴 또는 넓은 달걀꼴이다.

어린 가지는 연녹색이며 비단털이 있다.

잎자루의 길이는 5~30밀리미터이며 비단털이 있다.

약 3~6미터 높이로 자라는 갈잎작은키나무다.

떡버들

수꽃차례의 길이는
2~3센티미터이고
길둥근꼴이다.

좀호랑버들
[긴잎호랑버들]

Salix caprea f. elongata

―

겨울눈은 붉은색이며 광택이 있다. 잎은 긴 길둥근꼴 또는 넓은 바소꼴이며 양 끝이 좁다. 잎 표면에 주름이 많고 털은 없어지며, 뒷면에 흰색 융털은 낙엽이 질 때까지 많이 남아있다.

잎 뒷면의 흰색 융털은
낙엽이 질 때까지
빽빽하게 남아있다.

열매이삭(과수)은
긴 둥근기둥꼴이다.

열매는
5월에
익는다.

튀는 열매는
두 갈래로
갈라진다.

꽃싸개의

대

수술은
두 개

꽃싸개는
검은색

꿀샘은
한 개

암꽃차례의 길이는
2~3센티미터 정도이고
연한 녹색이다.

씨방

꽃싸개

대가
길다.

꿀샘은
한개

잎 표면에 주름이 많고
털은 없어진다.

잎은 어긋나게 달리며
양 끝이 좁다.

잎은 길이 3~14센티미터,
폭 2~7센티미터 정도다.

잎 표면에
털이 있으나
점차 없어진다.

겨울눈은
붉은색이며
광택이 있다.

약 6미터
높이로 자라는
갈잎작은키나무다.

종호랑버들

수꽃차례의 길이는
약 2~3센티미터다.

호랑버들
[노랑버들 · 호랑이버들]

Salix caprea

—

어린 가지에 비단털이 있다. 잎은 두터우며 길둥근꼴 또는 넓은 길둥근꼴이다. 잎 표면에 주름이 많고 털은 점차 없어지지만, 뒷면에는 흰색 융털이 빽빽하게 많다. 수꽃의 수술은 두 개, 꿀샘은 한 개다. 암꽃의 암술머리는 네 개로 갈라지고 대가 긴 편이다.

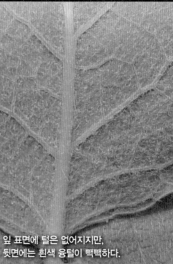

잎 표면에 털은 없어지지만,
뒷면에는 흰색 융털이 빽빽하다.

튀는 열매는
긴 달걀꼴이다.

튀는 열매는
5월에 익는다

튀는 열매는
두 갈래로 갈라진다.

수술은
두 개

꽃싸개

암꽃차례의 길이는
약 2~3센티미터다.

꽃싸개

씨방

꿀샘은
한 개

대

씨방은 대와 털이 있으며,
대가 긴 편이다.

잎 표면에
주름이 많다.

잎은 길이 8~15센티미터,
폭 3~7센티미터 정도다.

잎은 두터우며 길둥근꼴 또는
넓은 길둥근꼴이다.

잎 표면에
비단털이 있으나
점차 없어진다.

어린 가지에
비단털이 있다.

잎자루

약 6~10미터
높이로 자라는
갈잎작은키나무다.

수꽃차례의 길이는
약 15~30밀리미터다.

참오글잎버들

[오글잎버들 · 참오골잎버들]

Salix siuzevii

어린 가지는 적갈색이며 털이 없다. 잎의 톱니는 물결 모양이며, 잎 가장자리는 뒤로 젖혀진다. 수꽃차례의 길이는 15~30밀리미터, 수술 두 개, 꿀샘 한 개다. 암꽃차례의 길이는 약 2~3센티미터이고 암술머리는 네 개, 꿀샘은 한 개다.

잎 뒷면은
회청색이다.

열매이삭은
긴 둥근기둥꼴이다.

튀는 열매는 달걀꼴이고
약간의 털이 있다.

열매는 4월에 익는다.

암술머리는 네 개.
꿀샘은 한 개다.

씨방

대

꿀샘

암꽃차례의 길이는
약 2~3센티미터다.

씨방 아래쪽 대가 긴 편이다.

뒤로
말린다.

어린 잎 가장자리는
뒤로 말린다.

잎은 길이 7~12센티미터,
폭 15~19밀리미터 정도다.

잎은 어긋나게 달리고
줄 모양의 바소꼴이다.

잎 가에
물결 모양의
톱니가 있다.

어린 가지는
적갈색이며
털이 없다.

약 3~5미터
높이로 자라는
갈잎작은키나무다.

수꽃차례의 길이는
약 15~25밀리미터다.

당키버들

[스미쓰키버들 · 당고리버들 · 당귀버들]

Salix purpurea var. smithiana

―

어린 가지는 녹색 또는 홍색이 돌며 털이 없다. 잎은 길이 3~13센티미터, 폭 6~15밀리미터로 긴 편이다. 잎은 대부분 어긋나게 달리며 수술은 두 개가 서로 붙어 한 개로 보이며 꿀샘도 한 개다. 수술은 꽃싸개 길이의 두 배 정도이고, 꽃싸개에 긴 털이 있다. 암술머리는 두 개다.

잎 표면은 녹색,
뒷면은 흰빛이 돈다.

튀는 열매의 길이는
약 3밀리미터다.

열매이삭 길이는
약 2센티미터다.

수꽃차례

꽃싸개
꿀샘은
한 개

수술은 꽃싸개보다
두 배 정도 길다.

암꽃차례의 길이는
20~25밀리미터 정도다.

암술머리는
두 개다.

잎자루의 길이는
약 3~8밀리미터로 긴 편이다.

잎은 길이 3~13센티미터,
폭 6~15밀리미터로 긴 편이다.

잎은 대부분
어긋나게 달린다.

수술은 두 개가
서로 붙어(유착) 있다.

어린 가지는 녹색 또는
홍색이 돌며 털이 없다.

약 1~3미터
높이로 자라는
갈잎떨기나무다.

당키버들

수꽃차례의 길이는
약 2~3센티미터다.

잎 양면에
털이 없다.

붉은키버들

Salix koriyanagi f. rubra

—

키버들과 달리 어린 가지와 잎에 붉은 빛이 뚜렷하게 나타난다. 기타 사항은
키버들과 같다.

열매는
4월에 익는다.

꽃싸개의 길이는
2밀리미터 정도이며
검은색이다.

암술머리는
붉은색

꽃싸개

겨울눈은
달걀 같은
길둥근꼴이며
털이 없다.

수술은 두 개가
서로 붙어 있다癒着.

꽃싸개의 위쪽은
검은색이다.

3월이면 꽃은
작년 가지에 달린다.

암술머리는 2~4개로 갈라지고
꿀샘은 한 개다.

꿀샘

잎자루의 길이는
2~5밀리미터이며
턱잎이 없다.

잎은 길이 6~8센티미터,
폭 6~18밀리미터 정도다.

잎은 대부분 마주 달리고
줄 모양의 바소꼴披針形이다.

어린 가지에
붉은빛이
뚜렷하다.

작년 가지는
황갈색 또는
회갈색이며
털이 없다.

약 2~3미터
높이로 자라는
갈잎떨기나무다.

붉은키버들

수꽃차례의 길이는
약 2~3센티미터다.

잎 표면은 짙은 녹색

뒷면은 분백색이며 잎 양면에 털이 없다.

키버들

[고리버들 · 쪽버들 · 산버들]

Salix koriyanagi

—

잎은 보통 마주 달리고 줄 모양의 바소꼴이다. 잎은 길이 5~8센티미터, 폭 5~10밀리미터 정도다. 잎 뒷면은 분백색이며 잎 가의 톱니는 미약하다. 수술은 꽃싸개 길이의 3~5배이다. 암술머리는 2~4개로 갈라지고 붉은색을 띠며 꿀샘은 한 개다.

열매는
4월에 익는다.

꽃싸개

대

튀는열매는
달걀꼴이며
대가 있다.

튀는열매는
두 갈래로
갈라진다.

수술은 두 개가
서로 붙어 있다.

꽃싸개의 위쪽은 검은색이다.

암술머리는 2~4갈래로 갈라지고
붉은색을 띠며 꿀샘은 한 개다.

꽃은 4월에 잎보다
먼저 작년 가지에 핀다.

잎자루의 길이는
약 2~5밀리미터이며
턱잎이 없다.

잎은 길이 5~8센티미터,
폭 5~10밀리미터 정도다.

잎은 보통 마주 달리고
줄 모양의 바소꼴이다.

꽃밥은 붉은색이다.

어린 가지에
털이 없다.

약 2~3미터
높이로 자라는
갈잎떨기나무다.

수꽃차례의 길이는
약 30~35밀리미터다.

잎 뒷면에
융털이 촘촘하다.

갯버들

[솜털버들]

Salix gracilistyla

—

중심줄기는 곧게 자라며 잎 뒷면에 융털이 촘촘하다. 수꽃차례의 길이는 약
30~35밀리미터다. 꽃싸개의 위쪽은 검은색이며 털이 있다. 수술은 두 개가 서
로 붙어 있으며, 꿀샘은 한 개다.

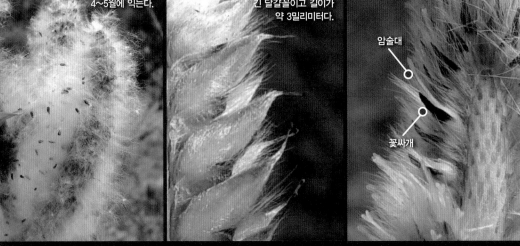

열매는
4~5월에 익는다.

튀는 열매는
긴 달걀꼴이고 길이가
약 3밀리미터다.

암술대

꽃싸개

수술은 두 개가
서로 붙어 있다.

꿀샘은 한 개

암꽃차례의 길이는
약 2~5센티미터다.

암술머리

암술머리는 네 개,
꿀샘은 한 개다.

턱잎에
털이 있다.

잎은 길이
3~12센티미터,
폭 1~3센티미터
정도다.

중심맥과
곁맥(側脈)이 뚜렷하다.

잎은 어긋나게 달리며
긴 길둥근꼴 또는 넓은 바소꼴이다.

꽃싸개

꿀샘은
한 개

어린 가지에
융털이 있으나
곧 없어진다.

약 2~3미터 높이로 자라는
갈잎떨기나무다.

뿌리 부근에서
많은 줄기가 나온다.

갯버들

수꽃차례의 길이는
15~25밀리미터 정도다.

눈갯버들

[누운갯버들]

Salix graciliglans

—

원줄기가 땅에 닿은 정도로 누워 비스듬히 옆으로 퍼진다. 수꽃차례의 길이는 약 15~25밀리미터이고, 꽃싸개의 위쪽은 검은색이다. 수술은 두 개가 서로 붙어 있고 꿀샘은 한 개다. 암꽃차례의 길이는 약 2~4센티미터이고, 암술머리는 네 개, 꿀샘은 한 개다.

잎 뒷면에 비단털이 있으나
점차 없어진다.

4월의 열매

튀는열매에 융털이 있고
4~5월에 익는다.

튀는 열매는 두 갈래로 갈라진다.

수술은 두 개가
서로 붙어 있고
꿀샘은 한 개다.

암꽃차례의
길이는
약 2~4센티미터다.

암술머리는 네 개.
꿀샘은 한 개다.

암술머리

꽃싸개

턱잎에
털이 있다.

잎은 길이 5~10센티미터,
폭 1~3센티미터 정도다.

잎은 어긋나게 달리고
좁은 바소꼴이다.

수술대는 두 개가
서로 붙어 있다.

어린 가지에
융털이 있으나
점차 없어진다.

약 1미터 높이로 자라고,
원줄기는 비스듬히 옆으로
퍼지며 가지가 많이 나온다.

꽃싸개의 위쪽은
검은색이다.

줄기 아래쪽 가지는
땅 가까이 퍼진다.

눈갯버들

암꽃차례

수꽃차례

3월에 잎보다
먼저 꽃이 핀다.

물갬나무

Alnus hirsuta var. sibirica

—

물오리나무에 비해 나무껍질이 거칠게 갈라진다. 잎은 지름 8~17센티미터 정도
로 큰 편이며 잎 밑은 염통꼴밑心臟底이다.

잎 양면에
털이 있거나 없다.

열매이삭의
길이는 약 2~3센티미터이고
2~8개가 모여 달린다.

열매자루의 길이는
3~10밀리미터 정도다.

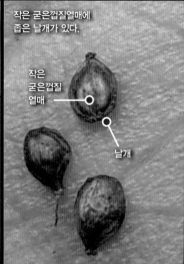

작은 굳은껍질열매에
좁은 날개가 있다.

작은
굳은껍질
열매

날개

수꽃차례는 가지 끝에 2~4개가 달린다.

수꽃

암꽃차례는 긴 달걀꼴이다.

염통꼴밑

잎은 지름 8~17센티미터 정도로 큰 편이다.

잎은 어긋나게 달리며 둥근꼴이다.

잎 밑은 염통꼴밑이다.

잎 가에 치아상 톱니가 있다.

어린 가지에 털이 있고 겨울눈에 털이 있다.

나무껍질은 거칠다. 약 10미터 높이로 자라는 갈잎큰키나무다.

095
자작나무과

물오리나무

[산오리나무 · 참오리나무 · 털떡오리나무 · 털물오리나무]

Alnus sibirica

—

잎은 길이 8~10센티미터, 폭 5~8센티미터 정도로 물갬나무보다 작은 편이다. 잎 밑은 둥근밑이고 나무껍질은 갈라지지 않고 매끈하다.

암꽃차례

수꽃차례

수꽃차례의 길이는 4~7센티미터 정도다.

잎 표면에 털이 있고

뒷면에도 털이 있으나 점차 없어지고 맥 위에만 남는다.

열매이삭의 길이는 약 15~25밀리미터다.

열매조각

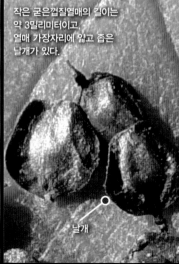

작은 굳은껍질열매의 길이는 약 3밀리미터이고, 열매 가장자리에 얇고 좁은 날개가 있다.

날개

암꽃차례

열매이삭

수꽃차례

암꽃차례의 길이는
1~2센티미터다.

암꽃차례는
긴 길둥근꼴이다.

둥근밑

잎 밑은
둥근밑이다.

잎은 길이 8~10센티미터, 폭 5~8센티미
터 정도로 물갬나무보다 작은 편이다.

잎은 어긋나게 달리고
넓은 달걀꼴 또는 둥근꼴에 가깝다.

잎 가장자리는
얕게 갈라지며
겹톱니가 있다.

어린 가지에 털이 촘촘하게 많지만
점차 없어진다. 겨울눈에 털이 있다.

나무껍질은
갈라지지 않고
매끈하다.
약 20미터
높이로 자라는
갈잎큰키나무다.

오리나무

[오리목]

Alnus japonica

—

잎은 길이 6~14센티미터, 폭 4~5센티미터 정도다. 잎은 어긋나게 달리고 달걀 모양卵狀 긴 길둥근꼴 또는 바소 모양의 달걀꼴이다. 잎 표면에 털이 없으며, 뒷면 잎줄겨드랑이에 털이 있다. 작은 굳은껍질열매는 넓은 길둥근꼴이며 길이가 3~4밀리미터 정도이고 작은 굳은껍질열매 양쪽에 뚜렷하지 않은 날개가 있다.

암꽃차례

수꽃차례

수꽃차례의 길이는 약 4~9센티미터이며 아래로 늘어진다.

잎줄겨드랑이

잎 표면에 털이 없으며, 뒷면 잎줄겨드랑이에 털이 있다.

열매이삭은 2~6개씩 모여 달리며 길이가 약 15~20밀리미터다.

작은 굳은껍질열매 양쪽에 뚜렷하지 않은 날개가 있다.

날개

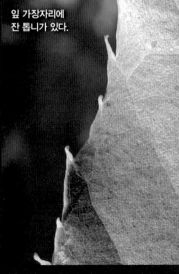

잎 가장자리에 잔 톱니가 있다.

수꽃

암꽃차례의 길이는
약 10~15밀리미터다.

암꽃차례는
긴 달걀꼴이다.

잎은 길이 6~14센티미터,
폭 4~5센티미터 정도다.

잎은 어긋나게 달리고,
달걀 모양 긴 길둥근꼴 또는
바소 모양의 달걀꼴이다.

잎자루의 길이는
약 2~4센티미터다.

겨울눈에
긴 대가 있다.

대

껍질눈

약 15~20미터
높이로 자라는
갈잎큰키나무다.

어린 가지는 털이 있거나 없고,
작년 가지에 껍질눈皮目이 뚜렷하다.

오리나무

수꽃차례의 길이는
약 4~6센티미터이며
아래로 늘어진다.

잎 뒷면에 털이 없다.

두메오리나무

Alnus maximowiczii

—

잎은 염통꼴밑이며 불규칙하게 예리한 톱니가 있다. 잎 뒷면에는 털이 없으며 열매이삭의 길이는 약 2센티미터 이상으로 긴 편이다.

열매자루는 길이
1~3센티미터 정도다.

열매이삭

열매자루

열매이삭의
길이는
약 2센티미터
이상으로
긴 편이다.

작은 굳은껍질열매 양쪽에
뚜렷하지 않은 날개가 있다.

암꽃차례 아래에 꽃대가 있으며
길이는 약 3〜5센티미터다.

암꽃차례는
긴 달걀꼴이다.

어린 열매

잎자루의 길이는
20〜35밀리미터 정도다.

잎통꼴밑

곁맥은
8〜12쌍

잎의 길이는
약 7〜10센티미터다.

잎은 어긋나게 달리고,
잎통꼴心臟形 또는
넓은 달걀꼴이다.

잎 가장자리에
불규칙하게
예리한
톱니가 있다.

어린 가지에
껍질눈이 많다.

약 5〜10미터
높이로 자라는
갈잎작은키나무다.

수꽃차례의 길이는
약 5~7센티미터이며
아래로 드리운다.

잎 뒷면의 곁맥 사이에는
털이 없다.

거제수나무

[물자작나무 · 무재작이]

Betula costata

―

나무껍질은 흰색 또는 갈백색이며, 종잇장처럼 얇게 벗겨진다. 열매이삭은 달걀
꼴이며, 길이가 2센티미터 정도이고 위를 향한다. 씨앗의 날개 너비는 씨앗의 너
비보다 좁다.

열매이삭은 달걀꼴이며
길이가 약 2센티미터다.

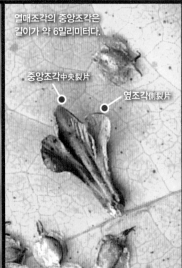

열매조각의 중앙조각은
길이가 약 6밀리미터다.

중앙조각中央裂片

옆조각側裂片

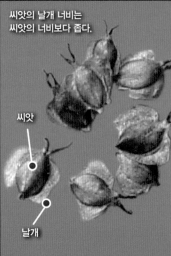

씨앗의 날개 너비는
씨앗의 너비보다 좁다.

씨앗

날개

꽃싸개

수꽃은
꽃싸개에
싸여있다.

수꽃차례

꽃눈

잎 끝은
좁고 길게 뾰족해지며,
잎 가에 겹톱니가 있다.

잎은 길이 5~8센티미터,
폭 20~28밀리미터 정도다.

잎은 긴 가지에서는
어긋나게 달리며,
짧은 가지에서는
두 개씩 난다.

열매조각
가장자리에
털이 없다.

털이 없다.

가지에 샘점이 없고
어린 가지에 털이 있으나
점차 없어진다.

종잇장처럼
벗겨진다.

껍질눈

가지에 샘점
사스래나무: 있다.
거제수나무: 없다.

약 30미터
높이로 자라는
갈잎큰키나무다.

거제수나무

사스래나무

[쇠고채목]

Betula ermanii

—

거제수나무에 비해 잎 곁맥의 숫자가 7~11(14)쌍으로 적은 편이다. 나무껍질은 회백색이며 종잇장처럼 벗겨진다. 열매이삭의 길이는 2~3센티미터 정도로 곧추 서며, 거제수나무보다 길고, 자작나무보다는 짧다. 열매조각의 중앙조각은 옆조각보다 길다. 씨앗의 날개 너비는 씨앗 폭의 1/2 정도다.

암꽃차례

수꽃차례

암수한그루이며 꽃은 5~6월에 핀다.

잎 표면은 털이 없고

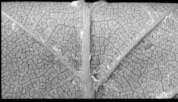

뒷면 맥 위에 털이 있다.

열매이삭은 곧추서며, 길이가 약 2~3센티미터다.

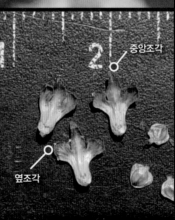

중앙조각

옆조각

열매조각의 중앙조각은 옆조각보다 길다.

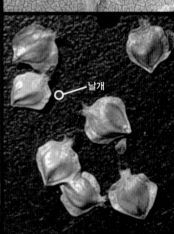

날개

씨앗의 날개너비는 씨앗 폭의 1/2 정도다.

수꽃차례의 길이는
약 5~7센티미터이며
아래로 드리운다.

암꽃차례의 길이는
약 15~27밀리미터이며
위로 치솟는다.

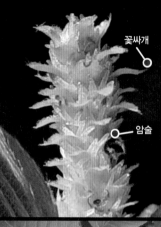
꽃싸개

암술

잎자루의 길이는
약 1~3센티미터다.

잎은 길이 5~10센티미터,
폭 30~50밀리미터 정도다.
곁맥은 7~11(14)쌍이다.

잎은 어긋나게 달리고
끝이 뾰족한 넓은 달걀꼴이다.

5월의 어린 열매

어린 가지에
붉은색 샘점과
하얀 껍질눈이 있다.

샘점

껍질눈

가지에 샘점
사스래나무: 있다.
거제수나무: 없다.

약 7~20미터
높이로 자라는
갈잎큰키나무다.
나무껍질은
종잇장처럼
벗겨진다.

암꽃차례

수꽃차례

수꽃차례의 길이는
약 4~6센티미터이며
아래로 드리운다.

박달나무

[참박달나무]

Betula schmidtii

—

거제수나무에 비해 어린 나무의 나무껍질은 벗겨지지 않지만, 오래된 나무껍질은 두껍고 불규칙하게 벗겨진다. 열매이삭의 길이는 약 2~4센티미터로 약간 긴 편이다. 열매조각의 중앙조각은 좁은 바소꼴이며 옆조각보다 두 배 정도 길다. 작은 굳은껍질열매의 길이는 약 2밀리미터이고 좁은 날개가 있다.

잎 양면 맥 위에 털이 있다.

열매이삭의 길이는
약 2~4센티미터이며
곧추선다.

중앙조각

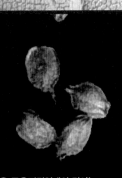

작은 굳은껍질열매의 길이는
약 2밀리미터이고 좁은 날개가 있다.

열매조각의 중앙조각은
좁은 바소꼴이다.

꽃싸개

꽃밥

암꽃차례의 길이는
약 20밀리미터이며
위로 치솟는다.

꽃싸개

암술

잎자루의 길이는
약 5~10밀리미터이고
털이 있다.

잎은 길이 4~9센티미터,
폭 30~45밀리미터 정도다.
곁맥은 9~10쌍이다.

잎은 어긋나게 달리고
긴 달걀꼴이다.

어린 가지의 나무껍질은
벗겨지지 않지만,
오래된 나무는 두껍고
불규칙하게 벗겨진다.

약 30미터
높이로 자라는
갈잎큰키나무다.

어린 가지에
샘점이 있으나
점차 없어진다.

박달나무

암꽃차례

수꽃차례

수꽃차례의 길이는
약 3~6센티미터 정도이며
아래로 드리운다.

잎 양면에
털이 없다.

자작나무

[봇나무]

Betula platyphylla var. japonica

—

잎은 길이 5~7센티미터, 폭 4~6센티미터 정도다. 수꽃차례의 길이는 약 3~6센티미터이며 아래로 드리운다. 암꽃차례의 길이는 약 1~3센티미터이며 곧추선다. 열매이삭의 길이는 4센티미터 정도이며 둥근기둥꼴이다. 씨앗의 날개 너비는 씨앗 너비보다 넓다.

열매이삭의 길이는
약 4센티미터이며
둥근기둥꼴이다.

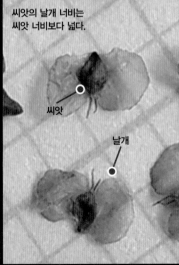

씨앗의 날개 너비는
씨앗 너비보다 넓다.

씨앗

날개

열매조각의 중앙조각은
옆조각보다 짧다.

옆조각

중앙조각

꽃밥은
황록색

꽃싸개는
자주색

암꽃차례는 햇가지 끝에 달리고,
길이가 약 1~3센티미터로, 곧추선다.

꽃싸개는 녹색이며,
암술은 붉은색이다.

긴 가지

짧은 가지

잎자루의 길이는
약 15~35밀리미터다.

잎은 길이 5~7센티미터,
폭 4~6센티미터 정도다.

잎은 긴 가지에서 어긋나게 달리며,
짧은 가지에서는 두 개씩 난다.

약 25미터
높이로 자라는
갈잎큰키나무다.

겨울 나무껍질은
거의 흰색이다.

어린 가지는
자갈색이며
털이 없고
샘점이 있다.

암꽃차례

수꽃차례

수꽃차례의
길이는
약 6~7센티미터
정도이며,
밑으로 드리운다.

잎 뒷면에는 샘점이 많다.

샘점

물박달나무

[째작나무]

Betula davurica

나무껍질은 잘게 갈라져 얇은 조각으로 떨어진다. 열매이삭의 길이는 3~4센티
미터 정도이며, 씨앗의 날개 너비는 씨앗 너비와 비슷하다.

열매조각은 길이와 지름이
각각 8밀리미터 정도다.

씨앗의 날개 너비는
씨앗 너비와 비슷하다.

날개

씨앗

중앙조각

옆조각

열매조각

열매이삭의 길이는
약 3~4센티미터 정도이며
둥근기둥꼴이다.

꽃싸개

꽃밥

암꽃차례의 길이는
약 2~3센티미터이며
곧게 선다.

암술

꽃싸개

잎자루의 길이는
약 5~15밀리미터로
털이 있다.

잎은 길이 3~8센티미터,
폭 3~5센티미터 정도다.

잎은 어긋나게 달리며
달걀꼴이다.

12월의 꽃눈의 모습

어린 가지는
털이 있으며
샘점이 많다.

약 15~20미터
높이로 자라는
갈잎큰키나무다.

103
자작나무과

암꽃차례

수꽃차례

수꽃차례의 길이는
5~6센티미터 정도이며
작년 가지에 달린다.

까치박달

[나도밤나무 · 박달서나무]

Carpinus cordata

잎의 곁맥은 12~20쌍이며 잎 가에 실 같은 톱니가 있다. 수꽃차례의 길이는 약 5~6센티미터이며 작년 가지에 달린다. 암꽃차례의 길이는 약 6~15센티미터 이고 햇가지 끝에 달리며, 암꽃은 꽃싸개 안쪽에 두 개씩 달린다. 열매이삭의 길이는 6~8센티미터 정도다. 잎 모양의 열매싸개果苞는 빽빽이 포개어 달리며, 열매 싸개 끝에 예리한 톱니가 있다.

잎 뒷면 맥 위와
잎자루에 털이 있다.

열매이삭의 길이는
약 6~15센티미터다.

잎 모양의 열매싸개는
빽빽이 포개어 달리며,
열매싸개 끝에 예리한 톱니가 있다.

열매싸개

작은 굳은껍질열매의 길이는
4~6밀리미터 정도다.

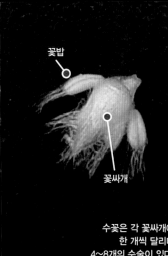

꽃밥

꽃싸개

수꽃은 각 꽃싸개에
한 개씩 달리며
4~8개의 수술이 있다.

수꽃차례

암꽃차례

암꽃은 꽃싸개 안에 달리며,
꽃덮이는 4~5개이고
암술대는 흰색이다.

꽃싸개

꽃덮이

암술대

흰색 털

잎 가에
예리한 실 같은
톱니가 있다.

잎은 길이 7~15센티미터,
폭 4~5센티미터 정도다.

잎은 어긋나게 달리고 달걀꼴 또는
길둥근꼴이며 곁맥은 12~20쌍이다.

겨울눈은 가늘고 뾰족하며
길이가 약 7~20밀리미터다.

어린 가지는
회색 또는
암회갈색이며
털이 있으나
점차 없어진다.

약 12~15미터
높이로 자라는
갈잎큰키나무다.

수꽃차례

암꽃차례

암꽃차례

수꽃차례의 길이는 5센티미터,
암꽃차례의 길이는 2∼3센티미터 정도다.

잎 양면 맥 사이에 털이 없다.

서어나무

[큰서나무 · 왕서어나무]

Carpinus laxiflora

—

잎 끝은 꼬리처럼 길게 뾰족하다. 열매싸개의 길이는 약 10∼18밀리미터다. 열매
싸개의 양쪽에 불규칙한 톱니가 있다.

열매이삭의 길이는
4∼8센티미터 정도다.

열매싸개는
양쪽에 톱니가 있다.

__열매싸개의 길이__
서어나무: 10∼18밀리미터
소사나무: 10∼18밀리미터
개서어: 7∼22밀리미터
당개서어: 20∼32밀리미터

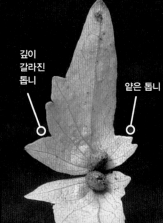

열매싸개 양쪽의 톱니는
서로 비대칭이다.

깊이
갈라진
톱니

얕은 톱니

꽃밥

꽃싸개

수꽃은 각 꽃싸개에
한 개씩 달리며,
수술은 여덟 개씩이다.

암꽃차례는
햇가지 끝에 달린다.

꽃싸개

암술

암꽃의 각 꽃싸개에
꽃이 두 송이씩 달리며
암술머리는 두 개씩이다.

잎 가에 불규칙한
겹톱니가 있다.

잎은 길이 55~75밀리미터,
폭 20~40밀리미터 정도다.
잎 끝은 꼬리처럼 길게 뾰족하다.

잎의 길이
서어나무: 55~75밀리미터
개서어: 40~80밀리미터
당개서어: 50~120밀리미터
소사나무: 20~50밀리미터

작은 굳은껍질열매의 길이는
3밀리미터이며 달걀꼴이다.

어린 가지에
털이 있으나
없어진다.

잎자루에 털

약 15미터
높이로 자라는
갈잎큰키나무다.

개서어나무

[왕개서어나무 · 섬개서나무]

Carpinus tschonoskii

—

서어나무와 달리 열매싸개의 한쪽에만 톱니가 있다. 열매싸개와 열매이삭의 길이가 서어나무보다 길다. 잎은 길이 4~8센티미터, 폭 3.5~4.5센티미터 정도다. 작은 굳은껍질열매의 위쪽은 꽃덮이 밖으로 도드라지지 않는다.

수꽃차례의 길이는
약 5~8센티미터다.

잎 표면 맥 사이에도 털이 있다.

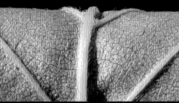

뒷면에 누운 털이 있다.

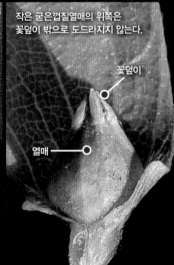

열매싸개의
한 쪽에만 톱니

작은 굳은껍질열매의 위쪽은
꽃덮이 밖으로 도드라지지 않는다.

꽃덮이

열매

열매이삭의 길이
서어나무: 4~8센티미터
개서어: 4~12센티미터
당개서어: 6~7센티미터
좀산서어 : 1~3센티미터

열매싸개의 길이
서어나무: 10~18밀리미터
소사나무: 10~18밀리미터
개서어: 17~22밀리미터
당개서어: 20~32밀리미터

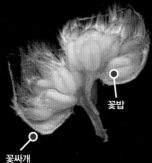

수꽃은 한 꽃싸개에 한 송이씩 달리고,
4~8개의 수술이 있다.

꽃밥

꽃싸개

암꽃차례

수꽃차례

잎에는 뾰족하고
가느다란
겹톱니가 있다.

잎은 길이 4~8센티미터,
폭 3.5~4.5센티미터 정도다.

암술

꽃싸개

암꽃은 각 꽃싸개에
두 개씩 달린다.

잎의 길이
서어나무: 55~75밀리미터
개서어: 40~80밀리미터
당개서어: 50~120밀리미터
소사나무: 20~50밀리미터

겨울눈은 달걀꼴이며 털이 없다.

겨울눈

어린 가지에는 털이 있고
흰색 껍질눈이 흩어져 있다.

약 15미터
높이로 자라는
갈잎큰키나무다.

암꽃차례

수꽃차례

수꽃차례의 길이는
약 4~8센티미터다.

잎 표면에 털이 있고

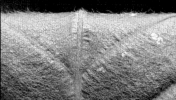

뒷면에 털이 있으며
잎줄겨드랑이에 털이 촘촘하다.

당개서어나무

[당개서나무]

Carpinus tschonoskii var. brevicalycina

—

개서어나무와 달리 작은 굳은껍질열매의 위쪽이 꽃덮이 밖으로 나온다. 잎의
길이(5~12센티미터)가 개서어나무(4~8센티미터)보다 길다. 열매싸개의 길이
(20~32밀리미터) 또한 개서어나무(17~22밀리미터)보다 길다.

열매이삭의 길이는
약 6~7센티미터다.

열매싸개의
한 쪽에만 톱니

작은 굳은껍질열매의 위쪽이
꽃덮이 밖으로 나온다.

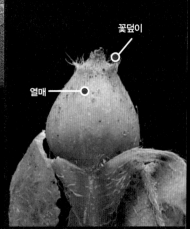

꽃덮이

열매

열매싸개의 길이
서어나무: 10~18밀리미터
소사나무: 10~18밀리미터
개서어나무: 17~22밀리미터
당개서어: 20~32밀리미터
유럽서어: 30~40밀리미터

꽃밥

꽃싸개

수꽃은 한 꽃싸개에 한 개씩 달리고
4~8개의 수술이 있다.

암꽃차례에는
대가 있다.

대

꽃싸개

암술

암꽃은 각 꽃싸개에
두 개씩 달리며,
각 두 개의 암술이 있다.

꽃싸개

암술

잎 가에 불규칙한
겹톱니가 있다.

잎은 길이 5~12센티미터,
폭 3~4센티미터 정도다.

잎의 길이
서어나무: 55~75밀리미터
개서어나무: 40~80밀리미터
당개서어: 50~120밀리미터

개서어

당개서어

잎의 길이 비교
개서어나무: 4~8센티미터
당개서어: 5~12센티미터

겨울눈

어린 가지에 털이 있고
껍질눈이 흩어져 있다.

약 15미터
높이로 자라는
갈잎큰키나무다.

암꽃차례

수꽃차례의 길이는
약 3~6센티미터다.

수꽃차례

소사나무

[왕소사나무 · 섬소사나무 · 큰잎소사나무]

Carpinus turczaninowii

—

수꽃차례의 길이는 약 3~6센티미터로 짧은 편이다. 암꽃차례는 잎겨드랑이에
달리며 암술대는 붉은색이다. 열매이삭의 길이는 2~3센티미터로 짧은 편이며
열매싸개는 4~6개다. 열매싸개의 길이는 약 10~18밀리미터이며, 열매싸개
의 한쪽에만 톱니가 있다.

잎 표면에 털이 약간 있고

뒷면 맥 위에 털이 많다.

열매이삭의 길이
소사나무: 2~3센티미터
서어나무: 4~8센티미터
개서어: 4~12센티미터
좀산서어: 1~3센티미터

열매

열매싸개

열매싸개의 길이
소사나무: 10~18밀리미터
서어나무: 10~18밀리미터
당개서어: 20~32밀리미터
좀산서어: 10밀리미터

작은 굳은껍질열매의 끝에는
꽃덮이가 남아 있다.

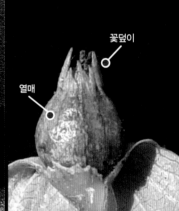

꽃덮이

열매

꽃밥

꽃싸개

암꽃차례는
잎겨드랑이에
달린다.

암술

암술은
붉은색이다.

잎의 길이
소사나무: 20~50밀리미터
서어나무: 55~75밀리미터
당개서어: 50~120밀리미터
개서어: 40~80밀리미터

잎자루에
털이 있다.

잎은 넓은 달걀꼴 또는
달걀 모양 길둥근꼴이다.

잎맥이 뚜렷하고
겹톱니가 있다.

어린가지에
털이 있다.

약 3~10미터
높이로 자라는
갈잎떨기나무다.

암꽃차례

수꽃차례

수꽃차례의 길이는
4~7센티미터 정도이며
2~5개가 아래로 늘어진다.

잎 표면에 털이 있거나 없고

뒷면에 잔털이 있다.

개암나무

[난티잎개암나무 · 깨금나무]

Corylus heterophylla

—

열매싸개는 종 모양이며 굳은껍질열매 전체를 감싸지는 않는다. 굳은껍질열매의 지름은 20~35밀리미터다. 어린 잎 표면에 자주색 무늬가 있으며 어린 가지에 샘털腺毛이 있다.

열매싸개는
종 모양이며
굳은껍질열매 전체를
감싸지는 않는다.

굳은껍질열매는
지름 20~35밀리미터 정도다.

잎 가에 뚜렷하지 않은
결각과 잔 톱니가 있다.

굳은껍질열매

열매싸개

열매싸개

수꽃은 꽃싸개 안에
한 개씩 들어 있고
수술은 여덟 개다.

암꽃차례

수꽃차례

암꽃차례는 비늘조각 속에 있으며
10여 개의 암술대가 겉으로 나온다.

암술대

비늘조각

잎 밑은 둥근밑 또는
염통꼴밑에 가까우며,
잎자루에 샘털이 있다.

잎자루

자주색 무늬

잎은 어긋나게 달리고
달걀 모양의 둥근꼴(圓形) 또는
거꿀달걀꼴(倒卵形)이다.

잎은 길이 4∼13센티미터,
폭 2.5∼10센티미터 정도다.

암술대는
붉은색이다.

샘털

턱잎

어린 가지에
샘털이 있다.

약 2∼3미터
높이로 자라는
갈잎떨기나무다.

수꽃차례의 길이는
5~12센티미터 정도로 길다.

잎 양면에 잔털이 있다.

유럽개암나무

[아벨라나개암]

Corylus avellana

—

개암나무에 비해 높이는 5~8미터 정도로 키가 크고 넓게 펼쳐지는 모양으로 자
란다. 수꽃차례의 길이는 5~12센티미터 정도로 길다. 열매싸개는 굳은껍질열매
길이보다 약간 짧다. 굳은껍질열매의 길이는 15~20밀리미터 정도다.

열마싸개는 굳은껍질열매
길이보다 약간 짧다

굳은껍질열매의 길이는 15~20밀리미터,
지름은 12~20밀리미터 정도다.

열매싸개의 길이 비교

유럽개암나무 열매싸개의 길이가
열매보다 약간 짧다.

개암나무

수꽃은 꽃싸개 안에 1개씩 들어 있고
수술은 8개다.

암꽃차례

수꽃차례

암꽃차례는 비늘조각 속에 있으며
암술대가 겉으로 나온다.

비늘조각

암술대

턱잎

잎자루에 뻣뻣한
샘털이 있다.

잎의 길이는 10~14센티미터,
폭은 10~12센티미터 정도다.

잎은 어긋나게 달리고
넓은 길둥근꼴 또는 달걀꼴이다.

유럽
개암나무

개암나무

수꽃차례의 길이
유럽개암: 5~12센티미터
개암나무: 4~7센티미터

어린 가지에
샘털이 있다.

높이 5~8미터 정도로
자라는 갈잎 떨기나무다.

유럽개암나무

237

수꽃차례

수꽃차례의 길이는
약 4~12센티미터이고,
꽃차례는 잎겨드랑이에
달리며 2~4개가 모여 난다.

잎 양면에 잔털이 있다.

물개암나무

[물깨금나무 · 물갬달나무]

Corylus sieboldiana var. mandshurica

—

열매싸개의 길이는 약 4~5센티미터이며, 굳은껍질열매를 감싼다. 열매싸개는
아래쪽과 위쪽의 지름이 거의 같고, 굳은껍질열매는 지름이 약 15밀리미터다. 어
린 가지에 털이 많다.

열매싸개는 아래쪽과
위쪽의 지름이 거의 같다.

아래쪽

위쪽

열매싸개의 위쪽이
뚜렷하게 좁아지지는 않는다.

굳은껍질열매의
지름은 약 15밀리미터다.

굳은껍질열매

수술

꽃싸개

암꽃차례

수꽃차례

암꽃은
여러 개가
모여 달린다.

잎 가에
겹톱니가 있다.

잎의 길이는
약 7~15센티미터다.

잎은 어긋나게 달리며
달걀꼴 또는 둥근꼴에 가깝다.

열매싸개의 길이는
약 4~5센티미터다.

열매싸개

어린 가지에
털이 많다.

약 2~5미터
높이로 자라는
갈잎떨기나무다.

암꽃차례

수꽃차례

암수한그루이며 3~4월에
꽃이 잎보다 먼저 핀다.

잎 표면 맥 사이와

뒷면 맥 위에 털이 있다.

참개암나무

[뿔개암나무 · 가는물개암나무 · 참깨금]

Corylus sieboldiana

열매싸개는 위쪽으로 갈수록 점차 좁아진다. 열매싸개는 길이 5~7센티미터 정
도로 긴 편이다. 굳은껍질열매는 지름 1~2센티미터, 길이 2센티미터 정도다. 잎
밑은 둥글거나 염통꼴이다. 어린 가지에 털이 있다.

열매싸개는 위쪽으로
갈수록 점차 좁아진다.

위쪽이
좁다

열매싸개의 길이는
약 5~7센티미터로
긴 편이다.

굳은껍질열매는
지름 1~2센티미터,
길이 2센티미터 정도다.

열매싸개

굳은껍질열매

꽃밥

꽃싸개

암꽃

수꽃

암술대

암꽃차례는
겨울눈 모양이며
암술은
자줏빛이 돈다.

잎에는
얕은 결각 모양의
겹톱니가 있다.

잎은 길이 4~10센티미터,
폭 3~7센티미터 정도다.

잎은 어긋나게 달리며
거꿀달걀꼴 또는 길둥근꼴이다.

수꽃차례의 길이는
약 13~14센티미터다.

어린가지에는
털이 있다.

약 2~4미터
높이로 자라는
갈잎떨기나무다.

수꽃차례

암꽃차례

꼬리꽃차례의
길이는
약 7~20센티미터다.

잎 양면 맥 위에 털이 있다.

밤나무

Castanea crenata
—

잎은 길이 10~20센티미터, 폭 4~5센티미터 정도로 폭이 좁은 편이다. 잎 뒷면
에는 샘점(선점)이 촘촘하다. 가시를 포함한 열매의 지름은 약 5~6센티미터다.
깍정이殼斗의 가시苞鱗는 길이가 10~15밀리미터 정도이고, 굵은껍질열매(견과)
의 지름은 약 25~40밀리미터다.

가시를 포함한
열매의 지름은
약 5~6센티미터다.

깍정이 가시의 길이는
약 10~15밀리미터다.

깍정이

굵은껍질열매의 지름은
25~40밀리미터 정도다.

가시

꽃덮이

수술

꽃차례
받침(총포)

암술대

암술대의 길이는
약 3밀리미터다.

암꽃

암꽃은 보통
세 개씩 모여 핀다.

턱잎

잎자루의 길이는
약 10~15밀리미터다.

잎은 길이 10~20센티미터,
폭 4~5센티미터 정도다.

잎의
폭이
좁다.

잎은 어긋나게 달리고
긴 길둥근꼴~길둥근 모양의
바소꼴이다.

잎 뒷면에는
흰 점처럼 보이는
샘점이 촘촘하다.

샘점

어린 가지에
털이 있으나
없어진다.

약 15미터
높이로 자라는
갈잎큰키나무다.

꼬리꽃차례의 길이는
약 7~15센티미터다.

잎 표면에 털이 거의 없고

잎 뒷면에 별 모양 털이 없거나
촘촘히 많다.

앞의 폭이
약간 넓다

약밤나무

[함종율 · 평양밤나무]

Castanea bungeana

—

밤나무와 달리 가지 끝의 잎은 일반적으로 뒷면에 샘점이 없다. 잎은 길이 10~20센티미터, 폭 6~7센티미터 정도로 폭이 약간 넓다. 깍정이 가시에는 누운 털이 촘촘하다. 굳은껍질열매의 지름은 약 20~30밀리미터로 밤나무보다 약간 작은 편이다.

굳은껍질열매의 지름은
약 20~30밀리미터로
밤나무보다 약간 작은 편이다.

가시를 포함한
열매의 지름은
3~4센티미터 정도다.

깍정이 가시에
누운 털이 촘촘하다.

수술

꽃덮이조각

수꽃의
꽃덮이조각은 여섯 개,
수술은 열 개 정도다.

암꽃차례는
수꽃차례의
아래쪽에 달린다.

암꽃차례

수꽃차례

암술대

잎자루의 길이는
약 10~20밀리미터다.

잎은 길이 10~20센티미터,
폭 6~7센티미터 정도다.

잎은 어긋나게 달리고
넓은 바소꼴이다.

잎 뒷면 샘점
약밤나무: 없다.
밤나무: 있다.

약밤나무에
샘점이 없다.

밤나무에
샘점이 있다.

어린 가지에
털이 촘촘하다.

약 15~20미터
높이로 자라는
갈잎큰키나무다.

약밤나무

암꽃차례 ○

수꽃차례 ○

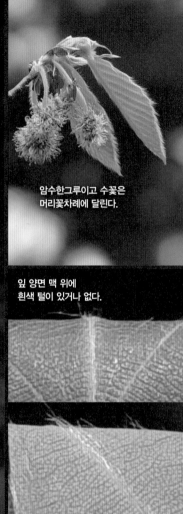

암수한그루이고 수꽃은
머리꽃차례에 달린다.

잎 양면 맥 위에
흰색 털이 있거나 없다.

너도밤나무

Fagus engleriana

—

수꽃은 머리꽃차례[頭狀花序]에 달리며, 꽃자루의 길이는 약 25밀리미터다. 암꽃은 두 개씩 모여 달리며, 암술대는 2~3갈래로 갈라진다. 깍정이 속에 굳은껍질열매가 두 개씩 들어 있으며, 굳은껍질열매는 세모가 진다. 굳은껍질열매의 길이는 약 15~18밀리미터다.

꽃차례받침
(총포)

열매는
굳은껍질열매이며
세모가 진다.

깍정이 속에
굳은껍질열매는
두 개씩 들어있다.

굳은껍질열매

깍정이

굳은껍질열매의 길이는
약 15~18밀리미터다.

꽃덮이조각은
4~6개다.

수술

꽃덮이조각

수꽃차례의 꽃자루는
길이가 약 25밀리미터다.

암꽃차례

곁맥은
8~14쌍이 있다.

잎은 길이 5~12센티미터,
폭 3~5센티미터 정도다.

잎은 어긋나게 달리고
길둥근 모양의 달걀꼴이다.

깍정이에 가시 같은
비늘조각苞鱗이 있다.

비늘조각

어린 가지에
털이 없다.

약 20~25미터
높이로 자라는
갈잎큰키나무다.

암수한그루이며
5월에 잎과 동시에
꽃이 핀다.

굴참나무

[물갈참나무 · 구도토리나무 · 부업나무]

Quercus variabilis

—

나무껍질에 두꺼운 코르크가 발달한다. 잎 뒷면은 회백색이며 별 모양 털이 촘촘
하다. 열매는 공 모양의 굳은껍질열매이고, 지름이 약 2센티미터이다. 깍정이는
반공 모양이고 긴 비늘조각(인편)에 싸인다. 깍정이의 위쪽 비늘조각은 위로 서
고, 아래쪽은 뒤로 젖혀진다.

잎 뒷면은
회백색이며
별 모양 털로톡이
촘촘하다.

위로
곧추선다.

뒤로
젖혀진다.

깍정이를 포함한 열매는
지름이 약 3~4센티미터다.

깍정이(각두)의 위쪽
비늘조각은 위로 서고,
아래쪽은 뒤로 젖혀진다.

굳은껍질열매는
지름이 2센티미터
정도다.

지름
2센티미터

꽃덮이 조각

수꽃에는 3~5개의 꽃덮이조각과 4~5개의 수술이 있다.

암꽃차례는 햇가지 잎겨드랑이에 보통 한 개씩 달린다.

암꽃차례

암술머리

꽃싸개

암술머리는 세 갈래로 갈라진다.

잎 가에 바늘 모양의 예리한 톱니가 있다.

잎은 길이 8~15센티미터, 폭 2~6센티미터 정도다.

잎은 어긋나게 달리고 긴 길둥근꼴~길둥근 모양의 바소꼴이다.

곁맥은 13~18쌍이다.

어린 가지에는 털이 있다.

두꺼운 코르크가 발달한다.

약 25~30미터 높이로 자라는 갈잎큰키나무다.

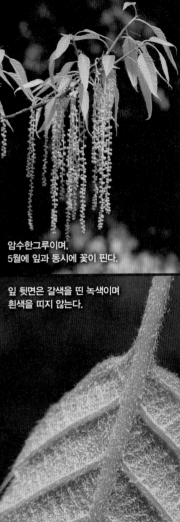

암수한그루이며,
5월에 잎과 동시에 꽃이 핀다.

잎 뒷면은 갈색을 띤 녹색이며
흰색을 띠지 않는다.

상수리나무

[도토리나무 · 보춤나무]

Quercus acutissima

—

굴참나무와 달리 잎 뒷면은 갈색을 띤 녹색이며 흰색을 띠지 않는다. 나무껍질에
코르크가 발달하지 않으며 밤나무 잎과 비슷하지만 잎 뒷면에 샘점이 없는 것이
다르다.

비늘조각
(인편)은
젖혀진다.

깍정이를 포함한 열매는
지름이 약 3~4센티미터다.

굵은껍질열매의
지름은
약 2센티미터다.

지름
17밀리미터

곁맥은
13~18쌍이다.

꽃덮이

꽃밥

암꽃차례는
햇가지 잎겨드랑이에
보통 1~3개씩 달린다.

꽃싸개

턱잎

암꽃차례

암술머리는
3~4갈래로
갈라진다.

암술머리

잎 가에
바늘 모양의
예리한
톱니가 있다.

잎은 길이 8~19센티미터,
폭 2~6센티미터 정도다.

잎은 어긋나게 달리고
긴 길둥근 모양의 바소꼴이다.

가지에
껍질눈이 있다.

어린 가지에
털이 있다.

얕게
갈라진다.

약 20~25미터
높이로 자라는
갈잎큰키나무다.

상수리나무
같은 잎

굴참나무
같은 잎

암수한그루이며 5월에
잎과 동시에 꽃이 핀다.

잎 뒷면은 회녹색이며
짧은 털과 별 모양 털이 있다.

정능참나무

[정릉참나무]

Quercus acutissima x variabilis

—

상수리나무와 굴참나무의 잡종으로 본다. 굴참나무 Q. *variabilis*와 달리 나무껍질에 코르크가 별로 발달하지 않는다. 잎은 상수리나무와 비슷하지만 가끔 굴참나무와 같은 잎이 한 가지에 달린다. 잎 뒷면은 회녹색이며 짧은 털이 있고, 별 모양 털도 있다.

깍정이는 반공 모양이고,
위쪽 비늘조각은 위로 서고,
아래쪽은 뒤로 젖혀진다.

깍정이를 포함한 열매의 지름은
3~4센티미터 정도다.

굵은껍질열매의
지름은 약 2센티미터
정도다.

지름
17밀리미터

젖혀진다.

비늘조각

2   1   0

꽃덮이

수술

꽃싸개

턱잎

암꽃차례

암꽃차례는
잎겨드랑이에
달린다.

암술머리는 3~4갈래로 갈라진다.

꽃싸개

암술머리

잎은 길이 8~19센티미터,
폭 2~6센티미터 정도다.

잎 가에 바늘 모양의
예리한 톱니가 있다.

잎은 상수리나무와
비슷하지만 가끔
굴참나무와 같은 잎이
함께 달린다.

결맥은
13~18쌍이다.

어린 가지에는
털이 있다.

나무껍질에
코르크가 별로
발달하지 않는다.
약 20~25미터
높이로 자라는
갈잎큰키나무다.

정능참나무

암수한그루이며
5월에 잎과 동시에
꽃이 핀다.

잎 양면에
회갈색 털이
촘촘하다.

떡갈나무

[선떡갈나무 · 왕떡갈]

Quercus dentata

—

어린 가지에 회백색 털이 촘촘하다. 잎은 보통 길이 10~30센티미터, 폭 6~27센티미터 정도로 대형이다. 잎 양면에 회갈색 털이 많다. 잎자루의 길이는 약 2~5밀리미터로 짧고 털이 있다. 깍정이 비늘조각(인편)은 뒤로 젖혀진다. 굳은껍질열매는 길이 20~23밀리미터, 지름 12~15밀리미터 정도다.

깍정이 비늘조각은
뒤로 젖혀진다.

비늘조각

깍정이를 포함한 열매의 지름은
약 20~25밀리미터다.

굳은껍질열매는
길이
20~23밀리미터,
지름
12~15밀리미터
정도다.

지름
14밀리미터

2   1   0

꽃덮이조각

수꽃에는 5~11개의 꽃덮이조각과
4~20개의 수술이 있다.

암술머리는 3~4갈래로
갈라지고 꽃덮이조각은 6개다.

꽃덮이

암술머리

잎 가에 물결 모양의
둥근 톱니가 있다.

잎은 보통 길이 10~30센티미터,
폭 6~27센티미터 정도로 대형이다.

잎은 어긋나게 달리고
거꿀달걀꼴이다.

곁맥은 보통
4~10쌍이다.

어린 가지에
회백색
털이 많다.

약 20~25미터
높이로 자라는
갈잎큰키나무다.

119
참나무과

암수한그루이며 5월에
잎과 동시에 꽃이 핀다.

떡속소리나무

Quercus fabri

—

떡갈나무와 졸참나무의 잡종이다. 어린 가지와 잎 뒷면에는 떡갈나무와 졸참나
무의 털로 덮여 있으나 빨리 떨어지기 때문에 없는 것처럼 보인다. 깍정이 비늘
조각은 떡갈나무와 졸참나무의 중간형이다. 굵은껍질열매는 길이가 폭보다 많이
길고, 암술대가 길게 남아 있다.

잎 뒷면은 떡갈나무와
졸참나무의 털로 덮여 있으나
빨리 떨어지기 때문에
없는 것처럼 보인다.

굵은껍질열매는 길이가
지름보다 훨씬 길고,
암술대가 길게 남아 있다.

암술대

비늘조각은 떡갈나무와
졸참나무의 중간형이다.

떡갈형

졸참형

굵은껍질열매는
길이 17~22밀리미터,
지름 7~12밀리미터
정도다.

지름
11밀리미터

I 0

꽃덮이조각

암술머리는
2~6갈래로 갈라지고
꽃덮이조각은 6개다.

턱잎

암술머리

잎 가에 톱니는 뾰족하지만,
둥근 물결 모양이다.

잎은 보통 7~22센티미터,
폭 3~16센티미터 정도다.

잎은 어긋나게 달리고
긴 거꿀달걀꼴이다.

잎자루의 길이는
2~15밀리미터이고
털이 있다.

어린 가지에는
떡갈나무와
졸참나무의 털로
덮여 있으나
빨리 떨어지기
때문에 없는
것처럼 보인다.

약 20미터
높이로 자라는
갈잎큰키나무다.

떡속소리나무

암수한그루이며
5월에 잎과 동시에
꽃이 핀다.

잎 뒷면은
갈참나무 및
졸참나무와 같은
털과 떡갈나무의
별 모양 털이
함께 있다.

떡갈졸참나무

Quercus × mccormickoserrata

—

어린 가지에 짧은 털과 별 모양 털이 촘촘하게 있어 떡갈나무와 비슷하지만 털은
점차 없어진다. 깍정이 비늘조각은 졸참나무와 비슷하지만, 위쪽의 포조각은 떡
갈나무의 것처럼 약간 길어진다. 굵은껍질열매는 길이 18밀리미터, 지름 12밀리
미터 정도다.

깍정이는 반공 모양이며
지름 10~15밀리미터 정도다.

비늘조각은 졸참나무와 비슷하지만,
위쪽의 비늘조각은 떡갈나무의 것처럼
약간 길어진다.

굵은껍질열매는
길이 18밀리미터,
지름 12밀리미터
정도다.

깍정이

약간
길어진다.

길이
18밀리미터

굵은
껍질
열매

꽃덮이조각

암술머리는
2~6갈래로 갈라지고
꽃덮이조각은 6개다.

암술머리

선두예치

잎은 보통 길이 10~22센티미터,
폭 4~13센티미터 정도다.

잎 가에 톱니는 끝이
뾰족한 선두예치다.

잎은 어긋나게 달리고
긴 거꿀달걀꼴이다.

어린 가지에 짧은 털과
별 모양 털이 많이 있어
떡갈나무와 비슷하지만
털은 점차 없어진다.

잎자루의 길이는
약 5밀리미터이고
털이 있다.

약 20미터
높이로 자라는
갈잎큰키나무다.

떡갈졸참나무

암수한그루이며
5월에 잎과 동시에
꽃이 핀다.

잎 뒷면은 떡갈나무의
별 모양 털과 졸참나무의
짧은털短毛이 많다.

떡신졸참나무

Quercus x dentatoserratoides

—

떡갈나무, 신갈나무 및 졸참나무의 형태적 특징을 갖고 있다. 잎은 보통 졸참나무와 비슷하지만 여름철 잎은 갈참나무처럼 보인다. 잎 뒷면은 떡갈나무의 별 모양 털과 졸참나무의 짧은 털이 많다. 깍정이는 깊이 10밀리미터, 지름 18밀리미터 정도이며 비늘조각은 신갈나무와 비슷하다. 굳은껍질열매는 길이 16밀리미터, 지름 14밀리미터 정도로 갈참나무와 비슷하다.

깍정이

깍정이는 깊이 10밀리미터,
지름 18밀리미터 정도다.

깍정이 비늘조각은
신갈나무와 비슷하다.

굳은껍질열매는 길이 16밀리미터,
지름 14밀리미터 정도로
갈참나무와 비슷하다.

수꽃

꽃덮이조각은
6개다.

암술머리

암술머리는
2~5갈래로
갈라진다.

잎 가에 톱니는
끝이 뭉뚝하다.

잎은 보통 길이 7~13센티미터,
폭 2~4센티미터 정도다.

잎은 어긋나게 달리고
거꿀달걀꼴이다.

잎자루의 길이는
약 3~10밀리미터다.

어린 가지에 짧은 털과
별 모양 털이 많지만
점차 없어진다.

약 20미터
높이로 자라는
갈잎큰키나무다.

떡신졸참나무

수꽃차례는 잎겨드랑이에서
아래로 드리운다.

잎 뒷면에 별 모양 털과
짧은 털이 있으나
점차 없어진다.

떡신갈나무

[신떡갈나무]

Quercus × dentatomongolica

—

신갈나무와 떡갈나무의 잡종이다. 잎자루의 길이는 약 2~3밀리미터로 짧다. 깍정이는 반공 모양이고 깊이 4~12밀리미터, 지름 11~23밀리미터 정도다. 비늘조각은 뒤로 젖혀지지 않고 곧게 선다. 굵은껍질열매는 길이 14~23밀리미터, 지름 11~18밀리미터 정도다.

깍정이는 깊이 4~12밀리미터,
지름 11~23밀리미터 정도다.

비늘조각은 곧게 선다.

굵은껍질열매는
길이 14~23밀리미터,
지름 11~18밀리미터
정도다.

깍정이

비늘조각

길이
21밀리미터

수꽃

암꽃차례는 햇가지 위쪽
잎겨드랑이에 달린다.

암술머리

암술머리는 보통
세 갈래로 갈라진다.

잎 가에 톱니는
예리하거나 둔하다.

잎은 길 8~28센티미터,
폭 4~18센티미터 정도다.

잎은 어긋나게 달리고
긴 거꿀달걀꼴이다.

잎자루의 길이는
약 2~3밀리미터로 짧다.

어린 가지에는
털이 있거나 없다.

약 20미터
높이로 자라는
갈잎큰키나무다.

떡신갈나무

263

암수한그루이며 수꽃차례는
아래로 늘어진다.

잎 뒷면은
털이 없거나
있다.

물참나무

[물가리·소리나무]

Quercus mongolica var. crispula

—

신갈나무와 졸참나무의 잡종이다. 신갈나무에 비해 잎의 톱니가 깊고 끝이 뾰족
하다. 깍정이는 깊이 4~16밀리미터, 지름 6~25밀리미터 정도다. 비늘조각은 신
갈나무와 졸참나무의 중간형이지만 신갈나무의 것이 더 강하게 나타난다. 굳은
껍질열매는 길이 5~28밀리미터, 지름 4~18밀리미터 정도다.

깍정이는
깊이 4~16밀리미터,
지름 6~25밀리미터
정도다.

비늘조각은 신갈나무와
졸참나무의 중간형이지만
신갈나무의 것이
더 강하게 나타난다.

지름
23밀리미터

굳은껍질열매는
길이 5~28밀리미터,
지름 4~18밀리미터 정도로
긴 길둥근꼴이다.

수꽃

암꽃차례

턱잎

암꽃차례는 가지 위쪽
잎겨드랑이에 달린다.

암술머리는
2~5갈래로
갈라진다.

신갈나무에 비해
톱니는 깊고 끝이 뾰족하며,
약간 안으로 굽는다.

잎은 보통 15~20센티미터,
폭 10~14센티미터 정도다.

잎은 어긋나게 달리고
긴 거꿀달걀꼴이며
신갈나무와 비슷하다.

잎자루의 길이는
약 5~13밀리미터다.

어린 가지에는
털이 거의 없다.

약 20미터
높이로 자라는
갈잎큰키나무다.

수꽃차례의 길이는
약 6~8센티미터이고
아래로 드리운다.

잎 양면에 털이 없다.

신갈나무

[물갈나무 · 돌참나무 · 재라리나무]

Quercus mongolica

—

갈참나무에 비해 잎자루가 짧고, 잎 뒷면은 희지 않으며, 잎 밑은 귀 모양이다. 깍정이 비늘조각은 곱추 등처럼 매우 굽었다. 깍정이는 깊이 8~15밀리미터, 지름 12~28밀리미터 정도다. 굳은껍질열매는 길이 6~25밀리미터, 지름 6~15밀리미터 정도로 길둥근꼴이다.

깍정이는
깊이 8~15밀리미터,
지름 12~28밀리미터
정도다.

지름
25밀리미터

깍정이 비늘조각은
곱추 등처럼
매우 굽었다.

구부러져
튀어나온다.

굳은껍질열매는
길이 6~25밀리미터,
지름 6~15밀리미터
정도로 길둥근꼴이다.

수꽃

꽃덮이

암꽃차례는 햇가지 잎겨드랑이에 달리며
길이가 약 5~20밀리미터다.

암술머리는 2~6갈래로 갈라진다.

암술머리

잎 가에 물결 모양의
둔한 톱니가 있다.

잎은 보통 길이 7~19센티미터,
폭 3~11센티미터 정도다.

잎은 어긋나게 달리고
거꿀달걀꼴이다.

잎자루의 길이는
약 2~8밀리미터다.

어린 가지의 털은
곧 없어진다.

약 20~30미터
높이로 자라는
갈잎큰키나무다.

수꽃차례의 길이는
약 6~8센티미터이고
아래로 드리운다.

잎 표면 중심맥 아래쪽에 털이 있고

뒷면은 털이 있거나 없다.

봉동참나무

[깃옷신갈]

Quercus x pontungensis

—

갈참나무와 신갈나무의 잡종이다. 잎 가에 톱니는 둔하며 물결 모양이다. 잎자루의 길이는 약 2~20밀리미터로 갈참나무와 신갈나무의 중간형이다. 깍정이는 깊이 4~12밀리미터, 지름 10~24밀리미터 정도이고, 비늘조각은 갈참나무와 신갈나무의 중간형이다. 굳은껍질열매는 길이 15~27밀리미터, 지름 10~21밀리미터 정도로 길둥근꼴이다. 굳은껍질열매의 위쪽은 약간 오목하다.

깍정이는 깊이 4~12밀리미터,
지름 10~24밀리미터 정도다.

약간
오목하다.

비늘조각은 갈참나무와
신갈나무의 중간형이다.

비늘조각

굳은껍질열매는
길이 15~27밀리미터,
지름 10~21밀리미터
정도로 길둥근꼴이다.

수꽃의 꽃덮이는 여섯 개,
수술은 열 개 정도다.

암꽃차례는 햇가지 위쪽
잎겨드랑이에 달린다.

암술머리는
2~5갈래로
갈라진다.

암술머리

잎 가에 톱니는 둔하며
물결 모양이다.

잎은 길이 7~19센티미터,
폭 3~11센티미터 정도다.

잎은 어긋나게 달리고
거꿀달걀꼴~길둥근꼴이다.

잎자루의 길이는
약 2~20밀리미터로,
갈참나무와 신갈나무의
중간형이다.

어린 가지에는
대부분 털이 없다.

약 20~30미터
높이로 자라는
갈잎큰키나무다.

잎자루가 길다.

수꽃차례의 길이는
약 5~7센티미터이고
아래로 드리운다.

잎 표면에 털이 없고 뒷면은
회백색이며 별 모양 털이 있다.

갈참나무

[재잘나무 · 톱날갈참나무 · 큰갈참나무]

Quercus aliena

—

잎자루가 약 10~36밀리미터로 긴 편이다. 잎 가에 둔한 톱니가 있다. 깍정이는
길이 10~15밀리미터, 지름 12~20밀리미터 정도이며 깍정이의 비늘조각은 삼각
형이다. 굳은껍질열매는 길이 6~23밀리미터, 지름 7~16밀리미터 정도로 길둥
근꼴이다.

깍정이는 깊이 10~15밀리미터,
지름 12~20밀리미터 정도다.

깍정이

비늘조각은
삼각형이다.

비늘조각

굳은껍질열매는
길이 6~23밀리미터,
지름 7~16밀리미터 정도로
길둥근꼴이다.

수꽃의 꽃덮이조각은 5~9개,
수술은 6~14개 정도다.

암술머리는
2~5갈래로
갈라진다.

암꽃차례는 햇가지
잎겨드랑이에 달린다.

잎 가에 둔한
톱니가 있다.

잎은 길이 10~30센티미터,
폭 10~16센티미터 정도다.

잎은 어긋나게 달리며
거꿀달걀꼴이다.

잎자루의 길이가
약 10~36밀리미터로
긴 편이다.

어린 가지의 털은
곧 없어진다.

약 25~30미터
높이로 자라는
갈잎큰키나무다.

수꽃차례의 길이는
약 5~7센티미터이고
아래로 드리운다.

잎 뒷면은
녹색이며
털이 없다.

청갈참나무

Quercus aliena var. pellucida

—

갈참나무와 달리 잎 뒷면은 녹색이며 털이 없다.

깍정이는 깊이 10~15밀리미터,
지름 12~20밀리미터 정도다.

굳은껍질열매는
길이 6~23밀리미터,
지름 7~16밀리미터
정도의 길둥근꼴이다.

비늘조각

깍정이

비늘조각은
삼각형이다.

수술대

꽃덮이

꽃밥

암술머리는
2~4갈래로
갈라진다.

암꽃차례는 햇가지
잎겨드랑이에 달린다.

잎 가에 둔한
톱니가 있다.

잎은 길이 10~30센티미터,
폭 10~16센티미터 정도다.

잎은 어긋나게 달리고
거꿀달걀꼴이다.

어린 가지의 털은
곧 없어진다.

약 25~30미터
높이로 자라는
갈잎큰키나무다.

잎자루의 길이는
약 10~36밀리미터이며
노란색~붉은색을 띤다.

수꽃차례의 길이는
약 5~7센티미터이고
아래로 드리운다.

잎 표면에 털이 없고
잎 뒷면에 별 모양 털이 있다.

톱니가 예리하다
(선두예치).

졸갈참나무

Quercus aliena var. acuteserrata

갈참나무에 비해 잎은 길이 10~30센티미터, 폭 8~12센티미터 정도로 잎의 폭
이 약간 좁고, 잎 가에 톱니가 졸참나무와 같이 뾰족한 선두예치腺頭銳齒이다.

깍정이는
깊이 10~15밀리미터,
지름 12~20밀리미터
정도다.

비늘조각은
삼각형이다.

지름
16밀리미터

굳은껍질열매는
길이 6~23밀리미터,
지름 7~16밀리미터
정도로 길둥근꼴이다.

수꽃의 꽃덮이조각은 5〜9개, 수술은 6〜14개 정도다.

암꽃차례는 햇가지 잎겨드랑이에 달린다.

암술머리는 2〜4갈래로 갈라진다.

선두예치

잎 가에 톱니는 졸참나무와 같이 뾰족한 선두예치이다.

잎은 보통 길이 10〜30센티미터, 폭 8〜12센티미터 정도다.

잎은 어긋나게 달리고 거꿀달걀꼴이다.

잎자루의 길이는 약 10〜36밀리미터이고 붉은색을 띤다.

어린 가지의 털은 곧 없어진다.

약 25〜30미터 높이로 자라는 갈잎큰키나무다.

졸갈참나무

수꽃차례의 길이는
약 5~7센티미터이고
아래로 드리운다.

잎 뒷면에
털이 없다.

청졸갈참나무

Quercus aliena var. acuteserrata f. calvescens

—

졸갈참나무에 비해 잎 뒷면에 털이 없다.

깍정이는 깊이 10~15밀리미터,
지름 12~20밀리미터 정도다.

비늘조각은
삼각형이다.

잎의 색깔 비교

청졸갈참나무

졸갈참나무

잎 뒷면의 털
청졸갈참나무: 없다.
졸갈참나무: 있다.

수꽃의 꽃덮이조각은 5~9개,
수술은 6~14개 정도다.

암꽃차례는 햇가지
잎겨드랑이에 달린다.

암술머리는
2~4갈래로
갈라진다.

선두예치

잎 가에 톱니는
졸참나무와 같이
뾰족한 선두예치다.

잎은 길이 10~30센티미터,
폭 8~12센티미터 정도다.

잎은 어긋나게 달리고
거꿀달걀꼴이다.

잎자루의 길이는
약 10~36밀리미터이며,
아래쪽이 붉은색을 띤다.

어린 가지에는
털이 없다.

약 25~30미터
높이로 자라는
갈잎큰키나무다.

청졸갈참나무

130
참나무과

수꽃차례의 길이는
약 2~6센티미터이고
아래로 드리운다.

잎 표면에 털이 있고

뒷면은 누운 털이 촘촘하다.

졸참나무

[황해속소리나무 · 굴밤나무 · 가둑나무]

Quercus serrata

—

갈참나무에 비해 잎은 달걀꼴 또는 길둥근꼴이며 길이 7~17센티미터, 폭 3~9
센티미터 정도로 소형이다. 잎 뒷면은 희지 않으며 누운 털이 촘촘하다. 잎 가에
톱니는 선두예치다. 깍정이는 깊이 5~8밀리미터, 지름 10~12밀리미터 정도로
아주 소형이다. 굳은껍질열매는 길이 17밀리미터, 지름 8~12밀리미터 정도로 긴
길둥근꼴이다.

깍정이는 깊이 5~8밀리미터,
지름 10~12밀리미터 정도다.

비늘조각은 바소꼴이다.

깍정이

비늘조각

굳은껍질열매는
길이 17밀리미터,
지름 8~12밀리미터 정도로
긴 길둥근꼴이다.

수술대

꽃덮이

암꽃차례의 길이는
약 15~30밀리미터다.

암술머리는
2~7갈래로
갈라진다.

선두예치

잎 가에 톱니는
뾰족한 선두예치다.

잎은 길이 7~17센티미터,
폭 3~9센티미터 정도다.

잎은 어긋나게 달리고
달걀꼴~길둥근꼴이다.

잎자루의 길이는
약 10~30밀리미터다.

어린 가지에
비단털이 촘촘하다.

약 25미터
높이로 자라는
갈잎큰키나무다.

졸참나무

갈졸참나무

[속소리나무 · 흰속소리 · 털속소리 · 섬속소리나무]

Quercus x urticifolia

—

갈참나무와 졸참나무의 잡종이다. 잎 가에 톱니는 날카로우며 약간 얇은 편이다. 잎자루의 길이는 약 10~28밀리미터다. 깍정이는 깊이 2~9밀리미터, 지름 6~21밀리미터 정도다. 비늘조각은 갈참나무와 졸참나무의 중간형이다. 굳은껍질열매는 길이 6~27밀리미터, 지름 6~7밀리미터 정도로 긴 길둥근꼴이다.

수꽃차례의 길이는 약 5~7센티미터이고 아래로 드리운다.

갈참나무와 졸참나무의 털이 있거나 없다.

깍정이는 깊이 2~9밀리미터, 지름 6~21밀리미터 정도다.

비늘조각은 갈참나무와 졸참나무의 중간형이다.

굳은껍질열매는 길이 6~27밀리미터, 지름 6~7밀리미터 정도로 긴 길둥근꼴이다.

수꽃의 꽃덮이조각은
여섯 개 정도다.

암꽃차례는 햇가지
잎겨드랑이에 달린다.

암술머리는
2~5갈래로
갈라진다.

암술머리

잎 가에
톱니는 날카로우며
약간 얕은 편이다.

잎은 길이 10~24센티미터,
폭 8~17센티미터 정도다.

잎은 어긋나게 달리고
거꿀달걀꼴~길둥근꼴이다.

잎자루의 길이는
약 10~28밀리미터다.

어린 가지에
털이 있거나 없다.

약 25~30미터
높이로 자라는
갈잎큰키나무다.

갈졸참나무

수꽃차례의 길이는
약 2~6센티미터이고
아래로 드리운다.

신갈졸참나무

Quercus × alienoserratoides

—

신갈나무, 갈참나무 및 졸참나무의 형태적 특징을 갖고 있다. 잎은 보통 길이 3~13센티미터, 폭 4~6센티미터 정도로 소형이다. 잎 가에 톱니는 졸갈참나무와 같이 선두예치다. 깍정이는 깊이 10밀리미터, 지름 10밀리미터 정도다. 비늘조각(인편)은 갈참나무 및 졸참나무와 비슷하다. 굳은껍질열매는 길이 10~20밀리미터, 지름 10밀리미터 정도이며 끝이 뾰족하다.

잎 뒷면에 짧은 털과
별 모양 털이 있다.

깍정이는 깊이 10밀리미터,
지름 10밀리미터 정도다.

비늘조각은 갈참나무 및
졸참나무와 비슷하다.

굳은껍질열매는
길이 10~20밀리미터,
지름 10밀리미터 정도이며
끝이 뾰족하다.

깍정이

수꽃의 꽃덮이조각은 5~9개, 수술은 6~14개 정도다.

암꽃차례는 햇가지 잎겨드랑이에 달린다.

암술머리

턱잎

암술머리는 2~4갈래로 갈라진다.

선두예치

잎 가에 톱니는 졸갈참나무와 같이 선두예치.

잎은 길이 3~13센티미터, 폭 4~6센티미터 정도다.

잎은 어긋나게 달리고 거꿀달걀꼴~긴 길둥근꼴이다.

잎자루의 길이는 약 5밀리미터다.

어린 가지에 털이 촘촘하지만 점차 없어진다.

약 25~30미터 높이로 자라는 갈잎큰키나무다.

수꽃차례는의 길이는
약 5~10센티미터이고
아래로 드리운다.

잎 뒷면은
회백색이며
누운 털이 있으나
없어진다.

종가시나무

[석소리 · 가시나무]

Quercus glauca

—

잎 뒷면은 회백색이며 누운 털이 있으나 곧 없어진다. 잎 가에 톱니는 주로 잎의
위쪽에만 있다. 깍정이의 지름은 약 6~9밀리미터다. 동심원층은 5~7층이다. 굵
은껍질열매의 길이는 약 10~18밀리미터 정도로, 길둥근꼴이다.

깍정이의 지름은
약 6~9밀리미터.

깍정이

동심원층은 5~7층이다.

동심원층

굵은껍질열매의 길이는
약 10~18밀리미터로,
길둥근꼴이다.

수술은 15개 정도,
꽃덮이조각은 3개다.

암꽃차례는
잎겨드랑이에 달리며
길이가
약 15~30밀리미터다.

암술머리는
3~4갈래로
갈라진다.

톱니는 잎의
위쪽에만 있다.

잎은 길이 7~12센티미터,
폭 2~4센티미터 정도다.

잎은 어긋나게 달리고
긴 길둥근꼴이다.

잎자루의 길이는
10~25밀리미터 정도다.

어린 가지에는
털이 있다.

약 15~18미터
높이로 자라는
늘푸른큰키나무다.

134
참나무과

수꽃차례의 길이는
약 2~3센티미터다.

졸가시나무

Quercus phillyraeoides

—

잎은 길이 3~6센티미터, 폭 2~3센티미터 정도로 소형이다. 잎 양면 중심맥 아래쪽에 털이 있다. 잎 뒷면은 연한 녹색이며 잎 가에 톱니는 주로 잎의 위쪽에만 있다. 잎자루의 길이는 약 2~5밀리미터로, 짧은 편이다. 굳은껍질열매는 길이 15~20밀리미터, 지름 8밀리미터 정도다.

잎 양면 중심맥 아래쪽에 털이 있다.
잎 뒷면은 연한 녹색이다.

굳은껍질열매는
길이 15~20밀리미터,
지름 8밀리미터 정도다.

잎의 톱니

7월의
어린 열매

꼬리꽃차례

수술은 4～5개,
꽃덮이조각은 4～5개다.

수꽃은
꼬리꽃차례

수꽃차례는 햇가지
아래쪽에 달린다.

잎 가에 톱니는
주로 잎의
위쪽에만 있다.

잎은 길이 3～6센티미터,
폭 2～3센티미터 정도다.

잎은 어긋나게 달리고
길둥근꼴이다.

잎자루의 길이는
약 2～5밀리미터다.

어린 가지에
별 모양 털이
촘촘하다.

약 3～10미터
높이로 자라는
늘푸른작은키나무다.

U자형

암수한그루이며
4월에 잎과 동시에
꽃이 핀다.
수꽃차례는
아래로 드리운다.

대왕참나무

[핀참나무]

Quercus palustris

—

잎 가에 5~7개의 결각이 있으며, 결각은 루브라참나무에 비해 깊이 갈라진다.
잎의 갈래 조각裂片 끝에는 바늘 모양의 강한 털이 있으며 갈래 조각 사이는 U
자형이다. 깍정이는 깊이 3~6밀리미터, 지름 9~16밀리미터 정도다. 굳은껍질열
매는 길이 10~16밀리미터, 지름 9~15밀리미터 정도로 납작한 공 모양이다.

잎 뒷면에 별 모양 털이 약간 있고
잎줄겨드랑이에 별 모양 털이 촘촘하다.

깍정이는 깊이 3~6밀리미터,
지름 9~16밀리미터 정도다.

비늘조각은
삼각형이다.

비늘조각

굳은껍질열매는
길이 10~16밀리미터,
지름 9~15밀리미터 정도로
납작한 공 모양이다.

꽃덮이

수술은
3〜8개다.

수꽃차례의 길이는
약 6〜8센티미터다.

잎 갈래 조각의 끝에는
바늘 모양의 강한 털이 있다.

강한 털

U자형

잎은 길이 5〜16센티미터,
폭 5〜12센티미터 정도다.
잎 갈래 조각 사이는 U자형이다.

잎 가에 5〜7개의
결각이 있으며
결각은 루브라참나무에
비해 깊이 갈라진다.

어린 가지에는
털이 약간 있다.

잎자루의 길이는
약 20〜60밀리미터다.

약 25미터
높이로 자라는
갈잎큰키나무다.

갈래 조각(열편)
사이는 V자형

수꽃차례는
아래로 드리운다.

루브라참나무
Quercus rubra
—
잎 가에 7~11개의 결각이 있으며 결각은 대왕참나무에 비해 얕게 갈라진다. 잎의 갈래 조각 끝에는 바늘 모양의 강한 털이 있으며, 갈래 조각 사이는 V자형이다. 깍정이는 깊이 5~12밀리미터, 지름 18~30밀리미터 정도다. 굳은껍질열매는 길이 15~30밀리미터, 지름 10~21밀리미터 정도로 길둥근꼴이다.

잎줄겨드랑이

잎 뒷면
잎줄겨드랑이에
털이 있다

깍정이는 깊이 5~12밀리미터,
지름 18~30밀리미터 정도다.

비늘조각은
삼각형이다.

굳은껍질열매는
길이 15~30밀리미터,
지름 10~21밀리미터
정도로 길둥근꼴이다.

깍정이

루브라
참나무
열매

대왕
참나무
열매

꽃덮이

꽃밥

꼬리꽃차례

암꽃차례는 햇가지
잎겨드랑이에 달린다.

암술머리

암술머리는
2~4갈래로
갈라진다.

강한 털

갈래 조각의 끝에는
바늘 모양의 강한 털이 있다.

잎은 길이 12~20센티미터,
폭 6~12센티미터 정도.
잎의 갈래 조각 사이는 V자형이다.

잎은 어긋나게 달리고,
잎 가에 7~11개의 결각이 있으며,
결각은 대왕참나무에 비해
얕게 갈라진다.

잎자루의 길이는
약 25~50밀리미터다.

어린 가지에는
털이 있다.

약 20~30미터
높이로 자라는
갈잎큰키나무다.

쌍성꽃兩性花과
홑성꽃單性花이
한나무에 달리는
다성꽃雜性花이다.

잎 뒷면 맥 위에
털이 있다.

풍게나무

[긴잎풍게나무 · 단감주나무]

Celtis jessoensis

—

팽나무와 달리 굳은씨열매는 지름 6~8밀리미터 정도이고, 검은색으로 익는다. 잎의 아래쪽이 위쪽보다 넓다. 검팽나무와 달리 잎 뒷면 맥 위에 털이 있다. 좀풍게나무에 비해 어린 가지에 털이 없으며 열매자루의 길이가 약간 더 길다. 잎 위쪽에는 예리하게 안으로 굽은 톱니가 있으며, 잎 아래쪽 1/4에는 톱니가 없다.

열매자루의 길이
팽나무: 6~15밀리미터
좀풍게: 10~20밀리미터
풍게나무: 25밀리미터

열매자루가 길다.

열매의 색깔 비교

팽나무

풍게나무

쌍성꽃

암술은 둘로
갈라진다.

암술

흰색 수술대

자주색
꽃덮이

수술과 꽃덮이조각은
네 개씩이다.

잎 가에 예리하게
안으로 굽은
톱니가 있다.

잎의 아래쪽이 위쪽보다 넓다.

잎은 길이 4~10센티미터,
폭 5센티미터 정도다.
잎 아래쪽 1/4에는 톱니가 없다.

열매 아래쪽에는
털이 거의 없다.

어린 가지에는
털이 없다.

약 10~15미터
높이로 자라는
갈잎큰키나무다.

쌍성꽃은
햇가지 위쪽에,
수꽃은
아래쪽에 달린다.

좀풍게나무

[졸팽나무·좀팽나무]

Celtis bungeana

—

풍게나무에 비해 열매 아래쪽에 흰털이 촘촘하다. 어린 가지에는 털이 있거나 없다. 검팽나무에 비해 잎은 길이 2~7센티미터, 폭 1~4센티미터 정도로 작은 편이다. 잎의 뾰족한 끝 부분에는 톱니가 없으며 굳은씨열매는 자흑색으로 익는다.

잎 표면과 뒷면
중심맥에 털이 있다.

열매자루에
털이 있거나 없다.

열매 아래쪽에
흰색 털이 빽빽하다.

굳은씨열매의 지름은
약 6~7밀리미터다.

꽃덮이조각과 수술은
네 개씩이다.

꽃밥

꽃덮이조각

쌍성꽃은 잎겨드랑이에
한 개씩 달린다.

꽃밥 4개

암술은 둘로
갈라진다.

꽃덮이조각
4개

잎의 뾰족한
끝 부분에는
톱니가 없다.

잎 끝에 톱니
좀풍게나무: 없다.
검팽나무: 있다.

잎은 길이 2~7센티미터,
폭 1~4센티미터 정도로
검팽나무에 비해 작은 편이다.
잎의 위쪽에만 약간의 톱니가 있다.

잎의 아래쪽이
위쪽보다 폭이 넓다.

씨앗에 한 줄의
능선이 있다.

어린 가지에는
털이 있거나 없다.

약 12미터
높이로 자라는
갈잎큰키나무다.

암수한그루이며
다성꽃이다.

잎 양면에
털이 없다.

검팽나무

Celtis choseniana

—

어린 가지에는 털이 없다. 잎은 길이 5～12센티미터, 폭 3～7센티미터 정도이며,
잎 끝이 꼬리처럼 길게 뾰족하다. 잎가에 안으로 굽은 톱니가 있으며, 잎의 밑
부분에만 톱니가 없다. 굳은씨열매의 길이는 약 12밀리미터이고 검은색으로 익
는다.

열매자루에
털이 없다.

열매는
식용할 수 있다.

굳은씨열매의 길이는
약 12밀리미터이고
검은색으로 익는다.

자주색
꽃덮이

흰색
수술대

암술

꽃밥

꽃덮이

암술은 길게
둘로 갈라진다.

안으로
굽은 톱니

잎은 길이 5~12센티미터,
폭 3~7센티미터 정도다.
잎의 밑 부분에만 톱니가 없다.

아래쪽이
넓다.

잎의 밑 부분을 제외한
위쪽에도 안으로
굽은 톱니가 있다.

잎의 아래쪽이 위쪽보다
폭이 넓어 팽나무와 구별한다.

꽃봉오리

어린 가지에는
털이 없다.

약 10~12미터
높이로 자라는
갈잎큰키나무다.

쌍성꽃

수꽃

쌍성꽃은 햇가지 위쪽에,
수꽃은 아래쪽에 달린다.

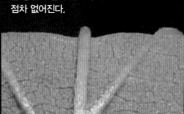

잎 양면에 털이 있으나
점차 없어진다.

팽나무
[둥근잎팽나무 · 섬팽나무 · 자주팽나무]

Celtis sinensis
—

암수한그루이며 꽃은 다성꽃이다. 굳은씨열매는 공 모양이며 황적색으로 익는
다. 열매의 지름은 약 5~8밀리미터이고 털이 없다. 어린 가지에 잔털이 촘촘하
다. 잎 위쪽에 잔 톱니가 있으며, 잎 양면에 털이 있으나 점차 없어진다.

열매자루에
털이 있다.

굳은씨열매의 지름은
약 5~8밀리미터이고
황적색으로 익는다.

열매

씨앗

열매살은 달고
먹을 수 있다.

수꽃은
작은모임꽃차례에
달린다.

꽃덮이

수술대

꽃덮이조각과 수술은
네 개씩이다.

자주색
꽃덮이

흰색
수술대

녹색
꽃밥

암술은 둘로
갈라진다.

중심맥

곁맥

잎의 위쪽에만
잔 톱니가 있다.

잎은 길이 4~11센티미터,
폭 3~5센티미터 정도다.

잎은 어긋나게 달리고
위쪽의 폭이 넓다.

쌍성꽃

수꽃

어린 가지에
잔털이 많다.

약 20미터
높이로 자라는
갈잎큰키나무다.

꽃은 4월 잎겨드랑이에
1~4개가 모여 달린다.

시무나무

[스무나무]

Hemiptelea davidii

—

줄기와 가지에 긴 줄기가시莖針가 있다. 꽃은 4월에 잎겨드랑이에 1~4개가 모여
달린다. 날개열매翅果는 한쪽에만 날개가 있고 길이는 약 5~7밀리미터다.

잎은 양면에 털이 없거나
뒷면 맥 위에 털이 있다.

날개열매는 한쪽에만
날개가 있다.

날개열매의 길이는
약 5~7밀리미터다.

○——— 줄기가시

줄기가시에서
잎이 돋는다.

암수한그루 또는
다성꽃이다.

꽃덮이

암술

꽃밥

암술

터지기 전
꽃밥

잎 가에
톱니가 있다.

잎은 길이 4~6센티미터,
폭 1~2센티미터 정도다.

잎은 어긋나게 달리고
길둥근꼴이다.

어린 가지에 2~10센티미터
정도의 줄기가시가 있다.

가시

약 15~20미터
높이로 자라는
갈잎큰키나무다.

어린 가지에
흰색 털이 있다.

꽃은 쌍성꽃이며
작년 가지에
모여서 달린다.

잎 표면에 털이 없고
뒷면 잎줄겨드랑이에
흰색 털이 있다.

수양느릅나무

[우산느릅나무]

Ulmus glabra 'Camperdownii'

—

원줄기는 위로 곧추 서지만 곁가지는 아래로 드리운다. 잎 표면에 털이 없고, 뒷면 잎줄겨드랑이에 흰색 털이 있다. 꽃은 3~4월에 잎보다 먼저 피며 수술은 3~4개다. 날개열매는 둥근꼴이며 지름이 15밀리미터 정도다.

날개열매는
둥근꼴이다.

씨앗은 날개의
중앙에 위치한다.

열매의 지름은
약 15밀리미터다.

꽃은 3월에
잎보다 먼저 핀다.

꽃은 7~15개가
모여서 핀다.

수술은
3~4개

꽃덮이

턱잎은 길게
뾰족하다.

잎의 길이는
약 15~25센티미터다.

잎은 어긋나게 달리고
달걀꼴 또는 길둥근꼴이다.

가지는 아래로
드리워진다.

턱잎

어린 가지에
털이 있거나 없다.

약 4~7미터
높이로 자라는
갈잎작은키나무다.

꽃은 9~10월에
피며 다성꽃이다.

잎 양면에
털이 거의 없다.

참느릅나무

[좀참느릅 · 둥근참느릅]

Ulmus parvifolia

—

느릅나무와 달리 꽃은 9~10월에 피며, 잎은 길이 3~5센티미터 정도로 작은 편이다. 수술은 4~5개이고 꽃밥은 자황색이다. 날개열매의 길이는 약 10~13밀리미터이며 털이 없다.

날개열매는 둥근꼴
또는 길둥근꼴이다.

날개열매에는
털이 없다.

열매의 길이는
10~13밀리미터
정도다.

쌍성꽃   수꽃

쌍성꽃과 수꽃이
함께 있는 다성꽃이다.

수술은 4~5개이고
꽃밥은 자황색이다.

암술은
둘로 갈라진다.

잎 가에 둔한
톱니가 있다.

잎은 길이 3~5센티미터,
폭 15~25밀리미터 정도다.

가지의 위쪽으로 갈수록,
잎의 크기가 커진다.

어린 가지에는
털이 있다.

나무껍질은
얇게 벗겨진다.

약 10~15미터
높이로 자라는
갈잎큰키나무다.

꽃은 3월에
잎보다 먼저 핀다.

잎 뒷면
잎줄겨드랑이에
털이 있다.

느릅나무

[흑느릅 · 떡느릅]

Ulmus davidiana var. japonica

—

쌍성꽃은 7~15개가 모여 달린다. 수술은 4개, 암술머리는 둘로 갈라진다. 날개
열매의 길이는 약 10~15밀리미터이고 씨앗은 날개 위쪽에 치우쳐 있다.

열매에는
털이 없다.

날개열매는
거꿀달걀 모양의
길둥근꼴이다.

날개열매의 길이는
약 10~15밀리미터이고
씨앗은 날개 위쪽에 치우쳐 있다.

수술은
4개다.

암술은
둘로
갈라진다.

꽃은
쌍성꽃이다.

꽃은 7~15개가
모여서 달린다.

잎자루에 털이 있고
턱잎은 일찍 떨어진다.

잎은 길이
4~12센티미터,
폭 2~6센티미터
정도다.

잎은
거꿀달걀꼴 또는
거꿀달걀 모양의
길둥근꼴이다.

코르크

턱잎

가지에 날개 모양의
코르크가 발달하는 것을
혹느릅나무라고
따로 구분하기도 한다.

어린 가지에는
짧은 털이 있다.

약 15~20미터
높이로 자라는
갈잎큰키나무다.

느릅나무

꽃은 3월에
잎보다 먼저 핀다.

미국느릅나무
Ulmus americana

—

수술은 8~10개로 많은 편이고, 암술과 씨방에 털이 많다. 날개열매에 털이 많고 열매자루가 길다. 씨앗은 날개 아래쪽에 치우쳐 있다.

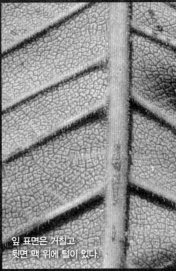

잎 표면은 거칠고
뒷면 맥 위에 털이 있다.

날개열매에
열매자루가 길다.

날개열매에
털이 많다.

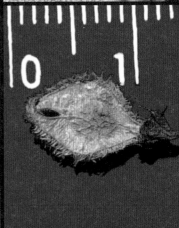

열매의 길이는
약 10밀리미터다.

꽃덮이

꽃밥

꽃밥은
적자색이다.

암술

수술은 8~10개

암술머리는 둘로
갈라지고 털이 많다.

잎 밑은 좌우가
비대칭인 왜저다.

잎의 길이는
약 7~15센티미터다.

잎은 어긋나게 달리고
곁맥은 15쌍 정도다.

잎 가에 톱니가 있고,
잎 끝은 길게 뾰족하다.

어린 가지에
융털이 촘촘하다.

약 18~27미터
높이로 자라는
갈잎큰키나무다.

미국느릅나무

꽃은 3~4월
지난해 가지에
모여 달린다.

잎 표면에 짧은 털이 있고

뒷면에 잔털이 있다.

난티나무

[둥근난티나무]

Ulmus laciniata

—

잎의 길이는 약 10~20센티미터 정도이며, 잎 끝은 보통 세 갈래로 갈라진다. 수술은 5~6개이며, 암술대는 둘로 갈라진다. 날개열매는 길이 15~20밀리미터 정도의 달걀꼴이다. 씨앗은 날개의 중앙부 또는 약간 아래에 있다.

날개열매는
달걀꼴이고
털이 없다.

열매의 길이는
약 15~20밀리미터다.

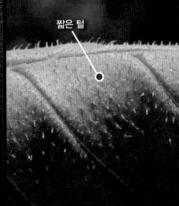

짧은 털

잎 표면에 짧은 털이
많이 있어 거칠다.

꽃은 쌍성꽃이며
수술은 5~6개다.

암술

꽃덮이는
5~6개로 갈라진다.

암술대는
둘로 갈라진다.

잎 가에 예리한
겹톱니가 있다.

잎 끝은 보통
세 갈래로 갈라지며
뾰족하다.

잎은 어긋나게 달리고
넓은 거꿀달걀꼴 또는 길둥근꼴이다.

겨울 나무
모양

어린 가지의 털은
점차 없어진다.

약 20미터
높이로 자라는
갈잎큰키나무다.

꽃은
쌍성꽃이며,
잎보다
먼저 핀다.

비술나무

[버슬나무]

Ulmus pumila

—

원줄기(주간)에 수액(樹液)이 흘러내린 긴 흰 자국이 있다. 잎의 길이는 약 3~5센티미터로 작은 편이며 잎 양면에 털이 없다. 수술은 3~5개, 암술머리는 둘로 갈라진다. 날개열매는 거의 둥근꼴이며 길이는 약 12~15밀리미터다. 씨앗은 날개의 중앙에 있다.

잎 양면에
털이 없다.

날개열매는
거의 둥근꼴이다.

열매의 끝은
오목하고
씨앗은 날개의
중앙에 있다.

열매의 길이는
약 12~15밀리미터다.

꽃은
작년 가지의
잎겨드랑이에
모여 달린다.

수술은
3~5개

꽃덮이

암술머리는
둘로 갈라진다.

잎자루의 길이는
약 2~8밀리미터로,
털이 있으나 없어진다.

잎의 길이는
3~5센티미터
정도다.

잎은 어긋나게 달리고
긴 길둥근꼴 또는 바소꼴이다.

중심줄기에
수액이
흘러내린 길고
흰 자국이
있다.

턱잎

어린 가지에
털이 있으나
없어진다.

약 15~20미터
높이로 자라는
갈잎큰키나무다.

수액이
흘러내린
희고
긴 자국

비술나무

148
느릅나무과

암꽃

수꽃

수꽃은 햇가지
아래쪽에 모여 달리고,
암꽃은 햇가지
위쪽에 한 송이씩 달린다.

잎 양면의 털은
점차 없어진다.

느티나무

[긴잎느티나무 · 둥근잎느티나무]

Zelkova serrata

—

열매는 일그러진 공 모양의 단단한 굳은껍질열매이며, 열매에는 날개와 열매자루가 없다. 수꽃은 햇가지 아래쪽에 모여 달린다. 수술은 4~6개, 꽃덮이는 5~7개다. 암꽃은 햇가지 위쪽에 한 송이씩 달린다.

열매의 지름은
약 3~4밀리미터다.

굳은껍질열매(견과)는
일그러진 공 모양이고
단단하다.

꽃차례

수술은 4~6개,
꽃덮이는 5~7갈래로 갈라진다.

꽃덮이

수술대

암꽃은
한 송이씩
달린다.

암술은
두 갈래로
갈라진다.

잎 가장자리에
규칙적인 톱니가 있다.

잎은 길이 2~9(~13)센티미터,
폭 1~3센티미터 정도다.

잎은 어긋나게 달리고
긴 길둥근꼴 또는 달걀꼴이다.

새잎과
수꽃봉오리

어린 가지에
잔털이 있다.

약 20~30미터
높이로 자라는
갈잎큰키나무다.

암꽃차례

수꽃차례

암꽃차례

수꽃차례

암수한그루이며
암꽃차례는
햇가지 위쪽
잎겨드랑이에 달리고,
수꽃차례는 암꽃차례
아래쪽에 달린다.

잎 양면에 털이 있다.

닥나무

[딱나무]

Broussonetia kazinoki

—

암수한그루이며 암꽃차례는 햇가지 위쪽 잎겨드랑이에 달리고, 수꽃차례는 암꽃
차례 아래쪽에 달린다. 잎은 길이 5~10센티미터, 폭 3~7센티미터 정도로 꾸지
나무보다 작은 편이다. 잎자루의 길이는 10~25밀리미터로 짧은 편이며 털이 있
으나 없어진다.

모인열매桑果의 지름은
약 10~15밀리미터다.

열매는 6월
붉은색으로 익는다.

씨앗의 지름은
약 1밀리미터다.

꽃덮이

수꽃의 꽃덮이조각과
수술은 네 개씩이다.

암꽃차례의 지름은
약 5〜6밀리미터이며
공 모양이다.

암꽃에는
실 같은
암술대가 있다.

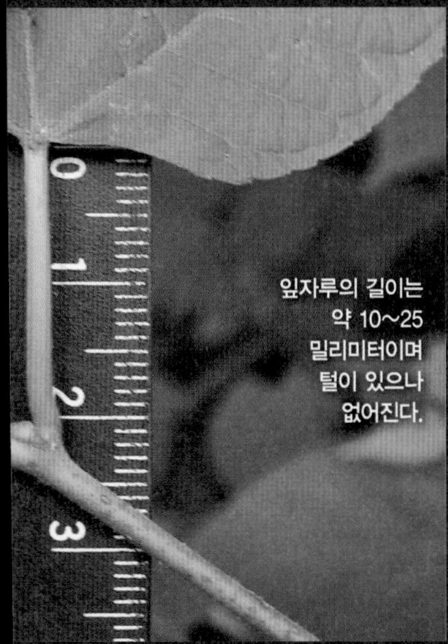

잎자루의 길이는
약 10〜25
밀리미터이며
털이 있으나
없어진다.

잎은 길이 5〜10센티미터,
폭 3〜7센티미터 정도로
꾸지나무보다 작은 편이다.

잎은 어긋나게 달리고
달걀꼴〜달걀 모양 길둥근꼴이며,
2〜3갈래로 갈라지기도 한다.

8월. 결각이 있는 잎

어린 가지에는
털이 있다.

약 2〜4미터
높이로 자라는
갈잎떨기나무다.

암수딴그루이며
꽃은 5월에 핀다.

잎 양면에 털이 있다.

애기닥나무

Broussonetia kazinoki var. humilis

—

닥나무에 비해 암수딴그루이며 잎자루의 길이가 약 5~10밀리미터로, 아주 짧다. 열매의 지름은 약 6~7밀리미터로 닥나무보다 작다.

모인열매의 지름은
약 6~7밀리미터로 작은 편이다.

열매는 6월,
붉은색으로 익는다.

모인열매

암꽃차례는
가지 윗부분
잎겨드랑이에 달린다.

암꽃차례는
공 모양이다.

암꽃에는
실 같은
암술대가 있다.

잎은 길이 5∼8센티미터,
폭 3∼4센티미터 정도다.

잎자루의 길이는
약 5∼10밀리미터로 아주 짧다.

잎은 어긋나게 달리고
달걀꼴∼달걀 모양 길둥근꼴이다.

젖물乳液

잎에
상처가 나면
흰색 젖물이
나온다.

어린 가지에는
털이 있다.

약 1∼2미터
높이로 자라는
갈잎떨기나무다.

애기닥나무

암수딴그루이며 암꽃차례는
햇가지 잎겨드랑이에 달린다.

잎 양면에 털이 있다.

꾸지나무

Broussonetia papyrifera

—

닥나무와 달리 암수딴그루이다. 잎자루의 길이는 약 7~9센티미터로 아주 긴 편
이다. 열매는 지름 2~3센티미터 정도로 큰 편이며 9월에 붉은 색으로 익는다.
키가 약 10~15미터로 높게 자란다.

열매는 9월,
붉은 색으로 익는다.

턱잎

모인열매의 지름은
약 2~3센티미터로
큰 편이다.

암꽃차례의 지름은
약 10~12밀리미터이며
공 모양이다.

수꽃차례의 길이는
약 3~8센티미터이고,
아래로 처진다.

수꽃의 꽃덮이조각과
수술은 4개씩이다.

수술대

꽃밥

잎자루의 길이는
약 7~9센티미터로
아주 긴 편이다.

잎은 길이 7~20센티미터,
폭 6~15센티미터 정도다.

잎은 어긋나게 달리고
넓은 달걀꼴이다.

잎이나 줄기에
상처가 나면
흰색 젖물이 나온다.

어린 가지에는
털이 있다.

약 10~15미터
높이로 자라는
갈잎큰키나무다.

꾸지나무

수꽃차례는
작은 꽃이 모여
머리꽃차례를
이룬다.

잎 표면 맥 위에 털이 있고

뒷면에 융털이 있다.

꾸지뽕나무

[구지뽕나무 · 굿가시나무 · 황뽕나무]

Cudrania tricuspidata

—

가지에 가시가 있으며, 어린 가지에는 털이 있다. 암수딴그루이며 수꽃차례는 작은 꽃이 모여 머리꽃차례를 이룬다. 암꽃차례의 지름은 약 15밀리미터이고 암꽃은 네 개의 꽃덮이조각과 두 갈래로 갈라진 암술이 있다. 열매의 길이는 약 25밀리미터로 큰 편이다.

열매의 길이는
약 25밀리미터로
큰 편이다.

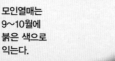

모인열매는
9~10월에
붉은 색으로
익는다.

씨앗의 길이는
약 6밀리미터다.

수꽃에
꽃덮이조각은 3~5개,
수술은 4개다.

꽃덮이조각

수술

암꽃차례의 지름은
약 15밀리미터다.

암술

꽃덮이조각

잎자루의 길이는
15~25밀리미터이며
털이 있다.

잎은 길이 6~10센티미터,
폭 3~6센티미터 정도다.

잎은 어긋나게
달리고 달걀꼴이다.

가시의 길이는
약 20~35밀리미터다.

어린 가지에는
털이 있다.

약 2~8미터
높이로 자라는
갈잎작은키나무다.

153
뽕나무과

수꽃차례의 길이는
3~5센티미터로,
둥근기둥꼴이며
아래로 처진다.

잎 표면에 털이 없고,

뒷면 맥 위에 잔털이 있다.

뽕나무

[오디나무·새뽕나무]

Morus alba

—

산뽕나무에 비해 잎 끝이 꼬리처럼 길어지지 않으며, 암술대가 거의 없고 암술머
리는 둘로 갈라진다. 암술대는 열매가 익기 전에 대부분 떨어진다.

모인열매는
6~7월에
검은색으로
익는다.

열매의 길이는
약 10~25밀리미터다.
암술대는 열매가
익기 전에 대부분 떨어진다.

염통꼴밑

수꽃의 수술은
네 개씩이다.

수술대

암꽃차례의 길이는
5~10밀리미터이고
넓은 길둥근꼴이다.

암술대가 거의 없고
암술머리는 둘로 갈라진다.

암술대

잎자루의 길이는
약 2~5센티미터이며
털이 있다.

잎은 길이 5~30센티미터,
폭 5~12센티미터 정도이고
잎 끝은 뾰족하다.

잎은 어긋나게 달리고
달걀 모양의 둥근꼴이며
3~5갈래로 갈라지기도 한다.

잎은 3~5갈래로
갈라지기도 한다.

어린가지에는
털이 있으나
없어진다.

약 3~10미터
높이로 자라는
갈잎큰키나무다.

암수딴그루이며
5월에 꽃이 핀다.

잎 양면 맥 위에
털이 있다.

처진뽕나무
Morus alba f. pendula

—

뽕나무에 비해 가지가 밑으로 늘어진다. 암술대가 짧아 거의 없는 것처럼 보이고
암술은 씨방과 길이가 거의 비슷하다. 잎은 보통 얕게 다섯 갈래로 갈라진다.

열매에 암술이
남아있다.

모인열매의 길이는 10~25밀리미터
정도이고 6~7월에 검은색으로 익는다.

익어가는
열매의 색깔

암꽃차례

암꽃차례의 길이는
약 5~10밀리미터다.

암술대가 거의 없고
암술은 씨방과 길이가
거의 비슷하다.

잎 가에
둔한 톱니가 있다.

잎의 길이는
약 10센티미터다.

잎은 보통 얕게
다섯 갈래로 갈라진다.

암술대가 짧아서
거의 없는 것처럼 보인다.

어린 가지에는
털이 있다.

약 1~3미터
높이로 자라는
갈잎떨기나무다.

처진뽕나무

수꽃차례의 길이는
약 3~5센티미터로,
둥근기둥꼴이며
아래로 처진다.

잎 표면에 털이 없고

뒷면 맥 위에 털이 있다.

산뽕나무

Morus bombycis

—

뽕나무에 비해 암술은 씨방보다 길고 잎 끝은 꼬리처럼 길다. 열매에 암술대가
길게 남아있다.

열매에 암술대가
길게 남아 있다.

모인열매의 길이는 약 10~25밀리미터이
고 6~7월에 검은색으로 익는다.

씨앗의 길이는
약 2밀리미터다.

수꽃에 꽃덮이조각과 수술은 각 네 개씩이다.

암꽃차례의 길이는 5~15밀리미터다.

암술대가 있고, 암술머리는 씨방보다 길다.

암술대

편평한 밑截底

잎은 길이 5~25센티미터, 폭 2~14센티미터 정도다.

꼬리처럼 길다.

잎자루의 길이는 약 5~25밀리미터이며 털이 있다.

잎은 어긋나게 달리고 불규칙하게 갈라진다.

잎 가에 불규칙한 톱니가 있다.

어린가지에는 털이 있거나 없다.

약 7~8미터 높이로 자라는 갈잎작은키나무다.

수꽃차례의 길이는
3~5센티미터 정도이며
아래로 처진다.

잎 표면에 털이 없고

뒷면 맥 위에 털이 있다.

가새뽕나무
Morus bombycis f. dissecta
—
산뽕나무에 비해 잎은 다섯 갈래 정도로 깊게 갈라진다.

열매에 암술대가
거의 남아 있지 않다.

모인열매의 길이는
10~25밀리미터이고
6~7월에 검은색으로 익는다.

잎이 깃꼴로 깊게 갈라지는 것을
좁은잎뽕나무라고 하였으나
지금은 구별하지 않는다.

수꽃의 꽃덮이조각과
수술은 네 개씩이다.

암꽃차례의 길이는
약 5〜15밀리미터다.

암술대가 있고
암술은 씨방보다 길다.

수술대

꽃덮이 조각

암술대

잎자루의 길이는
약 5〜25밀리미터이며
털이 있다.

잎은 길이 8〜20센티미터,
폭 6〜13센티미터 정도다.

잎은 어긋나게 달리고
다섯 갈래 정도로 깊게 갈라진다.

약 8〜15미터
높이로 자라는
갈잎큰키나무다.

잎 가장자리에
둔한 톱니가 있다.

어린 가지에는
털이 있다.

가새뽕나무

수꽃차례의 길이는
3~5센티미터로,
둥근기둥꼴이며
아래로 처진다.

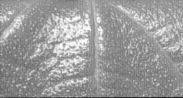

잎 양면에 거친 털이 있다.

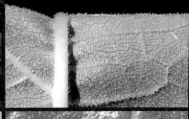

돌뽕나무

[털뽕나무 · 털참뽕나무]

Morus cathayana

—

산뽕나무에 비해 어린가지와 잎 표면에 거친 털이 있다. 잎자루의 길이는 약
5~9센티미터로 아주 긴 편이다.

열매에 암술대가
길게 남아 있다.

모인열매의 길이는
약 10~25밀리미터이고
6~7월에 검은색으로 익는다.

잎 표면에
거친 털이 있다.

암술대가 있고
암술은 씨방보다 길다.

암꽃차례의 길이는
약 5〜15밀리미터다.

암술대 ──○

수꽃의 꽃덮이조각과
수술은 네 개씩이다.

잎자루의 길이는
약 5〜9센티미터로,
길며 털이 있다.

잎은 길이 8〜20센티미터,
폭 6〜13센티미터 정도다.

잎은 어긋나게 달리고
불규칙하게 갈라진다.

어린 가지에는
거센 털이 있다.

약 8〜15미터
높이로 자라는
갈잎큰키나무다.

잎 가에 둔한
톱니가 있다.

158
뽕나무과

꽃주머니
(화낭)

꽃은 잎겨드랑이에 달리는
꽃주머니 속에 들어 있다.

잎 양면에 잔털이 있다.

무화과나무

Ficus carica

—

어린 가지는 녹갈색이다. 잎은 길이 10~20센티미터, 폭 10~20센티미터 정도
다. 꽃은 잎겨드랑이에 달리는 꽃주머니 속에 들어 있다. 열매주머니는 거꿀달걀
꼴이며 길이가 약 5~8센티미터로, 8~10월에 흑자색으로 익는다.

얇은열매瘦果

열매주머니는 거꿀달걀꼴이며
길이는 5~8센티미터 정도다.

열매주머니(과낭)는 8~10월에
흑자색으로 익는다.

꽃주머니

꽃주머니 속에 많은 꽃이 들어 있다.

암꽃

암술대

잎자루는의 길이는
약 2~5센티미터다.

잎은 어긋나게 달리고
3~5갈래로 깊이 갈라진다.

잎은 길이 10~20센티미터,
폭 10~20센티미터 정도다.

얇은열매의 길이는
약 1밀리미터다.

어린 가지는
녹갈색이다.

약 2~7미터
높이로 자라는
갈잎떨기나무다.

꽃은 잎겨드랑이에 달리는
꽃주머니 속에 들어 있다.

모람

Ficus oxyphylla

—

줄기에서 공기뿌리가 발생하여 다른 물체에 붙어 자란다. 잎은 어긋나게 달리고
길둥근 모양의 바소꼴이다. 잎은 길이 6~12센티미터, 폭 3~4센티미터 정도다.
꽃주머니의 지름은 약 5~7밀리미터이며 그 속에 작은 꽃들이 많이 들어있다. 열
매주머니는 공 모양이며 지름이 약 10밀리미터 다.

잎 표면에 털이 없고
뒷면의 잎맥은 도드라진다.

꽃주머니

열매주머니는 공 모양이며
10월에 흑자색으로 익는다.

열매주머니의
속 모습

꽃주머니의 지름은
약 5~7밀리미터다.

짧은 꽃자루가 있다.

수꽃

암꽃

잎자루의 길이는
약 10~20밀리미터이며
잔털이 있다.

잎은 길이
6~12센티미터,
폭 3~4센티미터
정도다.

잎은 어긋나게 달리고
길둥근 모양의 바소꼴이다.

암술대가 길다.

어린 가지에는
잔털이 있다.

공기뿌리

줄기 길이가
2~5미터 정도 자라는
늘푸른덩굴나무常綠臺蔓木다.

암꽃차례

수꽃차례

암수한그루이며
암꽃은 줄기 위쪽에,
수꽃차례는 줄기 아래쪽
잎겨드랑이에 달린다.

잎 표면에 털이 있고

뒷면 맥 위에도 털이 있다.

좀깨잎나무
[새끼거북꼬리 · 점거북꼬리]

Boehmeria spicata
—

높이가 40~100센티미터 정도 자란다. 잎은 마주 달리고 마름모 모양이다. 암수
한그루이며 암꽃차례는 줄기 위쪽에, 수꽃차례는 줄기 아래쪽 잎겨드랑이에 달
린다. 암꽃은 여러 개가 둥글게 모여서 피며 열매의 길이는 약 1~2밀리미터이고
11월에 익는다.

열매의 길이는
약 1~2밀리미터다.

얇은열매는
11월에 익는다.

열매에 긴 암술대가
남아 있다.

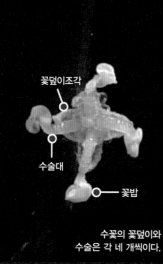

꽃덮이조각

수술대

꽃밥

수꽃의 꽃덮이와
수술은 각 네 개씩이다.

암꽃차례는 줄기 위쪽에 달리며,
수꽃에 비해 숫자가 훨씬 많다.

암꽃은
여러 개가
둥글게
모여서 핀다.

잎자루의 길이는
약 1~7센티미터이고
붉은빛이 돈다.

잎은 길이 4~8센티미터,
폭 2~6센티미터 정도다.

잎은 마주 달리고
마름모꼴이다.

수꽃차례

어린 가지에
털은 점차
없어진다.

약 40~100센티미터
높이로 자라는
갈잎버금떨기나무落葉亞灌木다.

5~6월에 튤립 모양의 꽃이
가지 끝에 한 송이씩 달린다.

백합나무

[튤립나무 · 목백합]

Liriodendron tulipifera

―

잎에는 4~6개의 커다란 결각이 있으며, 잎 끝은 수평으로 자른 듯 편평하다.
5~6월에 튤립 모양의 꽃이 가지 끝에 한 송이씩 달린다. 열매는 날개열매이고
길이가 약 4~8센티미터이며 10월에 갈색으로 익는다. 씨앗에는 긴 날개가 있으
며 길이가 약 3센티미터다.

잎 뒷면 맥 위에
털이 있다.

날개열매의 길이는
약 4~8센티미터다.

열매는 10월에
갈색으로 익는다.

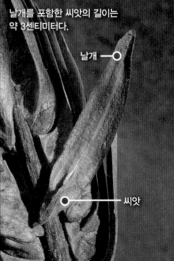

날개를 포함한 씨앗의 길이는
약 3센티미터다.

날개

씨앗

꽃의 지름은
5~6센티미터 정도다.

속꽃덮이조각

겉꽃덮이조각

속꽃덮이조각은 여섯 개,
겉꽃덮이조각은 세 개다.

암술은
60~100개 정도다.

턱잎

잎은 길이 7~15센티미터,
폭 12~18센티미터 정도다.

잎에는 4~6개의
커다란 결각이 있다.

잎 끝은 수평으로
자른 듯 편평하다.

어린 가지에는
털이 없다.

꽃눈

잎눈葉芽

30~45미터
높이로 자라는
갈잎큰키나무다.

속꽃덮이조각은 여섯 개다.

잎 양면에
털이 거의 없다.

목련

Magnolia kobus

—

속꽃덮이조각 뒷면에 담홍색 줄무늬가 있다. 꽃 아래쪽에 보통 한 개의 잎이 붙어 있다. 쌍성꽃의 지름은 약 10센티미터 정도이며 4월에 잎보다 먼저 흰색으로 핀다. 열매는 둥근기둥꼴이며 길이가 약 5~7센티미터 정도다.

열매는 둥근기둥꼴이며
길이가 약 5~7센티미터다.

쪽꼬투리열매(골돌)는
9월에 황적색으로 익는다.

겉씨껍질은 황적색이며
씨앗은 검은색이다.

씨앗

잎

꽃 아래쪽에 보통
한 개의 잎이 붙어 있다.

속꽃덮이조각 뒷면 담홍색 줄
목련: 있다.
백목련: 없다.

담홍색
줄무늬가
있다.

암술은 많으며, 긴 꽃턱 위에
나사 모양으로 배열된다.

암술

꽃턱

꽃밥

꽃턱은 길게
발달한다.

잎은 길이 10~15센티미터,
폭 3~6센티미터 정도다.

잎은 어긋나게 달리고
넓은 거꿀달걀꼴이다.

겉꽃덮이조각은 세 개이며,
줄꼴고 일찍 떨어진다.

겉꽃덮이조각

어린 가지와
겨울눈에
털이 있다.

약 10~15미터
높이로 자라는
갈잎큰키나무다.

꽃덮이조각은 9개다.

백목련

[흰가지꽃나무]

Magnolia denudata

—

꽃덮이조각은 9개다. 꽃덮이조각 뒷면에 담홍색 줄무늬가 없다. 쌍성꽃의 지름은 약 12〜15센티미터다. 열매는 둥근기둥꼴이며 길이가 8〜14센티미터 정도로, 9월에 황적색으로 익는다.

잎 양면에 약간의 털이 있다.

열매는 둥근기둥꼴이며
길이가 약 8〜14센티미터다.

쪽꼬투리열매(골돌)는
9월에 황적색으로 익는다.

열매껍질

흰 실

씨앗

열매껍질이 갈라지면,
황적색 겉씨껍질에 싸인
씨앗이 흰 실에 매달린다.

꽃덮이조각 뒷면에
담홍색 줄무늬가 없다.

암술은 많으며
긴 꽃턱 위에
나사 모양으로
배열된다.

암술

수술대는 홍색,
꽃밥은 황갈색이다

꽃밥

수술대

꽃턱이 길게 발달한다.

잎의 길이는
약 10〜15센티미터다.

잎은 어긋나게 달리고
거꿀달걀꼴이다.

뾰족하다.

꽃눈에 털이
촘촘하다.

어린 가지와
겨울눈에
털이 있다.

약 15〜20미터
높이로 자라는
갈잎큰키나무다.

꽃덮이조각은 9개다.

자주목련

Magnolia denudata var. purpurascens

쌍성꽃의 지름은 약 12~15센티미터이며 4월에 잎보다 먼저 홍자색으로 핀다.
꽃덮이조각 9개이며 안쪽은 흰색이다. 열매는 둥근기둥꼴이며 길이가 약 8~12
센티미터다.

잎 양면에 약간의 털이 있다.

열매는 둥근기둥꼴이며
길이는 5~7센티미터다.

열매껍질

실

씨앗

씨앗은
흰색 실에
매달린다.

암술

꽃밥

수술대

꽃턱

꽃덮이조각 안쪽은 흰색이다.

꽃턱 윗부분에 암술이 모여 달리고, 아래쪽에 수술이 무더기로 난다.

암술

꽃밥

꽃턱은 길게 발달한다.

잎은 길이 10~15센티미터, 폭 3~7센티미터 정도다.

잎은 어긋나게 달리고 커꿀달걀꼴이다.

4월에 피는 꽃은 지름 12~15센티미터다.

어린 가지와 겨울눈에는 털이 있다.

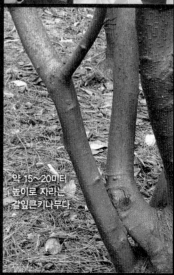

약 15~20미터 높이로 자라는 갈잎큰키나무다.

꽃덮이조각은
9개다.

잎 양면에
털이 있으나
점차 없어진다.

자목련

[까지꽃나무]

Magnolia liliiflora

쌍성꽃은 5월에 잎과 동시에 짙은 암자색으로 핀다. 꽃덮이조각은 9개며, 안쪽
은 연한 자주색이다. 꽃덮이조각 길이는 약 10센티미터다. 열매는 둥근기둥꼴이
며 길이가 약 5~7센티미터다.

열매는 둥근기둥꼴이며
길이는 5~7센티미터다.

꽃봉오리는
검은색에 가깝다.

쌍성꽃은 5월에
잎보다 먼저 핀다.

꽃덮이조각 안쪽은
연한 자주색이다.

꽃덮이조각의 길이는
약 10센티미터다.

암술

꽃밥

꽃턱은
자주색이다.

잎은 길이 8~18센티미터,
폭 4~11센티미터 정도다.

잎은 어긋나게 달리고
길둥근꼴~거꿀달걀꼴이다.

작년 가지는
광택이 있는
검은색이다.

어린 가지에는
털이 없다.

약 15미터
높이로 자라는
갈잎큰키나무다.

꽃덮이조각은 유백색이며 5월,
가지 끝에 한 개씩
위를 향해 달린다.

잎 표면에 털이 없고

뒷면은 털이 있다.

일본목련

[떡갈후박·왕후박]

Magnolia obovata

—

목련에 비해 잎은 길이 20〜40센티미터, 폭 13〜25센티미터 정도로 대형이다.
꽃의 지름은 약 13〜15센티미터로 대형이며 꽃덮이조각은 9〜12개 정도이다. 열매
의 길이는 약 15〜20센티미터로 크며 10월에 검은색으로 익는다.

쪽꼬투리열매의 길이는
약 15〜20센티미터다.

씨앗의 길이는
약 10밀리미터이며
붉은색 겉씨껍질에
싸여 있다.

열매는 10월에
검은색으로 익는다.

지름 13~15센티미터,
꽃덮이조각은 9~12개 정도다.

암술

수술

꽃덮이조각

수술대는 빨간색,
꽃밥은 황백색이다.

꽃턱은
길게
발달한다.

잎은 길이 20~40센티미터,
폭 13~25센티미터 정도다.

잎은 어긋나게 달리지만,
가지 끝에서는 모여 달린다.

잎자국

어린 가지에는
털이 없고
껍질눈이 있다.

약 20미터
높이로 자라는
갈잎큰키나무다.

Content

꽃은 6월에 흰색으로 위를 향해 핀다.

잎 표면에 털이 없고

뒷면은 갈색 털이 촘촘하다.

태산목

[양목란·큰목련꽃]

Magnolia grandiflora

—

목련에 비해 늘푸른잎은 긴 길둥근꼴이다. 잎은 길이 13~20센티미터, 폭 6~10 센티미터 정도로 큰 편이다. 잎 뒷면에 짙은 갈색 털이 촘촘히 많다. 꽃의 지름은 약 12~15센티미터로 크고 꽃덮이조각은 9~12개 정도다. 열매의 길이는 7~10 센티미터 정도이며 털이 촘촘하다.

씨앗의 길이는 약 14밀리미터다.

열매껍질에 털이 촘촘히 많다.

쪽꼬투리열매의 길이는 약 7~10센티미터이며 9월에 익는다.

꽃의 지름은 약 12~15센티미터이고
꽃덮이조각은 9~12개 정도다.

암술

수술

수술의 길이는
약 2센티미터다.

잎자루의 길이는
약 2~4센티미터.
잎 뒷면은
짙은 갈색이다.

잎은 길이 13~20센티미터,
폭 6~10센티미터 정도다.

늘푸른잎은
긴 길둥근꼴이다.

겨울눈에
갈색 털이
촘촘하다.

어린 가지에는
털이 많다.

약 20~30미터
높이로 자라는
늘푸른큰키나무다.

꽃은 5월에 잎보다
늦게 흰색으로 아래를 향해 핀다.

함박꽃나무

[함백이꽃 · 흰뛰함박꽃 · 산목련]

Magnolia sieboldii

—

꽃은 5월에 잎보다 늦게 흰색으로 아래를 향해 핀다. 꽃의 지름은 약 7~10센티
미터이고 꽃덮이조각은 6~9개다.

잎 표면에 털이 없고,
뒷면에는 털이 촘촘하다.

쪽꼬투리열매의 길이는
약 4~10센티미터다.

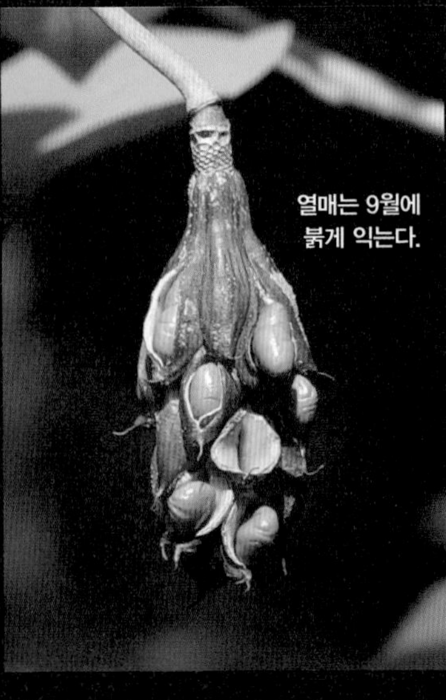

열매는 9월에
붉게 익는다.

열매껍질

씨앗

흰 실

씨앗의 길이는
8~12밀리미터
정도이며
흰 실에 매달린다.

꽃덮이조각

꽃의 지름은
약 7~10센티미터이고
꽃덮이조각은 6~9개다.

수술대는 진한 붉은색,
꽃밥은 붉은빛이 돈다.

수술대

꽃밥

암술

잎자루의 길이는
약 1~2센티미터이고
털은 점차 없어진다.

잎은 길이 6~15센티미터,
폭 5~10센티미터 정도다.

잎은 어긋나게 달리고
넓은 길둥근꼴~거꿀달걀 모양의
길둥근꼴이다.

꽃눈

잎눈

어린 가지에
누운 털이 있다.

약 7~10미터
높이로 자라는
갈잎작은키나무다.

꽃은 6월 흰색으로
아래를 향해 핀다.

어린 잎 표면에 털이 있고

뒷면에는 털이 촘촘하다.

겹함박꽃나무
abdMagnolia sieboldii for. semiplena
—
함박꽃나무에 비해 꽃덮이조각의 숫자가 12개 이상으로 많다.

쪽꼬투리열매의 길이는
약 4~10센티미터이며
9월에 붉은색으로 익는다.

검은색의 씨앗은
황적색 겉씨껍질에
싸여 있다.

씨앗의 길이는 약 8~12밀리미터이며
흰 실에 매달린다.

꽃덮이조각

꽃은 지름 7~10센티미터 정도이고
꽃덮이조각은 12개 이상이다.

수술대

꽃밥

암술

암술은
꽃턱 위에
나사 모양으로
배열된다.

잎자루의 길이는
약 1~2센티미터이고
털은 점차 없어진다.

잎은 길이 6~15센티미터,
폭 5~10센티미터 정도다.

잎은 어긋나게 달리고 넓은
길둥근꼴~거꿀달걀 같은
길둥근꼴이다.

꽃은 아래를 향해 핀다.

어린 가지에
누운 털이 있다.

약 7~10미터
높이로 자라는
갈잎작은키나무다.

암수딴그루이며
꽃은 5월 잎겨드랑이에
3~5송이가 모여 핀다.

잎 표면에 털이 없고
뒷면 맥 위에 털이 있다.

오미자

[개오미자]

Schisandra chinensis

—

잎은 길둥근꼴이며 길이 7~10센티미터, 폭 3~6센티미터 정도다. 잎 표면에 털이 없고 뒷면 맥 위에 털이 있다. 암수딴그루이며 꽃은 5월, 잎겨드랑이에 3~5송이가 모여 핀다. 암꽃은 지름 15밀리미터이고 꽃덮이 조각은 5~9개다. 열매는 지름 5~7밀리미터 정도이며 9월에 붉은색으로 익는다. 씨앗은 열매 당 1~2개씩 들어있다.

열매이삭의 길이는
약 3~5센티미터다.

물열매漿果의 지름은
약 5~7밀리미터이며
9월에 붉은색으로 익는다.

씨앗의 지름은
약 5~6밀리미터다.

수꽃의
수술은
5개다.

꽃덮이
조각

암꽃의 지름은 약 15밀리미터이고
꽃덮이조각은 5~9개다.

암술은 14~40개다.

잎은 어긋나게 달리지만,
짧은 가지에서는 모여 달린다.

잎자루의 길이는
약 2~4센티미터이고 털이 있다.

잎은 길이 7~10센티미터,
폭 3~6센티미터 정도다.

어린 가지에
털이 없다.

꽃자루

꽃자루의 길이는
약 6~28밀리미터다.

줄기의 길이가
약 6~9미터 자라는
갈잎덩굴나무落葉蔓莖木다.

암수딴그루이며 꽃은 7~8월,
잎겨드랑이에 한 개씩 달린다.

잎 양면에
털이 없다.

남오미자

Kadsura japonica

—

오미자와 달리 늘푸른잎이다. 잎은 어긋나게 달리고 긴 길둥근꼴~바소꼴이다.
잎자루의 길이는 약 1~2센티미터이며 털이 없다. 꽃은 잎겨드랑이에 한 개씩 달
린다. 물열매는 머리 모양으로 달린다.

물열매의 길이는
약 2~3센티미터로,
늘어난 꽃턱에 밀착하여
머리 모양頭狀으로 달린다.

물열매의 길이는 약 5~7밀리미터이며
11월에 붉은색으로 익는다.

씨앗의 길이는
3~4밀리미터 정도다.

수꽃의 꽃턱은
붉은색이고 수술은
28~50개다.

꽃자루의 길이는
약 11~26밀리미터다.

꽃덮이
조각

꽃의 지름은 약 20~25밀리미터이고
꽃덮이조각은 8~12개다.

꽃밥

꽃턱

잎은 어긋나게 달리고
긴 길둥근꼴~바소꼴이다.

잎 가에 치아상의
톱니가 약간 있다.

잎은 길이 6~10센티미터,
폭 3~5센티미터 정도다.

암꽃의 꽃턱은 초록색이고
암술머리는 흰색이다.

어린 가지에
털이 없다.

줄기의 길이가
약 3미터 자라는
늘푸른덩굴나무다.

꽃은 3월, 잎겨드랑이에
녹백색으로 한 개씩 핀다.
꽃덮이조각은 10~15개다.

꽃덮이조각

잎 양면에
털이 없고
톱니가 없다.

붓순나무
[가시목 · 발갓구 · 말갈구]

Illicium anisatum

—

꽃은 3월, 잎겨드랑이에 녹백색으로 한 개씩 핀다. 꽃의 지름은 약 3~4센티미터
이며 꽃덮이조각은 10~15개다. 열매는 쪽꼬투리열매이며 6~12개가 바람개비
처럼 배열된다. 열매의 지름은 약 20~25밀리미터이고 9~10월에 익는다. 씨앗
의 길이는 6~7밀리미터 정도다.

쪽꼬투리열매의 지름은
약 20~25밀리미터다.

씨앗

겉껍질

열매는 9~10월에 익으며
겉껍질은 육질이다.

씨앗의 길이는
약 6~7밀리미터다.

암술은
6~12개다.

암술

수술대

꽃의 지름은
약 3~4센티미터다.

잎자루의 길이는
약 6~10밀리미터이고
털이 없다.

잎은 길이 5~10센티미터,
폭 2~5센티미터 정도다.

잎은 어긋나게 달리며
긴 길둥근꼴이다.

새싹이 돋는 모습이
붓처럼 생겨서 붓순나무라 한다.

붓처럼
생긴 새싹

어린 가지에는
털이 없다.

약 2~5미터
높이로 자라는
늘푸른작은키나무다.

붓순나무

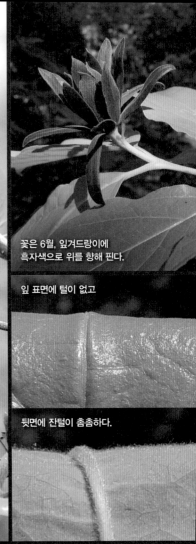

꽃은 6월, 잎겨드랑이에
흑자색으로 위를 향해 핀다.

잎 표면에 털이 없고

뒷면에 잔털이 촘촘하다.

자주받침꽃

Calycanthus fertilis

—

꽃은 잎겨드랑이에서 흑자색으로 위를 향해 핀다. 꽃의 지름은 약 3~5센티미터
다. 꽃덮이조각은 20~30개, 수술은 10~20개 정도다. 열매는 튀는 열매와 비슷
하며 길이는 5~7센티미터 정도다.

열매는
튀는 열매와
비슷하며
길이가
5~7센티미터
정도다.

겉껍질 속에 5~25개의
씨앗이 들어 있다.

씨앗의 길이는
약 10~12밀리미터이며
털이 있다.

꽃의 지름은
약 3∼5센티미터 정도다.

꽃덮이조각

수술은 10∼20개다.

꽃덮이조각은 20∼30개정도이며,
나사 모양으로 배열된다.

잎자루의 길이는
약 13밀리미터이고 잔털이 있다.

잎은 길이 6∼15센티미터,
폭 3∼5센티미터 정도다.

잎은 마주 달리며
긴 길둥근꼴이다.

꽃이 진 후 꽃턱의 모습

어린 가지에
잔털이 있다.

꽃턱

약 2∼3미터
높이로 자라는
갈잎떨기나무다.

꽃은 가지 끝에
한 개씩 달리며
5~6월에 핀다.

중국받침꽃

[하납매夏蠟梅]

Calycanthus chinensis

—

꽃의 지름은 약 5~6센티미터이고 5~6월에 핀다. 겉꽃덮이조각은 연분홍빛이
도는 흰색이며, 속꽃덮이조각은 노란색이다. 열매의 길이는 약 3~4센티미터 정
도다.

잎 양면에
털이 없다.

9월의 열매

열매의 길이는
약 3~4센티미터다.

씨앗의 길이는
8밀리미터 정도다.

겉꽃덮이조각은
연분홍빛이 도는 흰색이며,
속꽃덮이조각은 노란색이다.

꽃의 지름은
약 5~6센티미터다.

꽃밥

속꽃덮이조각

잎자루의 길이는
약 12~18밀리미터이고
털이 없다.

잎은 길이 13~29센티미터,
폭 15~16센티미터 정도다.

잎은 마주 달리고
광택이 있다.

잎은 마주 달린다.

약 2~3미터
높이로 자라는
갈잎떨기나무다.

어린 가지에
털이 없다.

꽃은 11월, 잎겨드랑이에
한 개씩 미백색으로 달린다.

잎 양면에 털이 없다.

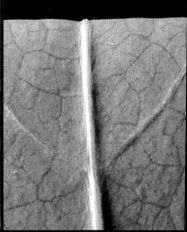

산납매

[니텐스납매, 가을납매]

Chimonanthus nitens

—

꽃은 11월, 잎겨드랑이에 한 개씩 미백색으로 달린다. 꽃의 지름은 7~10밀리미터이며, 꽃덮이조각은 20~24개 정도다. 열매는 잿빛이 도는 회갈색이며 길이가 약 2~5센티미터다. 씨앗의 길이는 10~13밀리미터 정도다.

열매는 잿빛이 도는 회갈색이며
길이는 약 2~5센티미터 정도다.

열매에 암술대가
남아 있다.

암술대

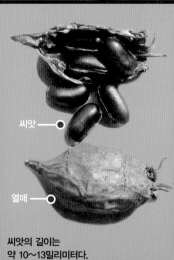

씨앗

열매

씨앗의 길이는
약 10~13밀리미터다.

꽃의 지름은 7~10밀리미터이며,
꽃덮이는 20~24개 정도다.

꽃덮이는
얇은 막질이다.

흰색 수술은 5개이며
암술은 다수이다.

꽃덮이

수술

암술

수술대

꽃밥

잎에는 톱니가 없다.

잎 끝은 길게 뾰족하며,
뾰족끝밑이다.

잎은 광택이 있는
바소꼴이다.

꽃밥

수술대

어린 가지에는
털이 없다.

약 1~6미터
높이로 자라는
늘푸른떨기나무다.

꽃은
1~2월에
잎보다
먼저 핀다.

납매
[당매唐梅]

Chimonanthus praecox

—

잎은 뻣뻣하고 꺼칠꺼칠한 특징이 있다. 꽃의 지름은 약 2센티미터이며 향기가
있다. 겉꽃덮이는 노란색이고, 속꽃덮이에는 적갈색 줄무늬가 있다. 암술은 여러
개이고, 수술은 5~7개다. 열매의 길이는 약 2~3센티미터이고 단지 모양의 길둥
근꼴이다.

잎 뒷면에
털이 있다.

열매의 길이는
약 2~3센티미터이고
단지 모양의 길둥근꼴이다.

열매에 털이
촘촘하다.

씨앗의 길이는
약 11밀리미터다.

꽃의 지름은
약 2센티미터이며
향기가 있다.

걷꽃덮이는 노란색이고,
속꽃덮이에는 적갈색 줄무늬가 있다.

꽃덮이조각은 5~21개다.

잎자루의 길이는
약 3~18밀리미터이고
털이 있다.

잎은 길이 9~10센티미터,
폭 35밀리미터 정도이며,
잎 끝은 길게 뾰족하다.

잎은 마주 달리고 달걀꼴 또는
바소꼴이며 톱니가 없다.

속꽃덮이에
적갈색 줄무늬

어린 가지에
털이 없다.

약 2~4미터
높이로 자라는
갈잎떨기나무다.

6월에 연한 노란색 꽃이 모여
우산 모양의 작은모임꽃차례를 이룬다.

잎 뒷면 잎줄겨드랑이에
샘점(선점)이 없다.

잎줄겨드랑이

생달나무

[신신무]

Cinnamomum yabunikkei

—

잎 뒷면 잎줄겨드랑이에 샘점이 없다. 6월에 연한 노란색 꽃이 모여 우산 모양의
작은모임꽃차례를 이룬다. 꽃덮이조각은 6개, 수술은 12개다. 열매는 길둥근꼴의
굳은씨열매이며 길이가 15밀리미터 정도다.

씨앗의 길이는
14밀리미터 정도다.

열매는 길둥근꼴의
굳은씨열매이며
길이가 약 15밀리미터다.

열매는 10월에
검은색으로 익는다.

꽃덮이조각은 6개,
수술은 12개다.

꽃의 지름은
약 5~7밀리미터이고,
암술은 한 개다.

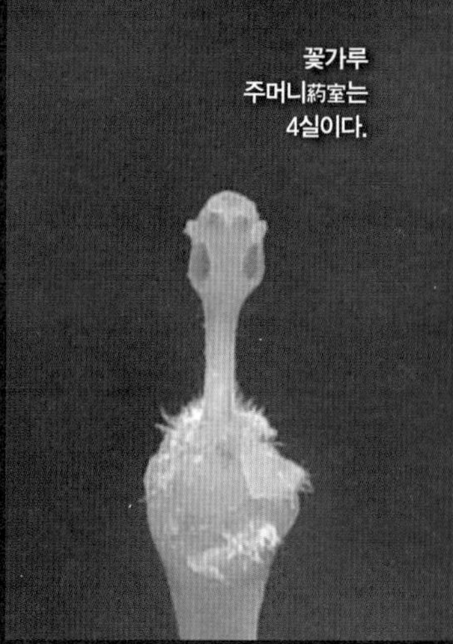

꽃가루
주머니葯室는
4실이다.

잎자루의 길이는
약 1~2센티미터이고
털이 없다

잎은 어긋나게 달리고
긴 길둥근꼴이다.

잎은 길이 8~15센티미터,
폭 3~5센티미터 정도다.

어린 가지에는
털이 없다.

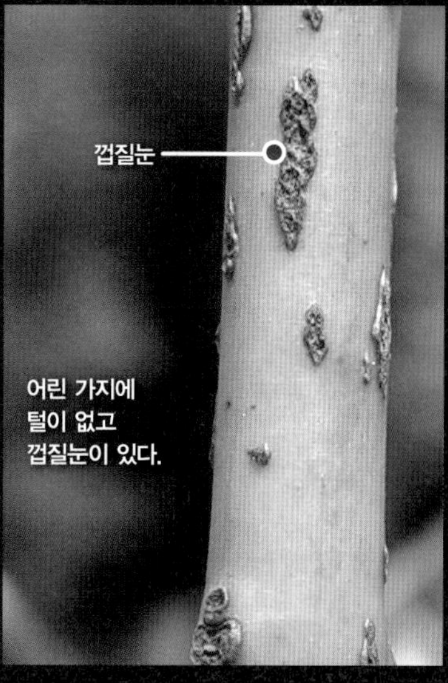

껍질눈

어린 가지에
털이 없고
껍질눈이 있다.

약 15미터
높이로 자라는
늘푸른큰키나무다.

원뿔꽃차례의 길이는
약 6~12센티미터다.

잎 양면에
털이 없다.

후박나무

[왕후박나무]

Machilus thunbergii

—

잎은 길이 7~15센티미터, 폭 3~7센티미터이며 긴 길둥근꼴이다. 황록색의 쌍성
꽃은 원뿔꽃차례圓錐花序를 이룬다. 열매는 굳은씨열매이고 지름이 8~10밀리
미터 정도이며 흑벽색으로 익는다.

굳은씨열매의 지름은
약 8~10밀리미터 정도다.

열매는 다음해 7월에
흑벽색으로 익는다.

새잎은 붉은색으로
돋는다.

꽃은 황록색의 쌍성꽃이다.

꽃의 지름은 약 1센티미터다.

꽃밥

씨방

꽃덮이

잎자루의 길이는 약 1~3센티미터이고 털이 없다.

잎은 길이 7~15센티미터, 폭 3~7센티미터 정도다.

잎은 어긋나게 달리고 긴 길둥근꼴이다.

꽃가루 주머니는 4실이다.

꽃가루 주머니

약 20미터 높이로 자라는 늘푸른큰키나무다.

어린 가지에는 털이 없다.

암수딴그루이며
꽃은 10월
우산꽃차례를
이룬다.

까마귀쪽나무

[가마귀쪽나무]

Litsea japonica

—

잎은 어긋나게 달리고 긴 길둥근꼴이다. 잎은 길이 8~11센티미터, 폭 3~5센티
미터 정도다. 잎 뒷면에 갈색 털이 빽빽하다. 암수딴그루이며 꽃은 10월, 우산꽃
차례를 이룬다. 열매는 굳은씨열매이며 길이가 약 15밀리미터다. 열매는 다음 해
7월에 검은색으로 익는다.

잎 뒷면에 갈색 털이
빽빽하게 많다.

열매는 다음해 7월
검은색으로 익는다.

씨앗은 갈색이다.

굳은씨열매의 길이는
약 15밀리미터다.

수꽃차례

꽃덮이조각(화피편)은 6개.
수술은 9개다.

꽃가루 주머니葯室는
4실이다.

꽃가루
주머니

꽃덮이조각

잎자루는
길이 1~4센티미터
정도이고
황갈색 털이
빽빽하게 많다.

잎은 길이 8~11센티미터,
폭 3~5센티미터 정도다.

잎은 어긋나게 달리고
긴 길둥근꼴이다.

3월의 새싹

어린 가지에는
털이 있다.

약 7미터
높이로 자라는
늘푸른작은키나무다.

까마귀쪽나무

암수딴그루이며 4월에
우산꽃차례를 이룬다.

잎 표면에 털이 없고

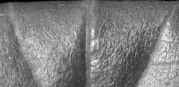

뒷면에 털은 점차 없어진다.

비목나무
[보얀목 · 윤여리나무]

Lindera erythrocarpa

—

나무껍질은 비늘처럼 떨어진다. 암수딴그루이며 4월에 우산꽃차례를 이룬다. 꽃
덮이조각은 6개, 수술은 9개, 암술은 1개다. 꽃가루 주머니는 2실이다. 굳은씨열
매의 지름은 약 7~8밀리미터이며 공 모양이다. 열매는 10월에 붉은색으로 익는
다. 씨앗에 두 개의 흰색 얼룩점斑點이 있다.

굳은씨열매의 지름은
약 7~8밀리미터로, 공 모양이다.

열매는 10월에
붉은색으로 익는다.

씨앗에 두 개의
흰색 얼룩점이 있다.

얼룩점

꽃덮이조각은 6개,
수술은 9개,
암술은 1개다.

꽃덮이조각

암꽃의 수술은 퇴화하고
헛수술이 있다.

암술

헛수술

꽃덮이조각

꽃가루 주머니는 2실이다.

꽃밥

꽃가루
주머니

잎자루의 길이는
약 4~8밀리미터이고
털은 없어진다.

잎은 길이 9~12센티미터,
폭 4~5센티미터 정도다.

잎은 어긋나게 달리고
바소꼴이다.

잎눈

꽃눈

어린 가지에는
털이 있다.

약 5~15미터
높이로 자라는
갈잎떨기나무 또는
갈잎큰키나무다.

꽃은 4월에
우산꽃차례를 이룬다.

잎 양면에
짧은 털이 있다.

감태나무

[백동백나무 · 간자목]

Lindera glauca

—

잎은 어긋나게 달리고 길둥근꼴이다. 잎은 길이 4∼9센티미터, 폭 2∼4센티미터
정도다. 잎 양면에 짧은 털이 있으며 겨울에도 마른 잎은 떨어지지 않는다. 어린
가지에는 털이 있다.

굳은씨열매의 지름은
약 7∼8밀리미터이며 공 모양이다.

열매는 10월에
검은색으로 익는다.

씨앗에 두 개의
흰색 얼룩점이 있다.

얼룩점

꽃덮이조각

암술

꽃덮이조각은 6개,
수술은 9개다.

꽃자루의 길이는
약 12밀리미터다.

암술머리

꽃덮이조각

작은
꽃자루에
털

겨울에도 마른 잎은
떨어지지 않는다.

잎은 길이 4~9센티미터,
폭 2~4센티미터 정도다.

잎은 어긋나게 달리고
길둥근꼴이다.

겨울눈에
털이 없다.

어린 가지에는
털이 있다.

약 5~8미터
높이로 자라는
갈잎떨기나무다.

감태나무

꽃은 4월에
우산꽃차례를
이룬다.

잎 양면에 털이 거의 없다.

뇌성목

[뇌성나무 · 잔자목]

Lindera glauca var. salicifolia

—

감태나무와 달리 잎은 길이 5~14센티미터, 폭 15~25밀리미터이며 거꿀바소꼴
이다. 잎은 감태나무보다 길고 좁으며 잎 양면에 털이 거의 없다. 어린 가지에 털
이 없다.

굳은씨열매의 지름은
약 7~8밀리미터이며 공 모양이다.

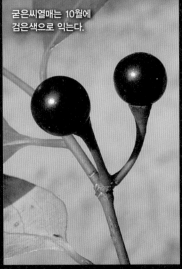

굳은씨열매는 10월에
검은색으로 익는다.

씨앗에 두 개의 흰색 얼룩점이 있다.

꽃덮이조각은 6개,
수술은 9개,
암술은 1개다.

꽃자루의 길이는
약 12밀리미터다.

꽃자루에 털이 있다.

잎자루의 길이는
약 6~10밀리미터.

잎은 길이 5~14센티미터,
폭 15~25밀리미터 정도다.

잎은 어긋나게 달리고
거꿀바소꼴이다.

겨울에도 마른 잎은
떨어지지 않는다.

어린 가지에는
털이 없다.

약 5~8미터
높이로 자라는
갈잎떨기나무다.

암수딴그루이며
꽃은 3월에
우산꽃차례를 이룬다.

잎 양면에 털이 있다.

생강나무

[아귀나무 · 아구사리]

Lindera obtusiloba

—

잎은 보통 세 갈래로 얕게 갈라진다. 꽃덮이조각은 6개, 수술은 9개, 암술은 1개다. 굳은씨열매의 지름은 약 7~8밀리미터이며 공 모양이다. 굳은씨열매는 10월에 검은색으로 익는다.

굳은씨열매의 지름은
약 7~8밀리미터이며 공 모양이다.

열매는 10월에
검은색으로 익는다.

씨앗에
작은 돌기가 있다.

돌기

꽃의 지름은 약 7~8밀리미터이고
꽃덮이조각은 6개, 수술은 9개다.

꽃덮이조각

암꽃에는 헛수술(가웅예)이 있다.

씨방

헛수술
假雄蘂

암술

꽃덮이

잎 뒷면 맥

잎은 길이 5~15센티미터,
폭 4~13센티미터 정도다.

잎은 어긋나게 달리고
보통 세 갈래로 얕게 갈라진다.

꽃가루 주머니는 2실이다

수꽃에 있는
퇴화한 암술

어린 가지에는
털이 없다.

약 3~6미터
높이로 자라는
갈잎떨기나무다.

얼룩무늬

암수딴그루이며 꽃은
3월에 우산꽃차례를 이룬다.

잎 양면에는 털이 있다.

고로쇠생강나무

Lindera obtusiloba f. quinquelobum

—

생강나무에 비해 줄기 윗부분의 잎은 다섯 갈래로 갈라지고, 줄기 중간부분
의 잎은 세 갈래로 갈라지며, 줄기 아랫부분의 잎은 달걀 같은 둥근꼴인 특징이
있다.

잎 뒷면 잎맥

열매는 10월에
검은색으로 익는다.

굵은씨열매의 지름은
7~8밀리미터 정도다.

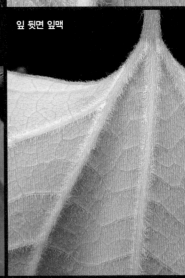

수꽃
꽃차례

꽃덮이조각은 6개,
수술은 9개다.

꽃가루 주머니는
2실이다.

잎은 길이 5~15센티미터,
폭 4~13센티미터 정도다.

줄기 윗부분의 잎은
다섯 갈래로 갈라진다.

윗부분의 잎은 다섯 갈래,
중간부분의 잎은 세 갈래,
아랫부분의 잎은 달걀 같은
둥근꼴이다.

겨울눈에 털이 없다.

어린 가지에는
털이 없다.

약 3~6미터
높이로 자라는
갈잎떨기나무다.

암수딴그루이며
꽃은 3월에
우산꽃차례를
이룬다.

잎 표면에 털이 있거나 없으며

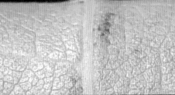

뒷면에 털이 많다.

둥근잎생강나무

Lindera obtusiloba f. ovata

—

생강나무와 달리 잎에 결각이 없으며 잎은 갈라지지 않는다.

열매는 10월에
검은색으로 익는다.

굳은씨열매의 지름은
약 7~8밀리미터이며 공 모양이다.

작은 꽃자루에
털이 있다.

수꽃차례

꽃덮이조각은 6개,
수술은 9개다.

꽃가루 주머니는
2실이다.

잎자루의 길이는
약 1~2센티미터이고
털이 있다.

잎은 길이 5~15센티미터,
폭 4~13센티미터 정도다.

잎은 어긋나게 달리고
결각이 없다全緣.

겨울눈에는 털이 없다.

어린 가지에는
털이 있다.

약 3~6미터
높이로 자라는
갈잎떨기나무다.

꽃은 3월에 작년 가지 끝에서
우산꽃차례를 이룬다.

잎 양면에 털이 있다.

털조장나무

[조장나무]

Lindera sericea

—

꽃은 3월에 작년 가지 끝에서 우산꽃차례를 이룬다. 꽃덮이조각은 6개, 수술은
9개, 암술은 1개다. 굳은씨열매의 지름은 약 7∼8밀리미터이며 공 모양이다. 열
매는 10월에 검은색으로 익으며 씨앗에 두 개의 흰색 얼룩점이 있다.

씨앗의 지름은 약 7∼8밀리미터이고
두 개의 흰색 얼룩점이 있다.

얼룩점

열매는 10월에
검은색으로 익는다.

굳은씨열매의 지름은
약 7∼8밀리미터이며 공 모양이다.

작은 꽃자루의 길이는
약 15∼18밀리미터다.

꽃덮이조각은 6개,
수술은 9개다.

꽃가루 주머니는
2실이다.

잎은 어긋나게 달리고
달걀 같은 길둥근꼴이다.

잎자루의 길이는
약 1∼2센티미터이고 털이 있다.

잎은 길이 10∼15센티미터,
폭 3∼6센티미터 정도다.

잎눈

꽃눈

어린 가지에는
털이 있다.

약 2∼3미터 높이로 자라는
갈잎떨기나무다.

꽃은 4월, 잎보다
먼저 피며
암수딴그루이다.

계수나무

[련향나무]

Cercidiphyllum japonicum

—

잎은 길이 3~5센티미터, 폭 2~4센티미터 정도의 하트 모양이다. 꽃에는 꽃잎과 꽃받침이 없고, 열매는 쪽꼬투리열매이며 2~5개씩 달린다. 쪽꼬투리열매의 길이는 약 10~18밀리미터이고 8월에 흑갈색으로 익는다.

5~7개의 손바닥 모양맥掌狀脈이 있다.

쪽꼬투리열매는
2~5개씩 달리며,
길이가 약 10~18밀리미터다.

씨앗의 길이는 약 4~5밀리미터이며
날개가 있다.

씨앗

날개

쪽꼬투리열매가
벌어지는 모습

꽃싸개

꽃잎은 없고 수꽃의
수술은 길이가 약 9밀리미터다.

암꽃의 암술은
연한 홍색이다.

암꽃의 암술은
2~5개다.

잎 양면에 털이 없으며,
잎 가에 물결 모양의 톱니가 있다.

잎은 길이 3~5센티미터,
폭 2~4센티미터 정도다.

잎은 마주 달리고
염통꼴心臟形이다.

10월의 단풍

어린 가지는
마주 달리며
겨울눈은
자홍색이다.

약 10~20미터
높이로 자라는
갈잎큰키나무다.

꽃은 6월, 잎겨드랑이에
종 모양으로 한 개씩 핀다.

잎 표면에 털이 없고

뒷면에 약간의 잔털이 있다.

종덩굴
[수염종덩굴]

Clematis fusca var. violacea

—

작은 잎이 5~7개인 깃꼴겹잎이다. 꽃은 6월, 잎겨드랑이에 종 모양으로 한 개씩
핀다. 꽃의 길이는 약 25~35밀리미터다. 꽃덮이조각은 네 개이며 두껍고 뒤로
젖혀진다. 수술의 길이는 10~14밀리미터 정도다. 얇은열매는 납작한 길둥근꼴
이며 남아있는 암술대의 길이는 약 3~4센티미터다.

얇은열매는
납작한
길둥근꼴이며
털이 있다.

얇은열매

얇은열매는 9월에
갈색으로 익는다.

남아 있는 암술대의
길이는 약 3~4센티미터다.

꽃의 길이는
약 25~35밀리미터다.

쌍성꽃은 암자색이며
아래를 향해 핀다.

꽃덮이조각은 네 개이며
약간 젖혀진다.

잎은 마주 달리고 작은
잎이 5~7개인 깃꼴겹잎이다.

잎은 마주 달린다.

작은 잎의 길이는 3~6센티미터 정도이며,
2~3갈래로 갈라지는 것도 있다.

수술은 길이
10~14밀리미터 정도다.

꽃밥

수술대

암술

어린 가지에는
약간의 털이 있다.

줄기의 길이가
약 3~5미터 정도 자라는
갈잎덩굴나무다.

꽃은
잎겨드랑이에
달리며 7~8월에
짙은 하늘색으로 핀다.

잎 양면에 거친 털이 있다.

병조희풀

[담색조희풀 · 어리조희풀 · 조희풀]

Clematis heracleifolia

—

잎은 마주 달리고 3출겹잎三出葉이다. 작은 잎은 결각이 있으며 길이가 약 6~15
센티미터다. 꽃의 길이는 약 20~25밀리미터이고 항아리 모양이다. 꽃덮이 조각
은 네 개이며 겉에 털이 있고 뒤로 말린다. 얇은열매의 길이는 약 3밀리미터이며,
남아있는 깃꼴의 암술대는 길이가 약 20~25밀리미터다.

열매는 10월에
흑갈색으로 익는다.

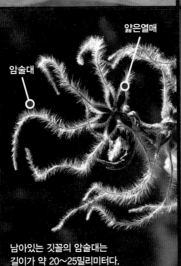

얇은열매

암술대

남아있는 깃꼴의 암술대는
길이가 약 20~25밀리미터다.

얇은열매의
길이는
약 3밀리미터이며,
털이 있다.

얇은열매

주름이
없다.

꽃의 길이는
약 20～25밀리미터이고
꽃덮이조각에 주름이 없다.

꽃덮이 조각

꽃덮이
조각은
네 개이며
뒤로 말린다.
꽃은 항아리
모양이다.

수술은 길이 9～11밀리미터,
꽃밥은 3～5밀리미터이다.

꽃밥

수술대

암술

잎줄기에
털이 있다.

작은 잎은 결각이 있으며
길이가 약 6～15센티미터다.

잎은 마주 달리고
3출겹잎이다.

꽃밥

수술대

암술

어린 가지에는
흰색 털이 있고
능선이 있다.

약 1미터
높이로 자라는
갈잎버금떨기나무다.

꽃은 8월에 남청색으로 피며
우산꽃차례를 이룬다.

자주조희풀

[목단풀 · 자주모란풀]

Clematis heracleifolia var. davidiana

—

병조희풀과 달리 작은 잎에 결각이 없고 잎줄기에 털이 없으며 짧은 날개가 있
다. 꽃덮이조각은 끝이 넓고 주름이 진다.

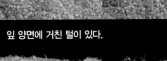

잎 양면에 거친 털이 있다.

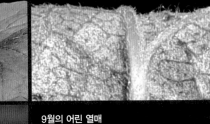

열매는 10월에
흑갈색으로 익는다.

9월의 어린 열매

남아있는 깃꼴의 암술대는
길이가 약 20~25밀리미터다.

꽃은 통 모양이다.

꽃의 길이는
약 25∼28밀리미터다.

꽃덮이조각은
네 개이고
주름이 지며
뒤로 말린다.

꽃밥

꽃덮이
조각에
주름

수술대

날개

잎줄기에
털이 없으며
짧은 날개가 있다.

작은 잎은 결각이 없으며
길이가 약 6∼15센티미터다.

잎은 마주 달리고
3출겹잎이다.

꽃밥

수술대

약 1미터
높이로 자라는
갈잎떨기나무다.

어린 가지에
흰색 털이
촘촘하다.

자주조희풀

참으아리보다
꽃의 숫자가 적게 달린다.

꽃의 숫자
으아리: 5~10개
참으아리: 30~50개

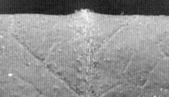

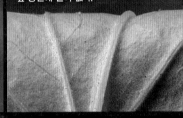

잎 양면에 털이 없다.

으아리

[긴잎으아리 · 들으아리]

Clematis terniflora var. mandshurica

—

참으아리와 달리 어린 가지에 털이 없고, 줄기는 목질화되지 못하고 말라버린다. 잎 밑은 넓은 뾰족꼴밑이고, 잎 끝은 뾰족끝이다. 작은모임꽃차례에 꽃의 숫자가 5~10개 정도로 적게 달린다. 꽃의 지름은 약 20~30밀리미터로 큰 편이다. 얇은열매의 암술대는 길이가 약 10밀리미터로, 참으아리에 비해 짧은 편이다.

얇은열매의 암술대는 길이가 약 10밀리미터로, 참으아리에 비해 짧은 편이다.

얇은열매에는 깃꼴로 된 긴 암술대가 남아있다.

꽃차례에 털이 없다.

꽃덮이조각

꽃은 7~9월에
흰색으로 피며 향기가 있다.
꽃덮이조각은 4~5개다.

꽃의 지름은
약 20~30밀리미터로
큰 편이다.

수술대는 꽃밥보다 길다.

넓은
뾰족꼴밑

뾰족끝

잎 밑은 넓은 뾰족꼴밑이고,
잎끝은 뾰족끝이다.

작은 잎은 길이 3~10센티미터,
폭 2~4센티미터 정도다.

잎은 마주 달리고 작은 잎이
3~7개인 깃꼴겹잎이다.

잎자루는 구부러져
덩굴손과 같은 역할을 한다.

어린 가지에는
털이 없다.

겨울에 줄기는
목질화되지 못하고
말라 버린다.

줄기의 길이가
약 3~5미터 자라는
갈잎덩굴나무다.

꽃의 숫자
으아리: 5~10개
참으아리: 30~50개

작은모임꽃차례에 꽃의 숫자가
30~50개 정도로 많이 달린다.

잎 양면에 털이 없다.

참으아리

[왕으아리 · 주름으아리]

Clematis terniflora

—

으아리와 달리 어린 가지에 털이 있고, 줄기는 목질화된다. 잎 밑은 밋밋하거나 염통꼴밑이며, 잎 끝은 둔한끝~뾰족끝이다. 작은모임꽃차례에 꽃의 숫자가 30~50개 정도로 많이 달린다. 꽃의 지름은 12~15밀리미터 정도로 작은 편이다. 얇은열매의 암술대는 길이 20밀리미터 정도로 으아리에 비해 긴 편이다.

얇은열매의 암술대는
길이가 약 20밀리미터로
으아리에 비해 긴 편이다.

암술대

얇은열매에는 깃꼴로 된
긴 암술대가 남아있다.

암술대

얇은열매의 암술대 길이
으아리: 10밀리미터
참으아리: 20밀리미터

꽃은 7~9월에
흰색으로 피고
향기가 있다.

꽃의 지름
으아리: 20~30밀리미터
참으아리: 12~15밀리미터

으아리에 비해
꽃이 작다.

수술대는 꽃밥보다 길다.

암술

꽃밥

수술대

잎 밑은 밋밋하거나 염통꼴밑이며,
잎 끝은 둔한끝~뾰족끝이다.

작은 잎은 길이 3~10센티미터,
폭 2~4센티미터 정도다.

잎은 마주 달리고 작은 잎이
3~7개인 깃꼴겹잎이다.

꽃자루에 짧은 털이 있다.

어린 가지에
털이 있다.

어린 가지에 털
으아리: 없다.
참으아리: 있다.

줄기는 목질화된다.
줄기의 길이가
약 3~5미터 자라는
갈잎덩굴나무다.

참으아리

한 꽃대에
꽃의 숫자가
1~3개 정도로
적게 달린다.

잎 양면에 털이 없다.

외대으아리

[고치대꽃]

Clematis brachyura

—

한 꽃대에 꽃은 1~3개씩 달린다. 열매에 남아 있는 암술대는 깃꼴이 아닌 돌기 모양이다. 얇은열매의 가장자리에 날개가 있다. 꽃덮이조각은 4~6개다.

얇은열매의 가장자리에
좁은 날개가 있다.

날개

얇은열매의 끝에 돌기 같은
짧은 암술대가 남아 있다.

꽃덮이조각은 4~6개다.

꽃의 지름은
약 25~30밀리미터다.

암술과 수술

6~7월에
흰색 꽃이 핀다.

잎자루는 구부러져
덩굴손과 같은 기능을 한다.

잎 밑은 넓은 뾰족꼴밑이거나 둥근밑이고,
잎 끝은 뾰족끝이다.

잎은 마주 달리고 작은 잎이
3~5개인 깃꼴겹잎이다.

둥근밑

뾰족끝

잎자루

쌍성꽃은
1~3개씩 달린다.

어린 가지의 털은
없어진다.

줄기의 길이가
약 30~100센티미터
자라는 갈잎덩굴나무다.

줄기 아래쪽은
목질화한다.

외대으아리

원뿔꽃차례의 길이는
약 5〜12센티미터다.

잎 표면의 털은 점차 없어지고

뒷면 맥 위에 잔털이 있다.

사위질빵

[질빵풀]

Clematis apiifolia

—

어린 가지에 짧은 털이 있고 줄기는 잘 끊어진다. 잎은 마주 달리고 3출겹잎이다.
원뿔꽃차례의 길이는 약 5〜12센티미터다. 꽃의 지름은 약 13〜25밀리미터이고
꽃덮이 조각은 네 개다. 얇은열매는 5〜10개씩 모여 달리며 길이가 약 10밀리미
터인 암술대가 남아있다.

얇은열매는 5〜10개씩
모여 달린다.

암술대

얇은열매

얇은열매에는 길이가
약 10밀리미터인
암술대가 남아있다.

얇은열매에
털이 있다.

꽃의 지름은 약 13~25밀리미터이고 꽃덮이 조각은 네 개다.

꽃덮이조각

꽃덮이조각

수술과 꽃덮이 조각은 길이가 비슷하다.

꽃덮이조각 표면에 털이 있다

잎 밑은 둥근밑 또는 넓은 뾰족꼴밑이며 잎자루에 털이 있다.

잎은 마주 달리고 3출겹잎이다.

작은 잎은 길이 4~7센티미터, 폭 3~4센티미터 정도다.

11월, 다 익은 열매

어린 가지에는 짧은 털이 있다.

줄기의 길이가 약 2~3미터 자라는 갈잎덩굴나무다.

꽃은 가지 끝에 한 개씩 달리며
꽃덮이는 보통 6~8개다.

잎 표면 맥 위에 털이 있고

뒷면에 약간의 털이 있다.

큰꽃으아리

[개비머리 · 어사리]

Clematis patens

—

작은 잎이 3~5개인 깃꼴겹잎이다. 꽃은 가지 끝에 한 개씩 달리며 꽃덮이는 보통 6~8개다. 꽃의 지름은 약 5~10센티미터로 큰 편이다. 얇은열매의 암술대 길이는 30~38밀리미터 정도로 길다.

얇은열매에
긴 암술대가
남아 있다.

얇은열매의
암술대 길이는
30~38밀리미터
정도로 길다.

얇은열매

5월의 꽃봉오리

꽃자루에
꽃싸개(포)가 없다.

꽃의 지름은
약 5~10센티미터로
큰 편이다.

수술대는 꽃밥보다 짧다.

잎자루의 길이는
4~8센티미터 정도이며
털이 있다.

작은 잎의 길이는
약 3~7센티미터다.

잎은 마주 달리고
작은 잎이 3~5개인
깃꼴겹잎이다.

꽃이 피기 직전

어린 가지에
털이 있다.

줄기의 길이가
약 2~3미터 자라는
갈잎덩굴나무다.

부록

용어 해설

용어	한자 표기	영어 표기	같은 말	참고	설명
1년생	一年生	annual	한해살이		한해살이 참조
1년생초본	一年生草本	annual plant	한해살이풀		한해살이풀 참조
1년초	一年草	annual plant	한해살이풀		한해살이풀 참조
2가화	二家花	dioecious	암수딴그루		암수딴그루 참조
2강웅예	二强雄蘂	didynamous stamen	둘긴수술		둘긴수술 참조
2년생	二年生	biennial	두해살이		두해살이 참조
2년생초본	二年生草本	biennial plant	두해살이풀		두해살이풀 참조
2년초	二年草	biennial plant	두해살이풀		두해살이풀 참조
2방향대생	二方向對生	distichous opposite	두줄마주나기		두줄마주나기 참조
2열대생	二列對生	distichous opposite	두줄마주나기		두줄마주나기 참조
2출작은모임꽃차례	岐繖花序	dichasial cyme	이출작은모임꽃차례	집산화서 (集繖花序)	이출작은모임꽃차례 참조
2회깃꼴겹잎	二回羽狀復葉	bipinnately compound leaf	2회우상복엽 (二回羽狀復葉)	3회깃꼴겹잎	깃꼴겹잎에서 깃꼴로 갈라져 달리는 작은잎이 다시 깃꼴로 갈라지는 것
2회손바닥모양겹잎	二回掌狀復葉	bipalmately compound leaf	2회장상복엽 (二回掌狀復葉)	3회손바닥모양겹잎	손바닥 모양으로 두 번 갈라져서 작은잎이 달린다.
2회우상복엽	二回羽狀復葉	bipinnately compound leaf	2회깃꼴겹잎		2회깃꼴겹잎 참조
2회우열	二回羽裂	bipinnate			갈라진 작은잎 조각들이 다시 깃꼴로 갈라진 겹잎. 잎자루 양쪽에 작은잎이 붙어 있다.
2회장상복엽	二回掌狀復葉	bipalmately compound leaf	2회손바닥 모양겹잎		2회손바닥모양겹잎 참조
3륵맥	三肋脈	three vein	3출맥		3출맥 참조
3릉형	三稜形	trianqular			줄기나 열매 같은 것에 모서리 세 개가 있는 것
3심열	三深裂	tripartite			잎 가장자리에서 중심맥까지 1/2~3/4 깊이로 세 갈래로 깊이 갈라져 파인 모양(예: 포도옹)
3엽윤생	三葉輪生	trifoliolate whorled	세잎돌려나기		세잎돌려나기 참조
3천열	三淺裂	trilobate			잎 가장자리에서 중심맥까지 1/2 이하 깊이로 세 갈래로 얕게 갈라져 파인 모양
3출겹잎	三出複葉	trifoliolate leaf	3출복엽.삼출엽		하나의 잎자루에 작은잎(小葉) 3장이 달려 있는 겹잎(예: 고추나무, 복자기, 오갈피나무)

용어	한자 표기	영어 표기	같은 말	참고	설명
3출맥	三出脈	three vein			중심맥이 세 개로 발달한 잎맥
3출모	三出毛				세 갈래로 난 털
3출복엽	三出複葉	trifoliolate leaf	3출겹잎		작은잎 세 개로 된 겹잎. 3출겹잎 참조
3출엽	三出葉	trifoliolate leaf	3출겹잎		작은잎 세 개로 된 겹잎
3회깃꼴겹잎	三回羽狀復葉	tripinnately compound leaf	3회우상복엽 (三回羽狀復葉)	2회깃꼴겹잎	깃꼴겹잎에서 깃꼴로 갈라져 달리는 작은잎이 세번 깃꼴로 갈라져 달리는 것
3회손바닥 모양겹잎	三回掌狀復葉	tripalmately compound leaf	3회장상복엽 (三回掌狀複葉)	2회손바닥 모양 겹잎	작은잎이 손바닥 모양으로 세 번 갈라져서 달리는 것
3회우상복엽	三回羽狀復葉	tripinnately compound leaf	3회깃꼴겹잎		3회깃꼴겹잎 참조
3회장상복엽	三回掌狀復葉	tripalmately compound leaf	3회손바닥모양겹잎		3회손바닥모양겹잎 참조
4강웅예	四强雄蘂	tetradynamous stamen	넷긴수술		넷긴수술 참조
4수성	四數性	tetramerous flower			꽃을 구성하는 꽃받침, 꽃잎, 수술, 암술 등의 숫자가 넷이거나 4의 공약수로 된 것
5수성	五數性	pentamerous			꽃을 구성하는 꽃받침, 꽃잎, 수술, 암술 등의 숫자가 다섯이거나 5의 공약수로 된 것
5출맥	五出脈	five vein			중심맥이 다섯 개로 발달한 잎맥
5출엽	五出葉	pentafoliolate leaf			작은잎의 숫자가 다섯 개로 된 겹잎
가과	假果	anthocarpous fruit, false fruit	헛열매		헛열매 참조
가근	假根	rhizoid	헛뿌리		헛뿌리 참조
가는털	纖毛	cilia	섬모(纖毛)		실처럼 가느다란 털
가도관	假導菅	tracheid	헛물관		헛물관 참조
가로맥	橫脈	transversely veined	횡맥(橫脈)		중심맥에서 나온 곁맥이 평행으로 달리는 잎맥
가면꽃부리	假面狀花冠	personate, masked	가면 모양꽃부리		가면모양꽃부리 참조
가면모양꽃부리	假面狀花冠	personate, masked	가면상화관 (假面狀花冠)		입술꽃부리 중에서 아랫입술 부분이 통부를 막는 것(예: 꽃개오동, 해란초, 금어초, 제비고깔)
가면상화관	假面狀花冠	personate, masked	가면모양꽃부리		가면모양꽃부리 참조
가시	針	prickle, spine, bristle	침(針)		가지나 잎자루, 턱잎, 나무껍질의 일부가 변해 끝이 단단하고 뾰족해진 것. 아까시나무 가시는 턱잎이, 좀갈매나무 가시는 가지 끝이, 장미 가시는 나무껍질 일부가 변한 것이다.

용어	한자 표기	영어 표기	같은 말	참고	설명
가시자리	刺座	areola, areole	자좌(刺座), 엽맥(葉脈)		선인장의 잎눈이 달라진 모양으로, 선인장의 생장점을 말한다. 가시자리는 보통 흰 솜털이 뭉친 것처럼 보이며, 흔히 가시가 모여 달린다.
가엽	假葉	enation, phyllodia	헛잎		헛잎 참조
가운데열매껍질	中果皮	mesocarp	중과피(中果皮)		열매껍질을 3층으로 구분할 때 겉열매껍질과 안쪽열매껍질 사이에 있는 부분(예: 복숭아의 열매살)
가운데잎줄	中心脈	midrib, mainvein	중심맥(中心脈)		중심맥 참조
가웅예	假雄蘂	stationede	헛수술		헛수술 참조
가을파종	秋播	fall sowing, fall seeding	추파(秋播)	봄파종	가을에 씨를 뿌리는 것. 겨울에 낮은 온도의 자극을 받아야 꽃을 피우거나 열매를 맺을 수 있는 월동작물은 가을에 씨를 뿌린다.
가인경	假鱗莖	pseudobulb	가짜비늘줄기		가짜비늘줄기 참조
가장이꽃	周邊花	rayflower	주변화(周邊花), 허꽃(舌狀花)	안꽃	국화과 꽃에서 가운데 있는 대롱꽃을 제외하고 가장자리에 있는 허꽃(예: 해바라기, 코스모스)
가장자리	緣邊	margin	연변(緣邊)	테두리, 둘레	잎이나 꽃잎의 둘레나 끝 부분
가장자리털	緣毛	ciliate	연모(緣毛)		잎이나 꽃의 둘레나 끝 부분에 난 털
가정아	假頂芽	pseudo terminal bud	가짜꼭대기눈		가짜꼭대기눈 참조
가종피	假種皮	aril	헛씨껍질	종의	헛씨껍질 참조
가죽질	革質	coriaceous	혁질(革質)		잎몸이 가죽처럼 두껍고 광택 있는 것
가지		branch			나무나 풀의 원줄기에서 갈라져 나온 가는 줄기
가지고르기	整枝	training	정지(整枝), 전지(剪枝)	가지다듬기	나무의 가지를 잘라 가지런히 다듬는 작업. 나무의 균형을 잡거나, 보기 좋은 모양을 만들거나, 좋은 열매를 얻으려고 가지고르기 한다.
가지다듬기	剪枝	pruning	가지치기, 전지(剪枝)	전정(剪定)	나무를 잘 자라게 하거나 병충해 예방, 모양을 아름답게 하려는 등으로 가지를 잘라주는 것. 가지치기 참조
가지치기	剪定	pruning	전정(剪定)	가지다듬기	나무를 잘 자라게 하거나 병충해 예방, 모양을 아름답게 하려는 등으로 줄기 아래쪽의 불필요한 가지를 잘라내는 것
가짜꼭대기눈	假頂芽	pseudo terminal bud	가정아(假頂芽)		꼭대기눈의 역할을 하는 곁눈
가짜비늘줄기	假鱗莖	pseudobulb	가인경(假鱗莖), 헛비늘조각	위인경	난초과의 줄기가 볼록해져서 비늘줄기처럼 된 것
가짜열매	僞果	anthocarpous-fruit, falsefruit	헛열매		헛열매 참조
가짜줄기	僞稈		위간(僞稈)	위경(僞經)	생강의 줄기와 같이 길어진 잎집이 모여 만들어진 줄기(예: 파초)
가짜측생	假側生	pseudo-lateral	가측생(假側生)		정생이지만 측생처럼 보이는 모양(예: 버즘나무의 꼭대기눈)
가측생	假側生	pseudo-lateral	가짜측생		가짜측생 참조

용어	한자 표기	영어 표기	같은 말	참고	설명
각과	殼果	nut	굳은껍질열매		밤이나 호두 같이 열매껍질이 단단한 겉껍질로 된 열매. 굳은껍질열매 참조
각두	殼斗	cupule	깍정이		깍정이 참조
각두과	殼斗果	nut	굳은껍질열매		밤이나 호두 같이 열매껍질이 단단한 겉껍질로 된 열매. 굳은껍질열매 참조
각형	角形	corniculate	뿔 모양		뿔 모양 참조
간	稈	culm	속빈줄기		속빈줄기 참조
갈고리형털	逆刺毛	barbet trichome	역자모 (逆刺毛)	구자모	끝이 갈고리 모양이거나, 옆면이 톱니처럼 되었거나, 갈고리가 달린 털
갈래꽃	離瓣花	polypetalous flower	이판화 (離瓣花)	통꽃 (合瓣花)	꽃잎의 밑동이 서로 붙어 있지 않고 한 장 한 장 떨어진 꽃. 통꽃의 상대어다.
갈래꽃부리	離瓣花冠	polypetalous corolla	이판화관 (離瓣花冠)		한 꽃에 있는 꽃잎이 붙어 있지 않고 한 장 한 장 떨어진 꽃부리
갈변	褐變	browning			과일을 잘랐을 때나 식품을 가공·저장할 때 황갈색이나 흑갈색으로 변하는 현상(예: 복숭아, 살구, 사과, 우엉, 감자)
갈색부후	褐色腐朽	brownrot			갈색부후균에 의해 목질 섬유소가 노화되면서 목재가 적갈색이 되고 뚜렷하게 약해져 썩는 것
갈색부후균	褐色腐朽菌	brown rot fungi			목재가 썩어 갈색이 되게 하는 균류
갈잎	落葉性	deciduous			나무가 겨울이나 건조한 시기에 잎을 떨어뜨리는 성질
감과	柑果	hesperidium	귤꼴열매		귤꼴열매 참조
갓털	冠毛	pappus	관모(冠毛)		얇은열매 등에서 볼 수 있는 열매 위의 털뭉치(예: 박주가리). 국화과에서는 꽃받침이 털로 변한 것(예: 민들레의 동그란 솜 모양을 구성하는 하나나, 국화과, 박주가리). 갓털은 열매가 익으면 그 씨앗을 흩어 뿌리는 일을 한다.(예: 방가지똥, 노루오줌)
강모	剛毛	setose	거센털		거센털 참조
강직모	剛直毛	setose trichome	곧은거센털		곧은거센털 참조
갖춘꽃	完全花	complete or perfect flower	완전화 (完全花)	안갖춘 꽃(不完 全花)	꽃잎, 꽃받침, 암술, 수술 등이 모두 있는 꽃. 안갖춘꽃의 상대어
개과	開果	dehiscent fruit		폐과 (閉果)	튀는열매의 일종으로, 열매가 익으면 열매껍질이 벌어져 씨앗이 나오는 열매.
개량품종	改良品種	improved variety		육성 품종	종래의 품종보다 우수한 품종을 만들어내는 것
개방차상맥	開放叉狀脈	free venation	유리엽맥	Y자맥 (叉狀脈)	중심맥에서 갈라져 그물맥을 이루지 않고 잎가장자리에 연결되는 맥의 모양
개방차상분지	開放叉狀 分枝	open dichoto-mous branching		Y자맥 (叉狀脈)	잎맥이 굵기의 변화 없이 Y자 모양으로 두 갈래로 갈라지는 것(예: 고비, 은행나무)
개열과	開裂果	dehiscent fruit	열리는 열매		열리는 열매 참조
개엽	開葉	aestivation			싹에서 포개진 잎이나 꽃잎이 펼쳐지는 것
개출	開出				축에 거의 직각으로 반듯하게 솟아나는 것

용어	한자 표기	영어 표기	같은 말	참고	설명
개출모	開出毛	erect hair			잎이나 줄기 또는 잎맥에 거의 직각으로 곧게 선 털
개화	開花	anthesis			종자식물의 생식기관인 꽃이 피는 현상
개화기	開花期	flowering period, blooming season			풀이나 나무의 암수 기관이 성숙되어 꽃이 피는 시기. 전체 꽃봉오리 중 40~50퍼센트가 개화한 시기
개화소요일수	開花所要日數	number of days to flowering			씨뿌리기나 옮겨심기 한 날부터 꽃이 필 때까지 날짜
거	距	spur	꿀주머니		꿀주머니 참조
거꿀달걀꼴	倒卵形	obovate	도란형 (倒卵形)		위쪽이 넓고 아래쪽 끝이 뾰족한 뒤집힌 달걀 같은 모양. 길이와 폭이 2:1~3:2 정도로 중간보다 위쪽이 넓은 모양(예: 목련)
거꿀바소꼴	倒披針形	oblanceolate	도피침형 (倒披針形)		창을 뒤집어 세운 모양. 위에서 1/3 정도가 가장 넓고 아래로 내려오면서 뾰족하게 빠진다.
거꿀염통꼴	倒心臟形	obcordate	도심장형 (倒心臟形)		염통꼴을 뒤집은 모양(예: 괭이밥)
거상	距狀	calcarate	꿀주머니 모양		꿀주머니 모양 참조
거센털	剛毛	setose	강모(剛毛)	곧은거센털 (剛直毛)	줄기나 잎에 나는 딱딱하고 거센 털(예: 환삼덩굴)
거치	鋸齒	serrate	톱니		톱니 참조
건과	乾果	nut	굳은껍질열매	견과, 각과, 각두과	굳은껍질열매 참조
건생식물	乾生植物	xerophyte			사막처럼 건조한 땅이나 산성토양에서 자라거나, 소금기가 많은 장소 등에서 자랄 수 있는 식물(예: 선인장, 돌나물)
걸가시					선인장의 큰가시를 껍질처럼 싸는 짧은 가시. 동물이나 사람의 살에 닿으면 걸가시만 박히고, 속에 있는 큰가시는 줄기에 남아 있다. 걸가시는 억세며, 쉽게 떨어지고, 물체에 쉽게 박힌다.
겉껍질	外果皮	exocarp	외과피 (外果皮)		열매의 껍질 중 가장 바깥쪽에 있는 층
겉꽃덮이	外花被	outer perianth	외화피 (外花被)		두 줄의 꽃덮이가 있을 경우 바깥에 위치한 꽃덮이 또는 꽃의 꽃받침
겉씨껍질	外種皮	testa	외종피 (外種皮)		씨앗껍질의 가장 바깥쪽에 있는 층(예: 작살나무, 황벽나무)
겉씨식물	裸子植物	gymnospermae, gymnosperms	나자식물 (裸子植物)	속씨식물	밑씨가 씨방에 싸여 있지 않고 밖으로 드러난 식물. 씨방이 없다.(예: 소나무과, 소철과, 은행과, 주목과, 측백나무과)
겉열매껍질	外果皮	exocarp	겉껍질		겉껍질 참조
겨드랑이나기	腋生	axillary, solitary	액생(腋生)		꽃이나 잎 등이 잎자루와 줄기 사이에 붙어 있는 것
겨드랑이눈	腋芽	axillary bud, lateral bud	액아(腋芽)		잎겨드랑이에 달리는 곁눈의 일종. 새 가지나 잎이 될 싹
겨울눈	冬芽	winter bud	동아(冬芽)		나무나 여러해살이풀에서 지난해 만들어진 싹. 겨울을 나고 이듬해 봄에 잎이나 꽃이 될 싹.

용어	한자 표기	영어 표기	같은 말	참고	설명
격년결과	隔年結果	biennial bearing, alternate bearing	해거리		해거리 참조
격년결실	隔年結實	biennial bearing, alternate bearing	해거리		해거리 참조
견과	堅果	nut	굳은껍질열매	견과, 각과, 각두과	굳은껍질열매 참조
견모	絹毛	sericeous	비단털		비단털 참조
결각	缺刻	lobed			잎가장자리가 깊이 갈라져 들쑥날쑥하게 파인 모양. 갈라진 깊이에 따라 천열·중열·심열, 갈라지는 모양에 따라 장상열·우열로 나뉜다.
결각상	缺刻狀	incised			잎가장자리가 들쑥날쑥하게 깊이 갈라진 모양
결각상 거치	缺刻狀鋸齒	incised			잎가장자리가 들쑥날쑥하게 아주 깊이 파인 톱니
겸상모	鎌狀毛	falcate trichome	낫 모양털		낫 모양털 참조
겸형	鎌形	falcate	낫 모양		낫 모양 참조
겹꽃	重瓣花	double flower	중판화 (重瓣花)	홑꽃 (單瓣花)	꽃잎 여러 장이 겹쳐 포개진 꽃. 홑꽃의 수술이나 암술, 꽃받침조각 등이 꽃잎으로 바뀐 것
겹꽃					무궁화 꽃의 속꽃잎이 크게 발달하여 가장 큰 속꽃잎이 기본 꽃잎과 같거나 크고, 암술이 퇴화하거나 이지러진 것
겹꽃차례	複合花序	compound inflorescence	복합화서		꽃대가 여러 갈래로 갈라지며, 갈라진 작은꽃자루에 꽃이 달린다.
겹떡잎	複子葉	polycotyledon	복자엽 (複子葉)	쌍떡잎	떡잎이 두 장 이상 나오는 것
겹산형꽃차례	複傘形花序	compuond umbel	겹우산꽃차례		겹우산꽃차례 참조
겹산형화서	複傘形花序	compuond umbel	겹우산꽃차례		겹우산꽃차례 참조
겹술모양꽃차례	複總狀花序	compound raceme	복총상화서 (複總狀花序)		꽃대가 둘 이상의 술모양꽃차례(總狀花序)로 갈라지는 꽃차례
겹우산꽃차례	複傘形花序	compuond umbel	복산형화서 (複傘形花序)	복산형꽃차례, 겹산형화서, 겹산형꽃차례	우산꽃차례가 다시 우산 모양으로 모여 달려 전체 꽃차례를 구성하는 모양
겹잎	複葉	compound leaf	복엽(複葉)		잎의 모양이 2개 이상의 작은잎으로 이루어진 잎. 잎이 여러 장 달린 것처럼 보이지만, 잎몸 하나가 갈라져서 작은잎 여러 장으로 나뉜 잎. 갈라진 작은잎의 배열 상태에 따라 깃꼴겹잎, 3출겹잎, 손바닥 모양겹잎으로 나뉜다. 다른 말로 '복엽'이라고도 한다.(예: 호두나무, 아까시나무) 갈라진 잎조각을 작은잎, 그 자루를 작은잎자루라고 한다.
겹잎줄	側脈	lateral vein	곁맥		곁맥 참조
겹작은모임꽃차례	複集繖花序	dichasial cyme	복집산화서 (複集繖花序)		작은모임꽃차례의 일종. 꽃대 꼭대기에 꽃 하나가 달리고, 그 꽃 아래 작은꽃자루가 두 개 나와 그 꼭대기마다 꽃이 달리고, 또 그 꽃 아래 작은꽃자루가 두 개 나와 여러 층으로 반복된다.

용어	한자 표기	영어 표기	같은 말	참고	설명
겹쳐나기	覆瓦狀	imbricate	복와상(覆瓦狀)	섭합상(攝合狀)	꽃잎이나 꽃받침조각이 기왓장을 포개놓은 것 같은 모양
겹총상꽃차례	複總狀花序	compound raceme	겹술 모양꽃차례		겹술모양꽃차례 참조
겹친	覆瓦狀	imbricate	겹쳐나기		겹쳐나기 참조
겹털	複毛	compound trichomes	복모(複毛)		원래 털이나 돌기가 갈라져 나뉜 털이나 돌기
겹톱니	重鋸齒	doubly serrate	중거치(重鋸齒)		큰 톱니에 작은 톱니가 이중으로 있는 톱니(예: 개암나무, 벚나무)
겹편평꽃차례	複繖房花序	compound corymb	복산방화서(複繖房花序)	복산방꽃차례	각각의 편평꽃차례가 어긋나게 갈라져 전체적으로 공 모양이나 편평한 모양으로 달리는 꽃차례(예: 마가목, 신나무, 갈기조팝나무). 작은꽃자루의 길이가 위로 갈수록 점점 짧아진다.
경	莖	stem	줄기		줄기 참조
경상	莖狀	caulescent	줄기 모양		줄기 모양 참조
경생	莖生	cauline			줄기 위에 달리는 것
경생엽	莖生葉	cauline leaf	줄기잎		줄기잎 참조
경실	硬實	hard seed			단단한 씨앗껍질이 물이 들어가는 것을 막아 발아가 어려운 씨앗
경엽	莖葉	cauline leaf	줄기잎		줄기잎 참조
경침	莖針	thorn	줄기가시		줄기가시 참조
곁가지	側枝	lateral branch	측지(側枝)		원가지에서 갈라져 옆으로 나온 가지
곁눈	側芽	lateral bud	측아		줄기와 잎자루 사이에 붙은 싹. 줄기 끝에 달리는 꼭대기눈 이외의 싹
곁맥	側脈	lateral vein	측맥(側脈)		잎의 중심맥 양쪽으로 비스듬히 규칙적으로 뻗어 나간 맥. 곁맥은 다시 작은 맥으로 갈린다.
곁뿌리	側根	secondary root, lateral root	측근(側根)	원뿌리, 뿌리털	굵은 원뿌리에서 옆으로 갈라져 나온 가느다란 뿌리. 곁뿌리에서 수염뿌리가 나와 땅속의 양분을 빨아들인다.
곁줄기	側枝	lateral branch	곁가지		곁가지 참조
고깔모양꽃부리	兜形花冠	galeate corolla	두형화관(兜形花冠)		입술꽃부리(脣形花冠)에서 윗쪽의 꽃잎 1개가 투구 모양이나 아치처럼 꽃의 위쪽을 덮고 있는 꽃
고른우산꽃차례	繖房花序	corymb	편평꽃차례		편평꽃차례 참조
고리마디	環節	annulus. loop	환절(環節)		마디의 하나로, 반지나 고리처럼 둥글게 생긴 마디.
고리 모양	環狀	annular pattern	환상(環狀)		고리처럼 둥글게 생긴 모양
고배모양꽃부리	高杯狀花冠	hypocrateriform corolla			협죽도와 마삭줄의 꽃부리 같이 통부가 가늘고 길며, 앞쪽 끝이 거의 수평으로 열린 꽃(예: 협죽도속, 꽃잔디)
고생	高生	axillary, solitary	겨드랑이나기		겨드랑이나기 참조
고운털	綿毛	lanuginous hair	솜털		솜털 참조
고자꽃	鼓子花	male sterility	웅성불임(雄性不稔)		식물의 수컷 기관인 꽃가루가 아예 만들어지지 않거나 기능을 잃어 꽃가루받이(受粉)가 이루어지지 않아 씨앗을 맺지 못하는 것

용어 해설

용어	한자 표기	영어 표기	같은 말	참고	설명
곧은거센털	剛直毛	setose trichome	강직모 (剛直毛)		곧고 빳빳하고 뾰족한 털
곧은뿌리	直根	tap root	직근(直根)		뿌리에서 중심이 되는 원뿌리나 비뚤지 않고 곧은 뿌리
곧은줄기	直立莖	erect stem	직립경 (直立莖)		땅 위에 수직으로 곧게 자라는 줄기
곧추서는	直立狀	erect	직립상 (直立狀)		똑바르게 수직으로 자라는 상태
골돌	蓇葖	follicle	쪽꼬투리열매		쪽꼬투리열매 참조
골속	髓	pith, metra	줄기속		줄기나 가지 중심부에 부드러운 조직
공개	孔開	poricidal			꽃밥 위쪽에 구멍이 뚫려 꽃가루가 나오는 것
공기구멍	氣孔	stoma	숨구멍		숨구멍 참조
공기구멍줄	氣孔帶	stomatal zone, stomatal band	숨구멍줄		숨구멍줄 참조
공기뿌리	氣根	aerial root	기근(氣根)		공기 중에 있는 모든 뿌리. 다른 물건에 붙어서 기어오르거나 공기 중의 수분을 흡수하기도 한다. 땅속뿌리가 땅 위로 자라는 경우도 있다.
공 모양	球形	globular	구형(球形)		공 같이 둥근 모양
공부후	空腐朽	pore rot			단단한 나무 조각이 썩으면서 분해되어 구멍이 나는 것
공중뿌리	氣根	aerial root	공기뿌리		공기뿌리 참조
과경	果梗	fruit stalk	열매자루		열매자루 참조
과낭	果囊		열매주머니		열매주머니 참조
과병	果柄	fruit stalk	열매자루		열매자루 참조
과서	果序	infructescence	열매차례		열매차례 참조
과수	果穗		열매이삭		열매이삭 참조
과실	果實	fruit	열매		열매 참조
과육	果肉	flesh, pulp	열매살		열매살 참조
과일	果實	fruit	열매		열매 참조
과일즙	果汁	fruit juice, Fruchtsaft	과즙(果汁)		열매의 조직에 들어 있는 액즙 또는 발효되기 전의 열매에서 즙을 짜서 먹을 수 있게 만든 음료
과즙	果汁	fruit juice, Fruchtsaft	과일즙		과일즙 참조
과지	果枝	fruiting twig			열매가 달리는 가지
과탁	果托	excipulum, exciple, fruit receptacle	열매턱		꽃턱이 커져서 만들어진 열매의 일부분(예: 목련). 열매턱 참조
과포	果苞	perigynium	열매싸개		열매싸개 참조
과피	果皮	pericarp	열매껍질		열매껍질 참조
관다발	維管束	vascular bundle	유관속 (維管束)		식물의 양분이나 수분을 운반하는 길 구실을 하는 대롱 모양 조직

용어	한자 표기	영어 표기	같은 말	참고	설명
관모	冠毛	pappus	갓털		갓털 참조
관목	灌木	shrub, bush	떨기나무		떨기나무 참조
관목화	灌木化	suffrutescent			여러해살이풀이나 다육식물의 줄기 아래쪽이 나무처럼 단단해지는 상태
관상	管狀	tubular	대롱 모양		대롱 모양 참조
관상수	觀賞樹	ornamental tree			꽃이나 잎, 열매 등을 보고 즐기기 위해 심어 가꾸는 나무
관상식물	觀賞植物	ornamental(plant), decorative plant			꽃이나 잎, 열매 등을 보고 즐기기 위해 심어 가꾸는 식물
관상화	管狀花	tubular-flower	대롱꽃		대롱꽃 참조
관절	關節	node	마디		마디 참조
관천저	貫穿底	perfoliate			잎밑이 줄기를 둘러싸는 것
광발아종자	光發芽種子	light germinater		암발아종자	씨앗이 싹이 틀 때 빛이 필요한 씨앗. 일정 시간 빛을 쬐어준 후에는 어두운 곳에서도 싹이 튼다.
광주기성	光週期性	photoperiodism	광주성 (光週性)		밤낮의 길이 변화에 따라 생물이 반응하는 성질. 밤낮의 길이는 식물이 꽃 피고 열매 맺는 시기에 큰 영향을 미친다.
광주성	光週性	photoperiodism	광주기성 (光週期性)		밤낮의 길이에 따른 생물의 반응. 밤낮의 길이는 식물이 자라거나 열매를 맺는 시기에 중요한 원인이 된다.
광타원형	廣楕圓形	widely elliptical	넓은길둥근꼴		넓은길둥근꼴 참조
광합성	光合成	photosynthesis	탄소동화작용		식물이 태양이나 빛 에너지를 이용해 이산화탄소와 수분을 유기물(녹말, 포도당, 탄수화물 등)로 바꾸는 과정
괴경	塊莖	tuber	덩이줄기		덩이줄기 참조
괴근	塊根	tuberous root	덩이뿌리		덩이뿌리 참조
괴근상	塊根狀	bulbous			줄기 아래 뿌리가 양분을 저장하기 위해 양파처럼 굵게 뚱뚱해진 모양
교목	喬木	tree	큰키나무		큰키나무 참조
교호대생	交互對生	decussate	십자마주나기		십자마주나기 참조
구경	球莖	corm	알줄기		알줄기 참조
구과	毬果	cone	솔방울열매		솔방울열매 참조
구근	球根	bulbs	알뿌리		알뿌리 참조
구슬눈	肉芽	fleshy bud, bulbil, bulblet, gemma	살눈		살눈 참조
구심적	求心的	centripetal		원심적	바깥쪽에서 안쪽으로 점차 꽃이 피거나 열매가 익어가는 것(예: 머리꽃차례)
구자모	鉤刺毛	uncinate trichome		갈고리형털	끝이 갈고리 모양인 털
구형	球形	globular	공 모양		공 모양 참조

용어 해설

용어	한자 표기	영어 표기	같은 말	참고	설명
구화	毬花	strobile			많은 홀씨잎이 주축의 둘레에 붙어 공 모양이나 원뿔 모양이 된 꽃(예: 소철). 겉씨식물의 꽃을 일컫는 용어로, 속씨식물의 꽃에 상대적인 의미다. 암꽃을 대포자구화, 수꽃을 소포자구화라고 한다.
군락	群落	vegetation, colony		군생	같은 지역에서 싹이 트고 자라는 조건이 같은 식물이 모인 집단
군생	群生	animate things		군락	식물 등이 한곳에 모여 살아가는 상태
군집	群集	community	군락		군락 참조
군총	群叢	association	군락		군락 참조
굳은껍질열매	堅果	nut	견과(堅果)	건과, 각과, 각두과	단단한 열매껍질과 깍정이에 싸인 열매로, 다 익어도 열매껍질이 갈라지지 않는다. 씨앗은 보통 한 개다.(예: 밤나무, 참나무, 종가시나무, 개암나무, 호두나무)
굳은씨열매	核果	drupe	핵과(核果)	석과(石果)	가운데 든 씨앗은 매우 단단하며, 이 단단한 씨앗의 바깥쪽은 육질인 열매살이 있으며, 맨 바깥쪽 열매껍질은 얇다. 씨앗은 보통 한 개다.(예: 벚나무속, 복숭아나무, 살구나무, 앵두나무, 매실나무, 이스라지)
권산상	卷繖狀	helicoid			고사리 싹처럼 한쪽 방향으로 동그랗게 말린 모양(예: 꽃마리, 고사리, 에케베리아속)
권산화서	卷繖花序	drepanium, helicoid cyme	말리는 작은 모임꽃차례		말리는 작은모임꽃차례 참조
권수	卷鬚	tendril	덩굴손		덩굴손 참조
권수형	卷鬚形	cirrose	덩굴손 모양		덩굴손 모양 참조
귀꼴밑	耳底	auriculate	이저(耳底)	극저(戟底)	잎밑이 귓밥처럼 양쪽으로 갈라진 것
귀 모양	耳形	auricular form	이형(耳形)		귀처럼 생긴 것
귀잎	葉耳	auricle	잎귀		잎귀 참조
귀화식물	歸化植物	naturalized plant			본래 자라지 않던 다른 지역에서 옮겨와 터를 잡고 자라는 식물(예: 개망초, 미루나무)
귤꼴열매	柑果	hesperidium	감과(柑果)		가죽 같은 겉껍질 속에 안쪽열매껍질로 나뉜 열매살이 있는 열매. 튼튼한 겉껍질에는 샘점이 많고, 중간껍질은 부드러우며, 안쪽열매껍질 속에 즙이 많은 알맹이가 있다.(예: 귤, 유자, 탱자)
그루터기		root stock			풀이나 나무 아래쪽을 베고 남은 자리
그물맥	網狀脈	netted vein	망상맥(網狀脈)		중심맥과 곁맥 사이에 가느다란 그물처럼 얽힌 잎맥. 중심맥에서 곁맥이 여러 개 나오고, 다시 가는맥이 많이 나와 그물처럼 얽혔다. 쌍떡잎식물에 많으며, 외떡잎식물에도 사탕수수나 천남성 등에 그물맥이 있다.
그물 모양	網狀	reticulate	망상(網狀)	망문	잎맥이 그물코처럼 이어진 모양
극모	棘毛	cirrus			실처럼 가는 털이 모여 붓끝처럼 뾰족해진 털
극저	戟底	hastate		극형(戟形)	귀꼴밑과 비슷하지만 좌우가 길어져서 화살 모양이 된 잎밑
극형	戟形	hastate, hastiform		극저(戟底)	화살촉이나 창 모양 잎으로, 양쪽 밑부분이 길어져서 뾰족하게 아래를 향한다.(예: 고마리, 메꽃) 귀꼴밑 참조

용어	한자 표기	영어 표기	같은 말	참고	설명
근간	根幹	tuberous root	덩이뿌리		덩이뿌리 참조
근경	根莖	rhizome, root stock	뿌리줄기		뿌리줄기 참조
근계	根系	root system			땅속뿌리가 곁뿌리를 내며 커져서 발달한 모양
근관	根冠	root cap	뿌리골무		뿌리골무 참조
근모	根毛	root hair	뿌리털		뿌리털 참조
근생	根生	radical		경생 (莖生)	땅속줄기 끝에서 마치 뿌리에서 땅 위로 나오는 듯 보이는 것. 땅 위 줄기에서 나오는 것은 경생.
근생엽	根生葉	radical leaf	뿌리잎		뿌리잎 참조
근엽	根葉	phyllorhiza			뿌리가 있는 어린잎
근출아	根出芽	radical bud	뿌리싹		뿌리싹 참조
근출엽	根出葉	basal(=radical=-root) leaf	뿌리잎		뿌리잎 참조
근침	根針	root thorn			잎가시나 줄기가시와 대비되는 것으로, 뿌리의 특수 형태로 생각된다. 줄기에서 뻗어 나간 막뿌리가 근침이 되는 경우와 원뿌리에서 뻗어 나간 곁뿌리가 근침으로 변하는 경우 등이 있다.(예: 야자과)
급첨두	急尖頭	mucronate			가시나 털이 달린 것처럼 잎끝이 급하게 뾰족한 모양
기공	氣孔	stoma	숨구멍		숨구멍 참조
기공대	氣孔帶	stomatal zone, stomatal band	숨구멍줄		숨구멍줄 참조
기공선	氣孔線	stomatal zone, stomatal band	숨구멍줄		숨구멍줄 참조
기공조선	氣孔條線	stomatal zone, stomatal band	숨구멍줄		숨구멍줄 참조
기근	氣根	aerial root	공기뿌리		공기뿌리 참조
기꽃잎	基瓣	vexillum	기판(基瓣)		나비 모양꽃부리 중 위쪽에 붙은 꽃잎으로, 가장 크고 동그랗다.(예: 콩과)
기는가지	匍匐枝	runner, stolon	포복지 (匍匐枝)	런너, 복지	원줄기에서 나온 가지가 땅 위로 뻗어가며 가지에서 뿌리가 내려 자라는 것
기는줄기	匍匐莖	stolon, runner	포복경 (匍匐莖)	평복경 (平伏莖), 누운 (伏臥狀)	땅 위를 기어가는 줄기 마디 사이가 길고, 마디에서 뿌리와 잎이 나와 퍼진다.(예: 거접련, 달뿌리풀)
기름점	腺點	pellucid dot	샘점(腺點)	유점 (油點)	샘점 참조
기부	基部	proximal, basal end			잎이 줄기와 만나는 아랫부분이나 꽃잎이 꽃턱과 만나는 아랫부분, 줄기가 뿌리와 만나는 아랫부분 등 기초가 되는 부분.
기산상취산화서	岐繖狀聚繖花序	dichasial cyme	이출작은모임꽃차례	집산화서(集繖花序)	이출작은모임꽃차례 참조

용어	한자 표기	영어 표기	같은 말	참고	설명
기산화서	岐繖花序	dichasium , dichasial cyme	이출작은모임꽃차례	집산화서(集繖花序)	이출작은모임꽃차례 참조
기생	寄生	parasite	더부살이		더부살이 참조
기생근	寄生根	parasite root	더부살이뿌리		더부살이뿌리 참조
기생성	寄生性	parasitic			다른 식물에 붙어서 영양을 빼앗으며 살아가는 성질(예: 천마, 겨우살이)
기생식물	寄生植物	parasite	더부살이식물		더부살이식물 참조
기수우상복엽	奇數羽狀複葉	odd–pinnately compound leaf	홀수깃꼴겹잎		홀수깃꼴겹잎 참조
기저태좌	基底胎座	basal placenta-tion			암술의 씨방 밑바닥에 밑씨가 붙은 것(예: 밤나무)
기판	基瓣	vexillum	기꽃잎		기꽃잎 참조
긴가지	長枝	long shoot	장지(長枝)		마디사이의 길이가 늘어난 가지
긴길둥근꼴	長楕圓形	oblong	장타원형(長楕圓形)		잎이나 꽃잎, 꽃받침조각 등의 길이가 폭의 2~3배이며, 긴 양쪽 가장자리가 어느 정도 평행을 이루는 모양. 길둥근꼴보다 약간 길다.
긴타원형	長楕圓形	oblong	긴길둥근꼴		긴길둥근꼴 참조
길고연한털	長軟毛	villous	장연모		길고 연한 털로, 흔히 누워 있다.
길둥근꼴	楕圓形	elliptical	타원형(楕圓形)		길이가 폭의 두 배 정도 되는 길고 둥근 모양
깃꼴겹잎	羽狀複葉	pinnately com-pound leaf	우상복엽(羽狀複葉)	깃 모양 겹잎	잎줄기 양쪽에 작은잎이 나란히 달려 깃털처럼 보이는 겹잎. 잎줄기 끝에 작은잎이 있는 것이 홀수깃꼴겹잎(기수우상복엽), 없는 것이 짝수깃꼴겹잎(우수우상복엽)이다. 깃꼴겹잎에 깃꼴로 갈라져 달리는 작은잎이 다시 깃꼴로 갈라진 경우 2회깃꼴겹잎, 한 번 더 갈라진 경우 3회깃꼴겹잎이다.
깃꼴맥	羽狀脈	penniveins	우상맥(羽狀脈)		중심맥에서 나온 곁맥이 깃털 모양으로 갈라진 잎맥(예: 까치박달)
깃꼴잎줄	羽狀脈	penniveins	깃꼴맥		깃꼴맥 참조
깃 모양맥	羽狀脈	penniveins	깃꼴맥		깃꼴맥 참조
깃조각	羽片	pinna	우편(羽片)		잎이 깃털 모양으로 깊게 갈라진 경우 각 조각. 고사리류에 많이 쓰인다. 깃꼴겹잎에서는 갈라진 횟수에 관계없이 작은잎을 말한다.
깃털 모양	羽狀	pinnate, plumous	우상(羽狀)		깃털처럼 주축의 양쪽으로 같은 간격과 크기로 편평하게 갈라져 붙은 모양
깍정이	殼斗	cupule	각두(殼斗)	깍지	도토리나 밤송이처럼 꽃차례받침이 발달해 술잔이나 종지 모양이며, 열매의 밑부분을 싸고 있는 것(예: 참나무과)
깍지	殼斗	cupule	깍정이		깍정이 참조
깔때기 모양	漏斗狀	funnel–form	누두상(漏斗狀)		밑으로 가며 좁아져 깔때기 같은 모양을 한 것(예: 메꽃)
깔때기 모양 꽃부리	漏斗形花冠	funnel–shaped corolla	누두형화관(漏斗形花冠)		꽃부리통부가 앞쪽 끝으로 향할수록 넓어지는 나팔 모양 꽃

용어	한자 표기	영어 표기	같은 말	참고	설명
꺾꽂이	揷木	cutting	삽목(揷木)		식물의 가지, 뿌리, 잎 등의 일부를 잘라 땅에 꽂아서 뿌리를 내리게 하여 새로운 식물 개체를 만들어가는 번식 방법
껍질가시	皮針	cortical spine	피침(皮針)		나무껍질이 변해서 된 가시(예: 음나무)
껍질눈	皮目	lenticel	피목(皮目)		나무껍질에 공기가 통하도록 뚫린 숨구멍(예: 은사시나무, 벚나무)
껍질층	皮層	cortex	피층(皮層)	겉껍질 (外皮)	줄기나 뿌리의 겉껍질 바로 안쪽에 있는 세포층
꼬리꽃차례	尾狀花序	amen, catkint	미상화서 (尾狀花序)	유이 화서	꽃대가 가늘고 작은꽃자루가 없다. 꽃잎이 없으며 홑성꽃이 빽빽하게 달린다. 꽃차례는 늘어지거나 바로 선다.(예: 참나무과, 자작나무과, 호두나무과, 버드나무과)
꼬리 모양	尾狀	caudate	미상(尾狀)		잎끝이 갑자기 좁아져서 꼬리처럼 길고 뾰족하게 휜 모양
꼬리형	尾狀	caudate	꼬리 모양		꼬리 모양 참조
꼬투리열매	莢果	legume	협과(莢果)	쪽꼬투리열매 두과 (豆果)	콩과 식물의 열매 속이 몇 칸으로 나뉘고, 칸마다 씨앗이 있으며, 익은 뒤에 마르면 열매껍질이 두 줄로 갈라지면서 씨앗이 드러난다. 흔히 꼬투리라고 한다.(예: 콩과, 아까시나무, 싸리, 등나무)
꼭대기눈	頂芽	terminal bud	정아(頂芽)		줄기나 가지 끝에 달리는 싹. 꼭대기눈은 줄기 끝의 생장점, 특히 내부의 생장점을 보호한다. 꼭대기눈은 보통 곁눈보다 크며, 새로운 가지가 될 싹이다. 감나무와 뽕나무 등은 가지 끝이 말라 떨어져 꼭대기눈이 없고, 가지 끝에 있는 싹도 곁눈이다.
꽃가루	花粉	pollen	화분(花粉)		수술의 꽃밥 속에 생기는 가루 같은 생식세포. 꽃가루는 공 모양이나 길둥근꼴이 많다. 풍매화의 꽃가루는 바람에 날리기 쉽고, 충매화의 꽃가루는 끈적끈적한 것이 많다.
꽃가루관	花粉管	pollen tube	화분관 (花粉管)		꽃가루가 암술머리에서 싹이 터서 만들어진 정핵(精核)이 이동하는 관
꽃가루덩어리	花粉塊	pollinia, pollen mass	화분괴 (花粉塊)		꽃가루가 덩어리진 모양으로 뭉친 것(예: 난과, 박주가리과)
꽃가루받이	受粉	pollination	수분(受粉)		수술의 꽃가루가 꽃밥을 떠나 암술머리에 붙는 현상
꽃가루주머니	葯室	anther loculus	꽃밥, 약실 (葯室)	화분낭 (花粉囊)	수술 끝에 붙어서 꽃가루를 만드는 부분으로 주머니 모양이며, 꽃밥이라고도 한다. 꽃이 피면 꽃가루주머니가 터져서 꽃가루가 나온다. 세로로 터지는 것(예: 나리, 벼), 구멍이 뚫리는 것(예: 가지, 진달래), 뚜껑이 열리는 것(예: 매자나무, 녹나무) 등이 있다. 속씨식물에서는 수술대 끝에 보통 두 개씩 달리며, 겉씨식물에서는 비늘잎 모양 작은홀씨잎에 직접 붙는다.
꽃갓	花冠	corolla	꽃부리(花冠)		꽃부리의 북한 말. 꽃부리 참조
꽃눈	花芽	flower bud	화아(花芽)		겨울눈 중 장차 꽃이 될 싹(예: 목련, 산수유). 일반적으로 꽃눈은 잎눈보다 크고 둥글다.
꽃눈분화	花芽分化	flower bud formation	꽃눈형성		꽃눈형성 참조
꽃눈형성	花芽形成	flower bud formation	꽃눈분화		식물의 영양 조건, 생육 일수, 기온, 일조시간 등 필요한 조건이 충분해지면 꽃눈으로 만들어지는 것
꽃대	花軸	rachis	화축(花軸)	꽃자루	꽃차례에서 꽃을 받치는 축

용어	한자 표기	영어 표기	같은 말	참고	설명
꽃대축	花序軸	flower stalk, rhachis, rachis	화서축	꽃자루 꽃축	꽃차례 아래쪽에서 여러 개의 작은꽃자루(小花梗)를 달고 있는 중심축이 되는 줄기(벚나무속)
꽃덮이	花被	perigon, perianth	화피(花被)		수술과 암술의 바깥쪽에 위치하며 수술과 암술을 보호하는 기능을 가진 기관을 통틀어 말한다. 특히 꽃잎과 꽃받침이 서로 비슷하여 구별하기 어려울 때 이들을 합쳐서 부르는 말이다. 종에 따라 1겹 또는 2겹이다. 2겹일 때는 속에 있는 것은 속꽃덮이, 바깥 것을 걸꽃덮이라고 한다.
꽃덮이조각	花被片	tepal	화피편(花被片)		꽃덮이(花被)의 낱장, 즉 꽃받침과 꽃잎의 구별이 곤란할 때 양자를 일괄하여 꽃덮이라고 하며, 각각의 조각을 꽃덮이조각이라 한다.
꽃덮이통	花被筒	hypanthium	화피통		꽃잎과 꽃받침이 합쳐진 통(예: 쥐방울덩굴, 둥굴레)
꽃맺음	花芽形成	flower bud formation	꽃눈형성		꽃눈형성 참조
꽃목	瓣咽	throat	판인(瓣咽), 후부(喉部)		통꽃부리 통부의 목 부분. 통부와 현부의 경계, 즉 좁고 긴 통부가 이어지다가 펼쳐지기 시작하는 경계가 되는 목 부분
꽃받침	萼	sepal	악(萼)		꽃의 바깥쪽에 있고, 꽃잎과 씨방을 싸는 기관
꽃받침갈래	萼裂片	calyx lobe, calyx segment	악열편(萼裂片)		꽃받침의 찢어진 낱낱의 조각
꽃받침갈래조각	萼裂片	calyx lobe, calyx segment	꽃받침갈래		꽃받침갈래 참조
꽃받침잎	萼片	sepal	꽃받침조각		꽃받침조각 참조
꽃받침조각	萼片	sepal, calyx lobe, calyx segmnt	악편(萼片)	꽃받침잎	꽃받침을 이루는 각 조각이 붙어 있지 않을 경우, 떨어져 있는 각각을 말한다.
꽃받침통	萼筒	calyx tube	악통(萼筒)		꽃받침이 붙어서 통 모양이 된 부분(예: 벚나무, 패랭이꽃)
꽃밥	葯	anther	약(葯)	꽃가루주머니(葯室)	수술의 일부분으로 꽃가루를 만드는 주머니. 약이라고도 한다. 종에 따라 크기나 모양이 다르고, 익으면 터지거나 뚫리면서 꽃가루가 나온다.
꽃밥부리	葯隔	connective	약격(葯隔)		좌우로 나뉘는 꽃밥을 연결하는 조직. 약격이라고도 한다.
꽃부리	花冠	corolla	화관(花冠)	꽃잎	꽃잎을 두루 일컫는 말. 꽃덮이 중에서 안쪽 것을 말하며, 꽃받침 안쪽에 있는 꽃잎으로 구성된다. 속꽃덮이나 꽃잎이 모여 나팔 모양, 접시 모양, 방울 모양 등 일정한 모습이 된다.
꽃부리통부	花筒	floral tube, hypanthium	화통, 화관통부(花冠筒部)		통꽃부리에서 대롱 모양이나 깔때기 모양의 통으로 된 부분
꽃뿔	距	spur	꿀주머니		꿀주머니 참조
꽃술대	蕊柱	gynostemium	예주(蕊柱)		수술과 암술이 결합한 기관. 박주가리과와 난초과 식물의 특징이다. 대부분 기둥 모양이다.
꽃실	花絲	filament	수술대		수술대 참조
꽃싸개	苞	bract	포, 포엽		꽃차례나 꽃 주변에 달리는 비늘 모양 잎. 꽃이나 눈을 보호한다.
꽃싸개비늘	苞鱗	bract scale, sterile scale	포린(苞鱗)		암꽃에서 밑씨를 받치는 비늘 모양 작은 돌기
꽃이삭	花穗	spike	화수(花穗)		이삭꽃차례, 술모양꽃차례 등과 같이 긴 꽃대에 꽃자루가 없거나 짧은 꽃자루가 있는 꽃이 촘촘하게 달린 것

용어	한자 표기	영어 표기	같은 말	참고	설명
꽃잎	花瓣	petal	화판(花瓣)		수술과 꽃받침 사이에 있는 꽃부리의 낱장
꽃잎 모양	花瓣狀	petaloid	화판상 (花瓣狀)		모양과 색이 꽃잎과 비슷한 것(예: 붓꽃의 꽃받침, 산딸 나무의 꽃차례받침)
꽃잎지수					무궁화 꽃잎의 길이와 폭의 비율. ·꽃잎지수 100: 꽃잎의 길이와 폭이 같은 것 ·꽃잎지수 70: 꽃잎 폭이 길이의 70퍼센트인 것(I-a형 은 꽃잎지수 70 이하인 것) ·꽃잎지수 106: 꽃잎 폭이 길이의 106퍼센트인 것(I-c 형은 꽃잎지수 91 이상인 것)
꽃자루	花梗	peduncle	화경(花梗)	열매자 루(果梗)	꽃이 붙은 자루 혹은 꽃차례의 자루. 열매가 다 익어도 남아 있는 경우 열매자루라고도 한다.
꽃자리	花座	cephalium	머리, 화좌 (花座)		Melocactus속 선인장의 줄기 위쪽에서 볼 수 있는 둥근 기둥꼴 생식줄기. 꽃자리에는 보통 털이 빽빽하며, 꽃자 리에 꽃과 열매가 달린다.
꽃쟁반	花盤	disk	화반(花盤)		암술대 아래쪽 꽃턱 일부가 살이 쪄서 쟁반 모양으로 된 육질성 구조(예: 물참대)
꽃주머니	花囊		화낭(花囊)		숨은꽃차례에서 꽃이 달리는 항아리처럼 생긴 주머니
꽃줄기	花梗	peduncle	꽃자루		꽃자루 참조
꽃차례	花序	inflorescence	화서(花序)		꽃대에 달린 꽃의 배열 상태
꽃차례받침	總苞	involucre	총포(總苞)		꽃대의 끝에서 꽃의 밑동을 둘러싸고 있는 비늘모양의 조각. 피나무 꽃차례에 주걱처럼 달리는 부분, 산딸나무 에서 흰 꽃잎처럼 생긴 부분, 국화과 식물에서 꽃받침처 럼 달리는 부분이 모두 꽃차례받침이다.
꽃차례받침 조각	總苞片	involucral bract(scales)	총포편 (總苞片)		꽃차례받침 각각의 조각
꽃축	花軸	rachis	꽃대		꽃대 참조
꽃턱	花托	receptacle	화탁(花托)	화상 (花床)	꽃에서 꽃잎, 꽃받침, 암술, 수술 등 모든 기관이 붙어 있 는 꽃자루 맨 끝의 불룩한 부분. 꽃턱은 보통 머리 모양 이나 곤봉 모양으로 커지며, 그 위에 수술과 암술 등이 붙는다.
꿀샘	蜜腺	nectary	밀선(蜜腺)		꿀이나 단맛 나는 끈끈한 액을 내보는 곳. 잎에는 별로 없고, 꽃의 씨방 아래나 씨방과 수술 사이에서 흔히 나타 난다.
꿀주머니	距	spur	거(距)		꽃부리 뒤쪽이 가늘고 길게 뻗어 돌출된 부분. 그 속에 꿀샘이 있다.(예: 제비꽃, 현호색)
꿀주머니 모양	距狀	calcarate			꽃부리 뒤쪽이 가늘고 길게 뻗어 돌출된 부분이 있는 모양
끈끈한물질	粘質	slime	점질(粘質)		끈적끈적한 성질이 있는 물질
끈끈한성질	粘性	mucilaginous, viscid	점성(粘性)		끈적끈적한 성질이 있는 것
끈끈한액체	粘液	mucus	점액(粘液)		생체에서 만들어지는 끈끈한 액체
끝눈	頂芽	terminal bud	꼭대기눈		꼭대기눈 참조
끝부분	頂端	apex	정단(頂端)		잎, 뿌리, 가지 등 기관의 맨 끝 부분

용어	한자 표기	영어 표기	같은 말	참고	설명
끝작은잎	頂小葉	apical leaflet	정소엽 (頂小葉)	옆작은 잎(側 小葉)	깃꼴겹잎에서 잎줄기 위쪽 끝에 붙는 작은잎. 잎줄기 옆에 붙는 잎은 옆작은잎
나란히맥	平行脈	parallel vein	평행맥 (平行脈)		중심맥이 없거나 곁맥이 발달하지 않고 잎맥 여러 개가 중심맥과 나란히 잎밑에서 잎끝까지 거의 평행하게 뻗은 잎맥. 각 잎맥 사이에는 이를 연락하는 맥이 있다. 잎끝이 뾰족한 잎에서는 잎맥이 그곳에 모인다. 보통 외떡잎식물에 나란히맥이 많고, 쌍떡잎식물에서는 생달나무, 대추나무, 후추등이 나란히맥이다.
나란히잎줄	平行脈	parallel vein	나란히맥		나란히맥 참조
나무	木本	woody plant	목본(木本)	풀(草本)	겨울 동안 땅 위 줄기 일부가 말라 죽지 않고 살아남아 다시 자라는 식물. 풀의 상대어.
나무껍질	樹皮	bark	수피(樹皮)		나무줄기 바깥쪽에 있는 나무의 껍질
나무높이	樹高	tree height	수고(樹高)		땅 표면에서 나무 꼭대기까지 나무의 키
나무 모양	樹型	type of trees	수형(樹型), 수관(樹冠)		나무의 줄기, 가지, 잎 등 전체적인 몸통의 모양. 메타세쿼이아는 원뿔 모양, 반송은 반달 모양이다.
나무진	樹脂	resin	수지(樹脂)		식물이 분비한 단단한 물질이나 상처 부위에서 나오는 끈끈한 물질 흔히 진이라고 한다.
나비모양꽃부리	蝶形花冠	papilionaceous corolla	접형화관 (蝶形花冠)		나비 모양으로 된 꽃부리. 기꽃잎 한 개, 날개꽃잎 두 개, 둘이 맞닿아 한 개로 보이는 용골꽃잎으로 구성된다.(예: 콩과)
나사 모양	螺旋狀	spiral	나선상 (螺旋狀)		소라 껍데기처럼 빙빙 돌려서 달리는 모양
나선상	螺旋狀	spiral	나사 모양		나사 모양 참조
나아	裸芽	naked bud	나출아 (裸出芽)		눈비늘이나 비늘조각 같은 보호 장치에 싸이지 않은 겨울눈
나자식물	裸子植物	gymnospermae, gymnosperms	겉씨식물		겉씨식물 참조
나출아	裸出芽	naked bud	나아(裸芽)		나아 참조
나화	裸花	naked flower	무화피화 (無花被花)		꽃받침과 꽃잎이 없는 꽃(예: 약모밀, 버드나무, 호랑버들, 계수나무)
낙과	落果	fruit drop(=abscission)			열매가 다 익지 못한 상태에서 폭풍우나 병충해 등으로 땅에 떨어지는 현상
낙엽성	落葉性	deciduous	갈잎		갈잎 참조
난상	卵狀	ovate	달걀꼴		달걀꼴 참조
난쟁이품종	矮性種	dwarf cultivar	왜성종 (矮性種)		식물의 키나 크기 등이 그 종의 표준에 비해 유전적으로 아주 작게 자라는 나무나 풀
난형	卵形	ovate	달걀꼴		달걀꼴 참조
날개꽃잎	翼瓣	alate, wing	익판(翼瓣)		나비 모양꽃부리에서 기꽃잎 양쪽에 있는 꽃잎 두 장. 기꽃잎과 용골꽃잎 사이에 위치한다.(예: 콩과)
날개열매	翅果	samara, wing	시과(翅果)	익과 (翼果)	열매껍질이 얇은 막처럼 늘어나 날개 모양이 되면서 바람을 타고 날아가는 열매(예: 단풍나무, 신나무, 고로쇠나무, 느릅나무, 물푸레나무, 백합나무). 물푸레나무속이나 느릅나무속처럼 열매껍질 전체에 날개 하나가 발달한 종류도 있고, 단풍나무속처럼 씨 두 개가 각각 날개 하나를 만드는 종류도 있다.

용어	한자 표기	영어 표기	같은 말	참고	설명
납작한 공 모양	偏球形	oblate spheroid	편구형 (偏球形)		아래위에서 눌러놓은 듯 납작한 공 모양
낫 모양	鎌形	falcate	겸형(鎌形)		풀이나 나무를 베는 낫의 모양
낫 모양털	鎌狀毛	falcate trichome	겸상모 (鎌狀毛)		낫 모양의 털
낭과	囊果	utricle	주머니열매		주머니열매 참조
낮길이	日長	day-length, photoperiod	일장(日長)		환하게 밝은 낮 시간의 길이
낱꽃	小花	floret	소화(小花)	작은꽃	머리꽃차례에서 대롱꽃처럼 빽빽한 꽃 하나하나(예: 국화과)
내건성	耐乾性	drought resistance(=tolerance)	내한성 (耐旱性)		식물이 가뭄에 견뎌 생명을 유지하려는 성질
내곡거치	內曲鋸齒	incurved serrate			잎가장자리에서 안으로 갈고리처럼 휜 톱니(예: 산앵도나무, 물들메나무)
내과피	內果皮	endocarp	안쪽열매껍질		안쪽열매껍질 참조
내동성	耐凍性	freezing resistance	내한성 (耐寒性)		식물이 추위를 잘 견디는 성질
내병성	耐病性	disease tolerance(=resistance)			식물이 병충해의 침해를 받을 때 병에 잘 걸리지 않는 성질
내병충성	耐病蟲性	plant resistance			식물이 병충해에 견딜 수 있는 능력
내봉선	內縫線	ventral suture	복봉선 (腹縫線)		씨방벽에서 심피 가장자리가 붙어 있는 줄. 복봉선 참조
내서성	耐暑性	heat resistance(=tolerance)			식물이 더위에 견디는 성질
내염성	耐鹽性	salt tolerance(=trsistance)			식물이 소금기에 견디는 성질
내음성	耐陰性	shade tolerance			식물이 어두운 숲 속처럼 짙은 그늘에서도 광합성을 하여 견디고 자랄 수 있는 능력
내종피	內種皮	inner seed coat	속씨껍질		씨앗껍질의 안쪽 층
내포	內包	included		외출 (外出)	암술이나 수술 등의 기관이 꽃부리 밖으로 나오지 않고 안쪽에 숨어 있는 것
내풍성	耐風性	wind resistance			식물이 강한 바람에 견뎌 쓰러지지 않는 성질
내피	內皮	endodermis	속껍질		나무껍질 표면과 나무살 사이에 있는 무르고 연한 세포층
내한성	耐旱性	drought resistance(=tolerance)	내건성 (耐乾性)		식물이 가뭄에 견뎌 생명을 유지하려는 성질
내한성	耐寒性	cold resistance	내동성 (耐凍性)		식물이 추위를 잘 견디는 성질
내향약	內向葯	introrse anther			꽃밥이 찢어져 벌어지는 봉선이 꽃의 안쪽을 향한 꽃밥 (예: 포도속)
내화피	內花被	inner perianth	속꽃덮이		속꽃덮이 참조

용어	한자 표기	영어 표기	같은 말	참고	설명
내화피편	內花被片	inner sepal			꽃덮이가 두 줄 있을 때 안쪽에 위치한 꽃덮이조각
넓은길둥근꼴	廣楕圓形	widely elliptical	광타원형 (廣楕圓形)		폭이 길이의 1/2 이상으로 폭이 넓은 길둥근 모양
네갈래별형털	四出星毛		사출성모 (四出星毛)		네 갈래로 갈라진 별 모양 털
넷긴수술	4强雄蘂	tetradynamous stamen	4강웅예 (4强雄蘂)		수술 여섯 개 중 두 개가 다른 것보다 짧고, 네 개가 긴 것(예: 십자화과)
노지재배	露地栽培	open(field) culture	야외재배		야외재배 참조
누두상	漏斗狀	funnel-form	깔때기형		깔때기 모양 참조
누두형화관	漏斗形花冠	funnel-shaped-corolla	깔때기 모양 꽃부리		깔때기 모양꽃부리 참조
누운	伏臥狀	decumbent	복와상 (伏臥狀)	기는줄기(匍匐莖)	줄기가 땅 위를 기어가지만, 줄기 끝은 곧추서는 상태
누운털	伏毛	sericeous	복모(伏毛)		곧추서지 못하고 누워 있는 털
눈	芽	bud	싹		싹 참조
눈껍질	芽鱗	bud-scale	눈비늘		눈비늘 참조
눈뜰때	發芽	germination	싹트기		싹트기 참조
눈비늘	芽鱗	bud-scale	아린(芽鱗)		겨울눈을 보호하는 비늘 모양 조각. 어린 싹을 보호한다.
눈접	芽椄	budding	아접(芽椄)		싹을 약간의 목질부와 함께 칼로 떼어 대목의 나무껍질을 열어 끼우거나, 줄기 일부를 떼어낸 자리에 붙이는 접붙이기 방법
늘푸른	常綠性	ever-green, sempervirent	상록성 (常綠性)		식물의 잎이 가을이나 겨울에도 떨어지지 않고 사계절 초록색을 띠는 성질
능	稜	ribs	등줄기		등줄기 참조
능각	稜角	corner, edge	모서리		모서리 참조
능형	菱形	rhomboid	마름모꼴		마름모꼴 참조
다관질	多管質				줄기 안에 구멍이 많아 해면질처럼 된 것
다년생	多年生	perennial		여러해살이	여러해살이 참조
다년생목본	多年生木本	perennial trees	여러해살이나무		여러해살이나무 참조
다년생초본	多年生草本	herbaceous perennial plant	여러해살이풀		여러해살이풀 참조
다년초	多年草	herbaceous perennial plant	여러해살이풀		여러해살이풀 참조
다른꽃가루받이	他家受粉	cross pollimation, allogamy	타가수분 (他家受粉)		암술머리에 다른 개체의 꽃가루를 받는 것. 암수딴그루 식물은 물론, 암수한그루 식물의 꽃이나 쌍성꽃 사이에서도 이 가루받이가 된다.
다발꽃	花叢	flower cluster	화총(花叢)		꽃이 여러 송이 모여 다발처럼 된 것

용어	한자 표기	영어 표기	같은 말	참고	설명
다발나기	束生	fasciculate	속생(束生)	모여나기	소나무나 잣나무처럼 잎 2~5개가 한 다발에 뭉쳐서 나는 것
다성꽃	雜性花	polygamous	잡성화(雜性花)		쌍성꽃과 홀성꽃이 한 그루에 달린 꽃
다성화	多性花	polygamous	다성꽃		다성꽃 참조
다세포모	多細胞毛	multicellular trichome	다세포털		다세포털 참조
다세포샘털	多細胞腺毛	multi-celled glandular trichome			여러 세포로 된 샘털
다세포선모	多細胞腺毛	multi-celled glandular trichome	다세포샘털		다세포샘털 참조
다세포털	多細胞毛	multicellular trichome			여러 개 세포로 된 털
다육근	多肉根	fleshly root	다육뿌리		다육뿌리 참조
다육뿌리	多肉根	fleshly root	다육근(多肉根)		원뿌리가 뚱뚱한 공 모양이나 둥근기둥꼴로 된 굵은 뿌리(예: 무, 당근, 우엉)
다육성	多肉性	succulent	다육질(多肉質)		조직이 살찌고 내부에 물기가 많은 상태(예: 선인장, 쇠비름)
다육식물	多肉植物	succulent plant	육질식물(肉質植物)		사막이나 높은 산 등 메마른 곳에서 잘 자라도록 땅위줄기나 잎 속에 물을 많이 저장한 식물(예: 돌나물과, 선인장과)
다육질	多肉質	fleshy, succulent	육질성(肉質性)	육질	잎, 줄기, 열매 등에 물기가 많고 살찌고 두꺼운 상태
다체웅예	多體雄蘂	polyadelphous stamen	여러몸수술		여러몸수술 참조
다화과	多花果	multiple fruit	모인열매, 여러꽃한열매		여러 꽃으로 된 열매가 한데 모여서 하나처럼 보이는 열매(예: 뽕나무, 무화과, 굴피나무). 모인열매 참조
단각	短角	silicle			굳은껍질열매 중 길이가 짧은 것이나 십자화과의 짧은 열매(예: 말냉이, 속속이풀)
단간	短稈	short culm, short stature			줄기나 키가 작은 것
단경	單莖	monopodium			식물에서 줄기가 하나인 것
단과	單果	simple fruit			심피 한 개로 된 암술이 성숙한 열매
단관질	單管質				비녀골풀의 줄기 속과 같이 단순한 관으로 된 것
단맥	單脈	single veined			중심맥 한 개만 발달하고 곁맥이 없는 잎맥
단모	短毛	unicellular trichome, fuzz	짧은털		짧은털 참조
단생	單生	solitary			한 기관이 한 개만 나는 것
단성생식	單性生植	parthenocarpy. parthenogenesis	단위발생.단위생식		종자식물 중에서 수정을 하지 않고 그대로 새로운 개체가 되는 것 단성생식·단위발생·단성 발생이라고도 한다
단성화	單性花	unisexual flower	홀성꽃		홀성꽃 참조
단세포모	單細胞毛	unicellular trichome	단세포털		단세포털 참조

용어	한자 표기	영어 표기	같은 말	참고	설명
단세포털	單細胞毛	unicellular tri-chome	단세포모		세포 하나로 된 털
단신복엽	單身複葉	unifoliate compound leaf	홑몸겹잎		홑몸겹잎 참조
단엽	單葉	simple leaf	홑잎		홑잎 참조
단위결과	單爲結果	parthenocarpy, parthenogenesis	단위결실		종자식물 중에서 수정하지 않고도 씨방 등이 발달하여 씨앗이 없는 열매가 되는 현상(예: 바나나, 감귤, 씨 없는 포도)
단위결실	單爲結實	parthenocarpy . Parthenogenesis.	단위결과		종자식물 중에서 수정하지 않고도 씨방 등이 발달하여 씨앗이 없는 열매가 되는 현상(예: 바나나, 감귤, 씨 없는 포도)
단위발생	單爲發生	parthenocarpy . Parthenogenesis	단성생식.단위발생.		종자식물 중에서 수정을 하지 않고 그대로 새로운 개체가 되는 것. 단성생식·단위발생·단성 발생이라고도 한다.
단위생식	單爲生殖	parthenocarpy. parthenogenesis	단성생식.단위발생.		종자식물 중에서 수정을 하지 않고 그대로 새로운 개체가 되는 것. 단성생식·단위발생·단성 발생이라고도 한다.
단자엽	單子葉	monocotyledonous	외떡잎		외떡잎 참조
단자엽식물	單子葉植物	monocotyledonous plant, monocotyledon	외떡잎식물		외떡잎식물 참조
단자예	單子蘂	simple pistil			심피 한 개로 된 암술(예: 콩과, 벚나무, 복숭아)
단정화서	單頂花序	solitary inflorescence	홑꽃차례		홑꽃차례 참조
단주화	短柱花	short-styled flower		장주화	암술대가 짧고, 수술대가 긴 꽃 (비교: 장주화)
단지	短枝	spur	짧은마디가지		짧은마디가지 참조
단체수술	單體雄蘂	monadelphous stamen	한몸수술		한몸수술 참조
단체웅예	單體雄蘂	monadelphous stamen	한몸수술		한몸수술 참조
단축분지	單軸分枝	monopodial branching		양축분지	뿌리, 줄기, 잎맥 등의 원래 줄기가 잘 발달하고, 가지가 옆으로 나와 갈라지는 방법
단판화	單瓣花	singleflower	홑꽃		홑꽃 참조
단화피	單花被	monochlamydeous			꽃덮이가 한 줄로 배열된 것. 꽃덮이가 두 줄로 배열된 것을 복화피, 복화피 중에서 바깥쪽에 있는 것이 겉꽃덮이, 안쪽에 있는 것이 속꽃덮이이다.
닫힌꽃	閉鎖花	cleistogamous flower	폐쇄화 (閉鎖花)	제꽃가루받이	꽃이 피지 않고 꽃봉오리인 채로 제꽃가루받이에 의해 열매를 맺는 꽃(예: 제비꽃, 개싸리)
닫힌열매	閉果	indehiscent fruit	폐과(閉果)	열리는 열매 (裂開果)	익어도 열매껍질이 벌어지지 않는 열매(예: 굳은껍질열매, 얇은열매, 날개열매, 물열매, 굳은씨열매)
달걀꼴	卵形	ovate	난형(卵形)	거꿀달 갈꼴 (倒卵形)	달걀처럼 생겨서 아랫부분이 넓은 모양. 끝이 약간 뾰족하며 아래쪽이 가장 넓고, 길이와 폭이 2:1~3:2인 달걀 모양이다. 반대로 목련의 잎처럼 위쪽이 넓은 모양은 거꿀달걀꼴이다.

용어	한자 표기	영어 표기	같은 말	참고	설명
달걀 모양	卵形	ovate	달걀꼴		달걀꼴 참조
대과	袋果	follicle	자루열매		자루열매 참조
대롱꽃	管狀花	tubular-flower, tubiflorous	통상화(筒狀花), 관상화(管狀花)		꽃이 통 모양으로 생겼다 하여 통상화, 관상화라고도 한다. 혀꽃이 유인해온 곤충을 매개로 꽃가루받이하므로 꽃잎은 퇴화했고 수술의 꽃밥, 암술머리, 씨방 등이 주를 이뤄 형성되는 꽃의 한 종류(예: 국화과)
대롱 모양	管狀	tubular	관상(管狀)		속이 비어 가늘고 둥근 기둥 모양
대롱 모양꽃	管狀花	tubular-flower	대롱꽃		대롱꽃 참조
대륜	大輪	large flower			꽃 따위의 송이 크기가 큰 것
대목	臺木	rootstock	접본		접붙이기할 때 바탕이 되는 나무
대배우체	大配偶體	megagametophyte			큰홀씨에서 발생한 암배우체
대생	對生	opposite	마주나기		마주나기 참조
대포자	大胞子	macrospore	큰홀씨		홀씨가 생기는 식물에서 암수가 있을 때 암배우체가 될 홀씨. 보통 수홀씨보다 크다. 큰홀씨 참조
대포자구화	大胞子毬花	macrospore strobile	암배우체	소포자구화	소철과 같이 많은 홀씨잎이 주축의 둘레에 붙어 공 모양이나 원뿔 모양이 된 꽃 중 암꽃
대포자낭	大胞子囊	macrosporangium	큰홀씨주머니		큰홀씨주머니 참조
대포자엽	大胞子葉	megasporophyll	큰홀씨잎		큰홀씨잎 참조
더부살이	寄生	parasite	기생(寄生)		다른 식물의 영양분을 빼앗으며 살아가는 관계(예: 겨우살이, 새삼)
더부살이뿌리	寄生根	parasite root	기생근(寄生根)		더부살이식물이 다른 식물에 붙어 양분을 빼앗는 뿌리. 겨우살이는 씨가 나무껍질 틈에서 싹이 트면 뿌리가 껍질 조직을 뚫고 물관부와 체관부에 이르러 양분을 흡수한다.
더부살이식물	寄生植物	parasite	기생식물(寄生植物)	착생식물(着生植物)	다른 식물에 붙어 양분을 빼앗아 먹고 사는 식물. 탄소동화작용에 의한 독립생활을 하지 못하고 다른 물체에 붙어 양분을 흡수하며 살아간다.
덧꽃받침	副萼	accessory calyx	부악(副萼)	부꽃받침	꽃받침의 바깥쪽이나 꽃받침 사이에 생긴 꽃받침 모양 부속체(예: 무궁화)
덧꽃부리	副花冠	paracorolla, corona	부화관(副花冠)	부꽃부리	꽃부리와 수술 사이나 꽃잎 사이에서 생긴 꽃잎보다 작은 부속체(예: 수선화, 용담, 박주가리과, 지치과)
덧눈	副芽	accessory bud	부아(副芽)		한 잎겨드랑이에 싹이 두 개 이상 달릴 때 가운데 가장 큰 싹을 제외한 양쪽 싹
덩굴나무	蔓莖木	vine	만경식물(蔓莖植物)	만목(蔓木)	줄기가 가늘고 길어 곧게 서서 자라지 않고, 땅 위를 기거나 다른 물체를 감거나 매달려 올라가는 식물(예: 등나무, 머루, 칡)
덩굴성	蔓莖性	vine	만경성(蔓莖性)		줄기가 다른 식물체를 감고 올라가는 성질(예: 머루, 등칡)
덩굴손	卷鬚	tendril	권수(卷鬚)		주로 덩굴식물의 가지나 잎자루, 턱잎 등이 식물체를 고정하거나 다른 물체를 감을 수 있는 모양으로 바뀐 것(예: 콩과, 박과, 포도과)
덩굴손모양	卷鬚形	cirrose	권수형(卷鬚形)		턱잎이나 잎자루 등이 변하여 다른 물체를 감고 올라가거나 지탱하기 위하여 손처럼 구부러진 모양(예: 으아리)

용어 해설

용어	한자 표기	영어 표기	같은 말	참고	설명
덩굴식물	蔓草木	vine	덩굴나무		덩굴나무 참조
덩굴줄기	蔓莖	cilmbing stem	만경(蔓莖)		가늘고 길어 곧게 자라지 못하고 다른 물체에 매달리거나 기어오르며 자라는 줄기(예: 으아리, 칡, 등나무)
덩이뿌리	塊根	tuberous root	괴근(塊根)		양분을 저장하기 위해 뚱뚱한 덩어리처럼 된 뿌리. 표면에 가는 실뿌리의 흔적이 있어 덩이줄기와 구별된다.(예: 고구마, 당근, 달리아, 참마)
덩이줄기	塊莖	tuber	괴경(塊莖)		줄기 일부가 뚱뚱해져서 덩어리처럼 된 것(예: 감자, 토란)
덮기법	被覆法	mulching	멀칭, 지면피복	피복 (被覆)	농작물을 재배할 때 보온이나 땅이 깎이는 것을 막기 위해, 잡초가 자라지 못하게 하는 등의 목적으로 짚, 풀, 비닐 등으로 덮어 보호하는 것
도관	導管	vessel	물관		물관 참조
도란형	倒卵形	obovate	거꿀달걀꼴		거꿀달걀꼴 참조
도삼각형	倒三角形	obtriangular	뒤집힌삼각형		뒤집힌삼각형 참조
도생배주	倒生胚珠	anatropous			밑씨가 거꾸로 붙어서 아래를 향한 것
도심장형	倒心臟形	obcordate	거꿀염통꼴		거꿀염통꼴 참조
도피침형	倒披針形	oblanceolate	거꿀바소꼴		거꿀바소꼴 참조
독립중앙태좌	獨立中央胎座	free central placentation	중앙태좌 (中央胎座)		씨방의 중앙부에 축이 있고, 그 축에 밑씨가 달리는 경우. 각 방 사이에 있던 막이 자라는 동안 없어져 중앙에 남은 축에 밑씨가 달리는 것(예: 석죽과)
돌기수술	突起雄蘂	appendicular	돌기웅예 (突起雄蘂)		여러 가지 변형 돌기물로 된 꽃밥부리가 있는 수술(예: 들쭉나무, 단풍철쭉)
돌기웅예	突起雄蘂	appendicular	돌기수술		돌기수술 참조
돌려나기	輪生	whorled	윤생(輪生)		식물 줄기의 한 마디에 잎 또는 가지가 3개 이상 수레바퀴 모양으로 돌려나는 상태
돌림꽃차례	輪繖花序	verticillaster	윤산화서(輪繖花序), 윤생화서(輪生花序)		줄기에 꽃이 고리 모양으로 모여 달리는 작은모임꽃차례지만, 전체적으로는 원뿔꽃차례를 이룬다.(예: 광대수염, 백리향, 로즈메리)
돌세포	石細胞	stone cell	석세포 (石細胞)		세포막이 단단하고 두꺼워진 세포(예: 배의 열매살)
돌연변이	突然變異	mutation			동식물에 원래 없던 유전인자나 염색체에 돌발적인 변화가 생기고, 이것이 자손에게 전달되는 것
동아	冬芽	winter bud	겨울눈		겨울눈 참조
동지아	冬至芽	winter sucker		로제트 (ro-sette)	로제트 모양으로 겨울을 보내는 싹(예: 국화). 9월 하순에서 10월 상순 땅거죽에 매듭이 심하게 줄어든 곁눈이 생기기 시작해 동지 무렵 가장 뚜렷해지기 때문에 동지아라고 한다.
동착	同着	coherent		동합 (同合)	수술 같은 부분이 서로 붙어 있지만, 완전히 합쳐지지는 않은 것(예: 가지나 제비꽃의 수술)
동합	同合	connate		동착 (同着)	수술 같은 부분이 완전히 합쳐져 붙은 것(예: 통꽃, 합생심피)
동해	凍害	freezing damage	저온피해	·	저온피해 참조

용어	한자 표기	영어 표기	같은 말	참고	설명
동형포자	同形胞子	homospore		이형포자(異形胞子)	홀씨를 만드는 식물 중 암수에 관계없이 모양이나 성질이 같은 홀씨만 만들어질 때
동화피화	同花被花	homochlamydeous flower		이화피화(異花被花)	미나리아재비속이나 백합속 식물처럼 꽃받침과 꽃부리의 구별이 거의 없는 꽃. 이화피화의 상대어
두갈래분지	叉狀分枝	dichotomous branching	Y자형가지치기		Y자형가지치기 참조
두과	豆果	legume	꼬투리열매		꼬투리열매 참조
두몸수술	兩體雄蘂	diadelphous stamen	양체웅예	한몸수술(單體雄蘂)	한 개를 제외한 나머지 수술이 묶여 전체적으로 두 몸인 수술(예: 콩과)
두상	頭狀	capitate	머리 모양		머리 모양 참조
두상꽃차례	頭狀花序	capitulum	머리꽃차례		머리꽃차례 참조
두상화	頭狀花	capitulum	머리꽃차례		머리꽃차례 참조
두상화서	頭狀花序	capitulum	머리꽃차례		머리꽃차례 참조
두줄마주나기	二列對生	distichous opposite	이열대생	십자마주나기	잎이 마디마다 두 개씩 마주 붙어 나는 것
두해살이	二年生	biennial	2년생		싹이 트고 자라고 꽃이 피고 열매를 맺은 과정을 두 해에 걸쳐 마치고 말라 죽는 식물
두해살이풀	二年草	biennial plant	2년초(二年草)		싹이 터서 겨울을 넘기고 이듬해 꽃이 핀 다음 씨앗만 남기고 뿌리까지 말라 죽는 풀.
둔거치	鈍鋸齒	crenate	둔한톱니		둔한톱니 참조
둔두	鈍頭	obtuse	둔한끝		둔한끝 참조
둔저	鈍底	obtuse	둔한밑		둔한밑 참조
둔한끝	鈍頭	obtuse	둔두(鈍頭)		잎몸이나 꽃받침조각, 꽃잎의 끝이 뭉뚝하고 둥그스름한 모양
둔한밑	鈍底	obtuse	둔저(鈍底)		잎밑이 90도 이상으로 뾰족하지 않고 뭉뚝한 모양
둔한톱니	鈍鋸齒	crenate	둔거치(鈍鋸齒)		잎가장자리에서 끝이 둥글고 뭉툭한 톱니
둔형	鈍形	obtuse			끝이 뾰족하지 않고 뭉뚝한 모양(예: 둔한끝, 둔한밑)
둘긴수술	2強雄蘂	didynamous stamen	2강웅예(2強雄蘂)	2강수술	한 꽃에서 4개의 수술 중 두 개는 길고, 두 개는 짧은 수술(예: 꿀풀과, 현삼과)
둘레	緣邊	margin	가장자리		가장자리 참조
둥근기둥꼴	圓柱形	terete, cylindrical	원주형(圓柱形)		둥근 기둥처럼 생긴 모양
둥근꼴	圓形	orbicular	원형(圓形)		잎이나 꽃잎이 둥글거나 거의 둥근 모양
둥근밑	圓底	round	원저(圓底)		잎밑이 둥근 것
둥근엽저	둥근葉底	round	둥근밑		둥근밑 참조
뒤집힌삼각형	倒三角形	obtriangular	도삼각형(倒三角形)		위가 넓고 아래는 뾰족한 역삼각형

용어	한자 표기	영어 표기	같은 말	참고	설명
뒤집힌알 모양	倒卵形	obovate	거꿀달걀꼴		거꿀달걀꼴 참조
등잔 모양꽃차례	盃狀花序	cyathium	술잔 모양꽃차례		술잔 모양꽃차례 참조
등줄기	稜	ribs		혹줄기	선인장의 뼈대를 이루는 부분. 뿌리에서 빨아들인 물이나 양분을 수송하는 통로로, 양분을 저장하는 창고 역할을 한다.
등줄기모서리	稜角	corner, edge			등줄기에서 불룩 튀어나온 뾰족한 부분. 보통 등줄기모서리에 가시와 가시자리가 있다.(예: 선인장)
등쪽	背面	dorsal	배면(背面)		몸통의 뒤쪽이나 등 쪽
땅속줄기	地下莖	rhizome, subterranean stem	지하경(地下莖)		땅속을 수평으로 기어가며 자라는 줄기
땅위줄기	地上莖	terrestrial stem, aerial stem	지상경(地上莖)		땅 위에 나와 자라는 줄기
땅줄기	地下莖	rhizome, subterranean stem	땅속줄기		땅속줄기 참조
떡잎	子葉	cotyledon	자엽(子葉)		씨앗 속에 있는 씨눈에서 맨 처음 나오는 잎. 쌍떡잎식물에서는 두 장, 외떡잎식물에서는 한 장 나온다.
떨기		cluster			풀이나 나무의 한 뿌리에서 여러 개의 줄기가 나와 더부룩하게 된 무더기
떨기나무	灌木	shrub, bush	관목	큰키나무(喬木)	키가 2미터 이하로 낮게 자라고, 보통 주된 줄기가 없다. 땅에서 많은 줄기가 올라와 덤불처럼 자라는 나무다.(예: 개나리, 진달래, 노린재나무) 큰키나무의 상대어
뚜껑 모양	圓蓋形	operculiform	원개형(圓蓋形)		뚜껑처럼 위쪽은 둥글고, 아래쪽은 오목한 나무 모양
런너	匍匐枝	runner, stolon	기는가지		기는가지 참조
로제트		rosette			줄기가 아주 짧아 잎이 뿌리에서 난 것처럼 땅에 붙어 사방으로 퍼진 것(예: 민들레, 질경이)
마디	關節	node	관절		줄기에서 잎이나 싹이 붙는 자리
마디사이	節間	internode	절간(節間)		줄기에서 잎이 달린 마디와 마디 사이
마름모꼴	菱形	rhomboid	능형(菱形)		다이아몬드나 마름모 모양. 네 변의 길이는 같지만, 내각이 다르다.
마주나기	對生	opposite	대생(對生)	어긋나기, 돌려나기	줄기마디마다 잎이 두 개씩 마주 달리는 것. 잎이 교대로 마주 달린 것은 십자마주나기. 어긋나기와 돌려나기의 상대어
막눈	不定芽	adventive bud, indefinite bud	부정아(不定芽)		꼭대기눈이나 곁눈 같이 정상적인 싹이 아니고 잎 면이나 뿌리의 일부, 줄기의 마디 사이 같은 곳에 비정상적으로 생기는 싹
막대 모양	棒狀		봉상(棒狀)		가늘고 긴 막대 모양
막뿌리	不定根	adventive root	부정근(不定根)		꺾꽂이나 휘묻이할 때 뿌리 이외의 줄기나 잎에서 나오는 뿌리(예: 옥수수)
막질	膜質	membranous			얇은 종이처럼 반투명한 막 같은 재질
만경	蔓莖	cilmbing stem	덩굴줄기		덩굴줄기 참조
만경목	蔓莖木	vine	덩굴나무		덩굴나무 참조
만경성	蔓莖性	vine	덩굴성		덩굴성 참조

435

용어	한자 표기	영어 표기	같은 말	참고	설명
만경식물	蔓莖植物	vine	덩굴나무		덩굴나무 참조
만목	蔓木	vine	덩굴나무		덩굴나무 참조
만목성	蔓木性	vine	덩굴성		덩굴성 참조
만생배주	彎生胚珠	amphitropous	반도생배주 (半倒生胚珠)		반도생배주 참조
만성	蔓性	vine	덩굴성		덩굴성
만연경	蔓延莖	climbing stem	덩굴줄기		덩굴줄기
만주맥	灣走脈	campylodromous		나란히 맥(平 行脈)	중심맥과 비슷한 맥들이 잎밑에서 잎끝까지 나란히 연결된 맥(예: 층층나무)
말리는 작은모 임꽃차례	卷纖花序	drepanium, heli- coid cyme	권산화서 (卷纖花序)		고사리 잎처럼 한쪽 방향으로 동그랗게 또르르 말리는 작은모임꽃차례(예: 꽃마리)
망문	網紋	reticulate	그물 모양		그물 모양 참조
망상	網狀	reticulate	그물 모양		그물 모양 참조
망상맥	網狀脈	netted vein	그물맥		그물맥 참조
맞닿은	攝合狀	imbricate	섭합상 (攝合狀)	복와상 (覆瓦狀)	넓적한 구조가 포개지지 않고 맞닿은 모양
맞접	呼接	inarching, ap- proach grafting	호접(呼接)		뿌리가 있는 접붙일 나무와 바탕이 되는 나무를 접붙이기하여 뿌리를 내린 뒤 접붙일 나무 쪽의 뿌리 부분을 잘라버리는 접붙이기 방법
맥간엽육	脈間葉肉	areole		잎살	잎의 잎맥과 잎맥 사이에 있는 잎살
맥겨드랑이	脈腋	vein axillar	맥액(脈腋)		중심맥에서 곁맥이 갈라지는 오목한 겨드랑이. 잎줄기드랑이 참조
맥액	脈腋	vein axillar	맥겨드랑이		잎줄겨드랑이 참조
맨앞쪽끝	先端		선단(先端)		앞쪽의 끝
맹아	萌芽	sprout		움	정상적인 꼭대기눈(頂芽)이나 곁눈(側芽)에서 발달하지 않고, 숨은눈(潛芽)이나 막눈(不定芽)이 발달한 어린 싹(芽). 보통 그루터기나 뿌리에서 많이 나온다.
맹아지	萌芽枝				그루터기나 뿌리에서 나온 새로운 가지
머리	花座	cephalium	꽃자리(花座)		꽃자리 참조
머리꽃차례	頭狀花序	capitulum	두상화서 (頭狀花序)	머리 모 양꽃차 례, 두상 꽃차례	꽃턱이 원판 모양으로 되어 그 위에 꽃자루가 없는 작은 꽃이 여러 송이 달려서 머리 모양으로 보이는 꽃차례. 꽃은 가장자리부터 안쪽으로 핀다. 일반적으로 꽃차례 아래쪽에는 꽃차례받침이 달리며, 대롱꽃과 허꽃이 있는 경우가 많다.(예: 국화과, 양버즘나무, 산토끼과)
머리 모양	頭狀	capitate	두상(頭狀)		사람의 머리처럼 둥근 꽃턱에 많은 꽃이 다닥다닥 붙은 모양
멀칭		mulching	덮기법		덮기법 참조
면모	綿毛	lanuginous hair	솜털		솜털 참조
모기르기	育苗	raising seeding	육묘(育苗)		옮겨 심을 어린 묘를 못자리에서 기르는 것

용어	한자 표기	영어 표기	같은 말	참고	설명
모서리	稜角	corner, edge	능각(稜角)		물체의 뾰족한 가장자리
모속	毛束	hair bundle			털 여러 개가 동일한 구멍에서 뭉쳐 나오는 것
모여나기	叢生	fasciculate, caespitose	총생(叢生)	다발나기	잎차례에서 마디와 마디 사이가 아주 짧아 잎이 한군데에서 나온 것처럼 보이는 것. 더부룩하게 무더기로 난 것 (예: 은행나무 짧은 마디가지의 잎)
모용	毛茸	pubescent hair	부드러운털		부드러운털 참조
모인꽃싸개	總苞	involucre	큰꽃싸개		큰꽃싸개 참조
모인열매	聚果	aggregate fruit	취과(聚果)	집과(集果), 집합과(集合果), 다화과(多花果), 상과(桑果)	여러 개의 작은 열매가 빽빽하게 모여 전체가 한 개의 열매처럼 보이는 열매의 집합체(예: 산딸기속, 미나리아재비속, 목련, 백합나무, 까마귀밥나무). 각각의 열매는 굳은씨열매(核果)나 쪽꼬투리열매(蓇葖) 또는 날개열매(翅果) 등으로 구성되어 있다.
목본	木本	woody plant	나무		나무 참조
목본상	木本狀	woody			나무 모양의
목본식물	木本植物	woody plant	나무		나무 참조
목질	木質	woody			나뭇조각처럼 단단한 것
무경	無莖	acaulescent			줄기가 없거나 있어도 뚜렷하지 않은 상태(예: 민들레)
무경상	無莖狀	acaulescent			겉으로 보기에 줄기가 없거나, 있어도 뚜렷하지 않은 상태(민들레)
무꽃잎꽃	無瓣花	apetalous	무판화(無瓣花)		꽃잎이나 꽃부리가 없는 꽃
무늬식물	斑入植物	variegated plant	반잎식물(斑入植物)		잎에 얼룩무늬나 얼룩덜룩한 점무늬가 있는 식물
무늬점	斑點	dotted	얼룩점		얼룩점 참조
무린아	無鱗芽	naked bud	나아(裸芽)		나아 참조
무병	無柄	sessile	무병엽, 무엽병저		잎자루 없이 잎몸 아래쪽이 줄기나 가지에 붙은 잎(예: 민들레)
무병엽	無柄葉	sessile	무병		무병 참조
무성생식	無性生殖	asexual repro-duction		영양생식	짝짓기 없이 번식하는 것. 분열, 출아, 영양생식 등 정자와 난자의 생식세포에 의한 유성생식 이외 모든 생식. 분열은 박테리아 등 단세포가 크기가 같은 두 개체로 분열하는 것, 출아는 효모균이 크고 작게 분열하는 것. 고사리, 이끼, 곰팡이류는 무성홀씨 번식을 한다. 감자는 땅속줄기, 고구마는 뿌리, 나리는 땅속줄기와 살눈으로 무성식한다.
무성아	無性芽	gemma	살눈		살눈 참조
무성화	無性花	neuter flower, asexal flower	중성꽃		수술과 암술이 모두 없거나 불완전해서 열매를 맺지 못하는 장식용 꽃(예: 수국, 해바라기의 혀꽃)
무엽병저	無葉柄底	sessile	무병		무병 참조

용어	한자 표기	영어 표기	같은 말	참고	설명
무판꽃	無瓣花	apetalous	무꽃잎꽃		꽃잎이나 꽃부리가 없는 꽃
무판화	無瓣花	apetalous	무꽃잎꽃		꽃잎이나 꽃부리가 없는 꽃
무핵과	無核果	seedless fruit			씨앗이 없거나 퇴화된 열매. 수정이 되어도 익어가는 동안 무핵과가 되는 경우가 있다.
무화과	隱花果	syconium	숨은꽃열매		숨은꽃열매 참조
무화피	無花被	naked flower	나화(裸花)		나화 참조
무화피화	無花被花	naked flower	나화(裸花)		나화 참조
물결 모양	波狀	repand, undulate, sinuate	파상(波狀)		잎 가장자리가 물결처럼 구불거리는 모양. 잎 가장자리에는 톱니가 없이 밋밋하다.(예: 참나무, 떡갈나무)
물관	導管	vessel	도관(導管)		식물에서 뿌리로 흡수된 물이 이동하는 통로
물부족	水分缺乏	water stress	물부족		땅에 수분이 부족하거나 식물의 상태가 수분 흡수에 부적당해 자라는 데 방해받는 상태
물열매	漿果	berry	장과(漿果)	액과 (液果)	씨방이 크게 자라서 된 열매 육질로 된 열매살은 조직이 무르고, 살과 즙이 많다. 보통 많은 씨앗이 들어 있다.(예: 포도, 호박, 감, 담쟁이덩굴, 까마귀밥여름나무) 열매의 겉껍질은 얇지만, 가운데열매껍질은 두텁고 수분이 많은 열매살이 되며, 그 속에 비교적 딱딱한 겉씨껍질에 싸인 씨앗이 있다.
뭉쳐나기	束生	fasciculate	다발나기		다발나기 참조
미상	尾狀	caudate	꼬리 모양		꼬리 모양 참조
미상화서	尾狀花序	ament	꼬리꽃차례		꼬리꽃차례 참조
미숙과	未熟果	immature fruit, unripe(ned) fruit		성숙과	완전히 익지 않은 열매
미요두	微凹頭	retuse, emargin-ate			잎끝은 편평하지만 그 중간이 약간 들어가 중심맥 끝이 파인 모습
미철두	微凸頭	mucronate			잎끝이 가장자리보다 튀어나와 약간 뾰족해진 모양
민들레잎 모양		runcinate			민들레처럼 잎의 양쪽 가장자리에 굵은 톱니 같은 결각이 밑으로 향해 깃꼴로 찢어진 것
민들레형		runcinate	민들레잎 모양		민들레잎 모양 참조
민들레형거치		lacerate			민들레 잎처럼 갈라진 톱니
밀면모	密綿毛	densely woolly, tomentous hair			꼬불꼬불하고 빽빽하게 엉긴 부드러운 솜털
밀모	密毛				촘촘하게 난 털
밀반	蜜盤	nectary gland, nectary disc			암술대 아래쪽에 둥글고 넓적한 꿀샘
밀생	密生	dense		소생	여러 개가 빽빽하게 모여서 난 것
밀선	蜜腺	nectary	꿀샘		꿀샘 참조
밀식	密植	dense(=-close=high density) planting	배게심기		배게심기 참조

용어	한자 표기	영어 표기	같은 말	참고	설명
밀추화서	密錐花序	thyrsus			작은모임꽃차례가 공 모양으로 술 모양꽃차례나 원뿔꽃차례에 달리는 것
밀판	蜜瓣	honey leaf			꿀샘이 있는 꽃잎 모양 기관(예: 미나리아재비과). 일반적으로 수술이 변한 것으로 여겨진다.
밑씨	胚珠	ovule	배주(胚珠)		씨방 속에 있으며, 꽃가루를 만나 수정하면 씨앗으로 자랄 부분. 씨방 하나에 있는 밑씨는 종에 따라 한 개부터 여러 개까지 다양하며, 보통 밑씨껍질 1~2겹에 싸여 있다.
밑씨껍질	珠被	integument	주피(珠被)		밑씨를 둘러싼 껍질. 씨앗이 형성될 때 씨앗껍질이 된다.
밑으로향한		retrorse		역향(逆向)	가시 끝이 아래쪽을 향하거나 밑으로 굽거나 젖혀진 모양
바늘꼴	針形	acicular	침형(針形)		끝으로 갈수록 가늘고 길게 뾰족해지는 바늘 모양
바늘 모양	針形	acicular	바늘꼴		바늘꼴 참조
바늘 모양 톱니	針鋸齒	aculeate	침거치(針鋸齒)		짧은 바늘 같이 예리한 톱니
바늘잎	針葉	acicular or needle leaf	침엽(針葉)	비늘잎(鱗片葉)	바늘처럼 가늘고 긴 잎(예: 소나무, 잣나무)
바로심기	直播	direct seeding, direct sowing	직파(直播)		씨앗을 직접 논이나 밭에 뿌려 싹을 낸 뒤 수확할 때까지 같은 장소에서 자라게 하는 방법
바소꼴	披針形	lanceolate	피침형(披針形)		끝이 뾰족해지면서, 길이가 폭의 3~6배, 밑에서 1/3 정도 되는 부분이 가장 넓고 끝이 뾰족한 모양(예: 버드나무, 대나무) *바소: 곪은 곳을 째는 침 바늘처럼 가늘고 길며, 끝이 뾰족하다.
바이올린꼴	提琴形	pandurate	제금형(提琴形)		바이올린 같은 모양
바퀴 모양	輻形	rotate	폭형(輻形)		통꽃부리(合瓣花冠) 통부가 짧고, 꽃잎이 수평이나 직각으로 넓게 벌어져 수레바퀴처럼 보이는 모양(예: 분단나무, 장구채속, 꽃마리속)
바퀴살꼴	放射形	radial	방사형(放射形)		중앙의 한 점에서 사방으로 거미줄이나 바퀴살처럼 뻗친 모양
박과	瓠果	pepo	호과(瓠果)		물열매와 비슷하지만 겉껍질이 두껍고 딱딱하거나 다소 부드럽고, 속살은 물기가 많은 두꺼운 다육질이며, 씨앗이 많이 들어 있다.(예: 호박, 수박, 오이, 참외)
반겹꽃					무궁화 꽃의 속꽃잎이 열 개 이상 발달하지만, 암술머리가 뚜렷하고 속꽃잎의 크기가 기본 꽃잎의 40퍼센트 이하로 작은 것
반곡	反曲	recurved	외곡(外曲), 반전(反轉)		잎가장자리가 젖혀지거나 말린 모양
반공 모양	半球形	hemispherical	반구형(半球形)		공을 반으로 자른 모양
반관목	半灌木	suffruticose, suffrutescent	버금떨기나무		버금떨기나무 참조
반구형	半球形	hemispherical	반공 모양		반공 모양 참조
반기생	半寄生	hemiparasite	반더부살이		반더부살이 참조
반더부살이	半寄生	hemiparasite	반기생(半寄生)		다른 식물의 양분을 빼앗아 살면서도 스스로 탄소동화작용을 하며 살아가는 것

용어	한자 표기	영어 표기	같은 말	참고	설명
반도생배주	半倒生胚珠	hemitropous			반 정도 거꾸로 선 밑씨. 밑씨자루가 굽어서 밑씨의 끝과 밑씨자루의 아래쪽이 가까운 경우
반둥근기둥꼴	半圓柱形	semiterete	반원주형 (半圓柱形)		둥근기둥꼴을 세로로 반 나눈 모양
반둥근꼴	半圓形	semiorbicular	반원형 (半圓形)		둥근꼴을 반으로 자른 모양
반상체	盤狀體	scutellum, germinal disk			씨방과 암술대 사이에 쟁반 모양 구조
반상화	盤上花	disk flower	안꽃		안꽃 참조
반원주형	半圓柱形	semiterete	반둥근기둥꼴		반둥근기둥꼴 참조
반원형	半圓形	semiorbicular	반둥근꼴		반둥근꼴 참조
반입식물	斑入植物	variegated plant	무늬식물		무늬식물 참조
반전	反轉	recurved	반곡(反曲)		반곡 참조
반점	斑點	dotted	얼룩점		얼룩점 참조
반하위씨방	半子房下位	half inferior ovary	반하위자방 (半子房下位)	하위씨방(子房下位)	꽃받침과 꽃잎이 씨방 옆에 붙은 것
반하위자방	半子房下位	half inferior ovary	반하위씨방		반하위씨방 참조
받침꽃잎	基瓣	vexillum	기꽃잎		기꽃잎 참조
발근	發根	rooting	뿌리내리기		뿌리내리기 참조
발아	發芽	germination	싹트기		싹트기 참조
발아공	發芽孔	caruncle	종부(種阜)		밑씨 아래쪽에 열린 조그만 구멍.
방사모	放射毛	radiate trichome			별 모양털과 비슷하나, 길이가 돌기 폭의 다섯 배 이내인 통통한 털
방사상가시	放射狀	radial spine	주변가시		주변가시 참조
방사상칭	放射相稱	actinomorphic		좌우상칭	꽃의 가운데 축을 중심으로 여러 방향으로 대칭을 이루는 모양. 기하학적으로 별 모양 같은 것은 방사상칭이라고 할 수 있다.(예: 장미, 도라지의 꽃)
방사상칭화	放射相稱花	zygomorphic flower		좌우상칭화	장미나 도라지 같이 꽃의 가운데 축을 중심으로 여러 방향으로 대칭을 이루는 꽃
방사형	放射形	radial	바퀴살꼴		바퀴살꼴 참조
방추형	紡錘形	fusiform	타래 모양		타래 모양 참조
방패 모양	盾形	peltate	순형(盾形)		방패와 같이 넓적한 잎 뒤쪽 중앙에 잎자루가 달리는 모양(예: 연꽃, 한련의 잎)
방패형	防牌形	peltate	방패 모양		방패 모양 참조
방패형잎밑	盾形底	peltate	순형저		방패처럼 생긴 잎밑
방패형털	盾形毛	peltate trichome	순형모 (盾形毛)		방패 모양 털로, 자루가 있거나 없다.
방풍림	防風林	windbreak forest			강한 바람의 피해에서 농경지, 과수원, 목장, 가옥 등을 보호하기 위해 만든 숲

용어 해설

용어	한자 표기	영어 표기	같은 말	참고	설명
배	胚	embryo	씨눈		씨눈 참조
배게심기	密植	dense(=close=high density) planting	밀식(密植)		씨를 뿌리거나 어린 식물을 옮겨 심을 때 빽빽하게 심는 것
배꼽	臍	hilum	제(臍)		솔방울을 구성하는 비늘 모양 열매조각에 남은 흔적. 밑씨일 때 씨방벽에 붙어 있던 흔적. 씨앗에서 밑씨의 자루가 붙어 있던 흔적
배면	背面	dorsal	등쪽		등쪽 참조
배 모양 열매	梨果	pome	이과(梨果)		씨방 겉에 있는 꽃턱과 꽃받침통이 합쳐져서 된 다육질의 열매(예: 사과, 배). 우리가 먹는 부분은 꽃턱에 해당하며, 안에 씨가 들어 있는 부분이 씨방이 있는 곳이다. 꽃받침통이 발달하여 육질이 되고, 심피는 연골질이나 종이질로 되며, 씨앗이 여러 개 들어 있다.
배병	胚柄	suspensor			씨눈에 달린 자루
배봉선	背縫線	dorsal suture	외봉선(外縫線)	봉선(縫線)	씨방벽에서 심피의 등 쪽으로 붙어 있는 줄
배상화서	盃狀花序	cyathium	배상꽃차례		술잔모양꽃차례 참조
배우체	配偶體	gametophyte			양치식물에서 난자나 정자 같은 유성생식 세포를 만드는 기관으로, 홀씨가 발달하여 생긴 것. 난자를 만드는 배우체를 암배우체, 정자를 만드는 배우체를 수배우체라 한다.
배유	胚乳	endosperm	배젖		배젖 참조
배젖	胚乳	endosperm	배유(胚乳)		씨앗의 일부로 씨눈을 싸고 있으며, 씨눈이 생장하는 데 필요한 양분을 공급하는 조직
배주	胚珠	ovule	밑씨		밑씨 참조
배쪽	腹面	ventral	복면(腹面)		등 쪽이 아닌 안쪽이나 배 쪽
배축	胚軸	hypocotyl			씨앗에서 씨눈의 일부. 자라서 줄기가 되는데 위쪽은 떡잎과 어린싹, 아래쪽은 어린뿌리가 된다.
백부	白腐	white rot	백색부후(白色腐朽)		죽은 나무가 썩으면서 흰색을 띠는 것
백색부후	白色腐朽	white rot	백부(白腐)		죽은 나무가 썩으면서 흰색을 띠는 것
버금떨기나무	小灌木	suffruticose, suffrutescent	소관목(小灌木), 아관목(亞灌木)		떨기나무와 풀의 중간에 있는 식물(예: 월귤). 줄기는 나무처럼 단단하게 목질화되고 가지 끝 부분은 풀 같다.
버금마주나기	亞對生	suopposite	아대생(亞對生)		어긋나기지만 잎과 잎 사이가 가까워 마주나기처럼 보이는 것.
버금큰키나무	小喬木	arborescent	작은키나무		작은키나무 참조
버들강아지		catkins	버들개지		버드나무과 나무의 꽃을 버들강아지 또는 버들개지라 한다. 버들강아지는 보통 길둥근꼴의 꼬리꽃차례이며 부드러운 털로 덮여 있다.(예: 갯버들, 은사시나무, 이태리포푸라)
벌레잡이잎	捕蟲葉	insec catching leaf	포충엽(捕蟲葉)		벌레잡이식물의 잎이 곤충을 잡아먹는 잎으로 변한 것

용어	한자 표기	영어 표기	같은 말	참고	설명
벌레잡이주머니	捕蟲囊	insect catching sac, insectivorous sac	포충낭 (捕蟲囊)		벌레잡이식물에서 잎이 주머니 모양으로 변해 작은 벌레를 잡는 기관(예: 땅귀개, 통발)
벌레혹	蟲癭	insect gall, gall	충영(蟲癭)		진드기나 곤충이 식물에 기생하여 줄기나 잎, 뿌리 등에 알을 낳아 비정상적으로 부푼 혹(예: 붉나무의 오배자, 구기자나무의 구기응애 벌레혹)
벨벳	羽緞	velvet, veludo	우단(羽緞), 비로드		잎이나 줄기 표면에 고운 털이 돋아 부드러운 것
변연태좌	邊緣胎座	marginal placentation			씨방벽의 복봉선 쪽을 따라 밑씨가 달린 것(예: 목련과, 콩과)
별 모양	星狀	stellate	성상(星狀)		털이 여러 방향으로 뻗쳐 우산살 모양인 것
별 모양털	星毛	stellate hair	성모(星毛)	성상모 (星狀毛)	잎이나 가지 등의 표면에 생기는 털. 여러 갈래로 갈라져 별처럼 보인다.(예: 좀작살나무, 가막살나무, 때죽나무)
별형털	星狀毛	stellate hair	별 모양털		별 모양털 참조
병	柄	stipe	자루		자루 참조
복거치	複鋸齒	doubly serrate	겹톱니		겹톱니 참조
복과	複果	compound(=multiple) fruit			열매가 되기 위한 씨방의 수에 따라 단과, 모인열매, 복과로 나뉜다. 복과는 두 개 이상의 암술이 성숙하여 형성되며 낱낱의 작은 열매덩어리가 모여 하나의 열매처럼 보인다.(예: 무화과, 파인애플)
복면	腹面	ventral	배쪽		배쪽 참조
복모	伏毛	sericeous	누운털		누운털 참조
복모	複毛	compound trichomes	겹털		겹털 참조
복봉선	腹縫線	ventral suture	내봉선 (内縫線)	봉선 (縫線)	씨방벽에서 심피 가장자리가 붙어 있는 줄
복산형꽃차례	複傘形花序	compound umbel	겹우산꽃차례		겹우산꽃차례 참조
복산형화서	複傘形花序	compound umbel	겹우산꽃차례		겹우산꽃차례 참조
복엽	複葉	compound leaf	겹잎		겹잎 참조
복와상	伏臥狀	decumbent	누운		누운 참조
복와상	覆瓦狀	imbricate	겹쳐나기		겹쳐나기 참조
복와상아린	覆瓦狀芽鱗	imbricate		섭합상 아린	눈비늘이 기왓장처럼 포개진 것
복자엽	複子葉	polycotyledon	겹떡잎		겹떡잎 참조
복지	匍枝	runner, stolon	기는가지		기는가지 참조
복집산화서	複集繖花序	dichasial cyme	겹작은모임꽃차례		겹작은모임꽃차례 참조
복총상화서	複總狀花序	compound raceme	겹술 모양꽃차례		겹술모양꽃차례 참조
복취산꽃차례	複聚繖花序	compound cyme	겹작은모임꽃차례		겹작은모임꽃차례 참조

용어	한자 표기	영어 표기	같은 말	참고	설명
복취산화서	複聚繖花序	compound cyme	겹작은모임꽃차례		겹작은모임꽃차례 참조
복합화서	複合花序	compound inflorescence	겹꽃차례		겹꽃차례 참조
볼록형	凸面狀	gibbous	철면상(凸面狀)		꽃받침 부근이 불룩 나온 꽃부리(예: 섬괴불나무, 청괴불나무)
봄파종	春播	spring sowing	춘파(春播)	가을파종	봄에 씨를 뿌려 농작물을 재배하는 것
봉상	棒狀		막대 모양		막대 모양 참조
봉선	縫線	suture, raphe		배봉선, 복봉선	콩꼬투리처럼 열매껍질이 맞닿은 부분이 갈라져 터지는 줄
봉합선	縫合線	suture		봉선(縫線)	열매가 익으면 갈라지는 선
부관	副冠	corona, trumpet			선인장 줄기마디 끝에서 가지가 한꺼번에 몇 개씩 자라 사방으로 퍼지는 모습
부꽃받침	副萼	accessory calyx	덧꽃받침		덧꽃받침 참조
부꽃부리	副花冠	paracorolla, corona	덧꽃부리		덧꽃부리 참조
부드러운털	軟毛	pubescent hair	연모(軟毛)		잎이나 줄기에 있는 가늘고 곧은 털
부분전열	部分全裂	parted			전열보다 덜 갈라지고 중열보다 깊게 갈라진 모양
부생	腐生	saprophyte	사물기생(死物寄生)		죽은 생물의 사체나 분비물 등에서 양분을 얻어 생활하는 것
부속기관	附屬器官	appendage	부속체		꽃잎, 꽃받침 등에 덧붙어 보조적인 기능을 하는 구조
부속체	附屬體	appendage	부속기관		꽃잎, 꽃받침 등에 덧붙어 보조적인 기능을 하는 구조
부아	副芽	accessory bud	덧눈		덧눈 참조
부악	副萼	accessory calyx	덧꽃받침		덧꽃받침 참조
부정근	不定根	adventitious root	막뿌리		막뿌리 참조
부정아	不定芽	adventive bud, indefinite bud	막눈		막눈 참조
부정제화	不整齊花	irregular flower			꽃받침, 꽃잎, 수술 등에서 그 크기나 형상이 다른 꽃(예: 꿀풀과, 콩과)
부정제화관	不整齊花冠	irregular corolla		정제화관(整齊花冠)	꽃잎의 모양이나 크기가 각각 달라 좌우 비대칭인 꽃 모양
부제우상복엽	不齊羽狀複葉	interrupted pinnately compound leaf			커다란 작은잎과 조그만 작은잎이 번갈아가며 잎줄기에 붙는 깃꼴겹잎
부착공기뿌리	附着根	adheringroot	부착근(附着根)		다른 물체에 달라붙는 공기뿌리(예: 담쟁이덩굴)
부착근	附着根	adhering root	부착공기뿌리		부착공기뿌리 참조
부착숨뿌리	附着根	adhering root	부착공기뿌리		부착공기뿌리 참조
부화관	副花冠	paracorolla, corona	덧꽃부리		덧꽃부리 참조

용어	한자 표기	영어 표기	같은 말	참고	설명
분과	分果	mericarp			여러 개 씨방이 열매로 발달해 익은 뒤, 한 개씩 분리되는 각각의 열매(예: 꿀풀과, 쥐손이풀과, 산형과, 미나리과)
분리과	分離果	schizocarp	분열과(分裂果)		씨앗이 여러 개 들어 있는 열매가 익으면 열매 사이가 잘록해 몇 조각이나 몇 마디로 분리된다.(예: 도둑놈의 갈고리)
분백색	粉白色	glaucous			흰 가루로 덮인 듯한 흰색
분상	盆狀	salver form	분형(盆形)		통꽃에서 꽃부리통부는 트럼펫처럼 길고 가늘며, 현부는 직각으로 펼쳐져 바퀴 모양인 꽃부리
분얼	分蘖	tiller, tillering			벼과 식물의 땅속에 있는 마디에서 새로운 줄기가 나오는 것
분열과	分裂果	schizocarp	분리과(分離果)		씨앗이 여러 개 들어 있는 열매가 익으면 열매 사이가 잘록해 몇 조각이나 몇 마디로 분리된다.(예: 도둑놈의 갈고리)
분절	分節	stem segments	줄기마디		줄기마디 참조
분지	分枝	ramification			뿌리, 줄기, 잎맥 등이 원래 줄기에서 갈라져 나간 것
분형	盆形	salver form	분상(盆狀)		분상 참조
불규칙거치	不規則鋸齒	erose	불규칙톱니		불규칙톱니 참조
불규칙톱니	不規則鋸齒	erose	불규칙거치		잎가장자리에 있는 톱니 중 방향과 크기가 일정하지 않은 것(예: 복분자딸기)
불염성	不稔性	sterility, infertility		불임성	열매를 맺지 못하거나 씨앗을 만들지 못하는 것
불염포	佛焰苞	spathe			살이삭꽃차례에서 꽃을 둘러싸는 넓은 잎 모양 꽃싸개(예: 토란, 천남성)
불완전꽃	單性花	unisexual flower	홑성꽃		홑성꽃 참조
불완전화	不完全花	incomplete of imperfect flower	안갖춘꽃		안갖춘꽃 참조
불임성	不姙性	sterile		불염성, 임성	열매를 맺지 못하거나 씨앗을 만들지 못하는 것
불화합성	不和合性	incompatibility			꽃가루와 암술이 완전한 기능을 갖췄는데도 수정되지 않는 현상. 씨앗을 맺지 못한다.
비늘눈	鱗芽	scaly bud, scale	인아(鱗芽)		겨울눈 중 비늘조각으로 싸인 싹
비늘 모양	鱗片狀	scaly	인편상(鱗片狀)		작고 얇은 비늘 모양
비늘잎	鱗片葉	scale leaf	인편엽(鱗片葉)	바늘잎(針葉)	측백나무나 편백나무 같이 넓적하고 비늘처럼 생긴 잎
비늘조각	鱗片	scale	인편(鱗片)		식물 기관 중에서 비늘처럼 보이는 얇은 조각을 통틀어 가리키는 말
비늘조각	實片	cone scale	실편(實片)		밑씨가 붙은 비늘 조각
비늘줄기	鱗莖	bulb	인경(鱗莖)		살과 즙이 많은 다육질로 된 비늘조각 모양의 짧은 줄기(예: 히아신스, 양파, 튤립). 저장역할을 하는 땅속 줄기이며 엽록소가 없는 흰색이다.
비늘털	鱗毛	scale hair	인모(鱗毛)		납작한 비늘 모양 털(예: 보리수나무, 뜰보리수)
비단같은털	絹毛	sericeous	비단털		비단털 참조

용어	한자 표기	영어 표기	같은 말	참고	설명
비단털	絹毛	sericeous	견모(絹毛)		비단 같이 부드러운 누운 털(예: 참나리)
비로드	羽緞	velvet, veludo	벨벳		벨벳 참조
비형	篦形	spatulate, spatu-latus	주걱 모양		주걱 모양 참조
비후부	肥厚部	apophysis			솔방울이 익었을 때 비늘 모양 열매조각 표면에 도드라진 부분(예: 소나무)
빈속	中空	hollow	중공	찬속(中實)	줄기 속이 빈 것(예: 대나무, 개나리)
빗살 모양 톱니	櫛齒狀鋸齒	pectinate dentate	즐치상거치(櫛齒狀鋸齒)		잎가장자리에 있는 빗살 모양 톱니
빗살형거치	櫛齒狀鋸齒	pectinate dentate	빗살 모양 톱니		빗살 모양톱니 참조
빨대 모양	管狀	tubular	대롱 모양		대롱 모양 참조
빨판	吸盤	sucker	흡반(吸盤)		덩굴식물이 다른 물체에 붙어살기 위해 생긴 둥근 접시 모양 구조(예: 담쟁이덩굴)
뾰족꼴밑	銳底	acute	예저(銳底)	쐐기꼴밑(楔底)	잎밑이 좁아지면서 짧게 뾰족한 것. 비슷한 모양으로 쐐기꼴밑이 있다.
뾰족끝	銳頭	acute	첨두(尖頭), 예두(銳頭)	점첨두, 급첨두	끝이 뾰족한 모양. 비슷한 모양으로 점첨두, 급첨두가 있다. 뾰족끝(첨두)→예첨두→점첨두 순서로 잎의 끝이 더 뾰족해진다.
뾰족톱니	銳鋸齒	serrate	예거치(銳鋸齒)		가장자리가 날카로운 톱니. 겹으로 뾰족해 톱 같이 생긴 것을 중예거치라 한다.
뿌리	根	radix, root			땅에 묻혀 있으면서 식물의 몸을 지탱하고, 물과 양분을 빨아들이거나 저장한다.
뿌리골무	根冠	root cap	근관(根冠)		뿌리 끝에 있는 생장점을 싸서 보호하는 모자 모양 조직
뿌리내리기	發根	rooting	발근(發根)		씨앗이나 덩이뿌리, 덩이줄기 같은 번식기관이나 잎, 줄기, 뿌리 같은 영양기관에서 뿌리가 나오는 것
뿌리내림	活着	take, graft-take	활착(活着)		꺾꽂이한 뒤 뿌리를 내리거나 뿌리가 완전히 자리 잡아 잘 자라는 것
뿌리돌림	根回	undercut			정원수나 과수를 옮겨 심을 때 잘 뿌리 내리기 위해 1~2년 전에 뿌리를 잘라 실뿌리가 나게 하는 것
뿌리싹	根出芽	radical bud	근출아(根出芽)		줄기가 아닌 뿌리에서 돋아난 싹(예: 고구마, 개암나무, 꽝꽝나무)
뿌리잎	根生葉	radical leaf	근생엽(根生葉)	근출엽	땅속줄기 끝에서 나와 잎이 수평하거나 비스듬히 달려 뿌리에서 난 것처럼 보이는 잎(예: 민들레, 질경이, 범의귀 제비꽃). 꽃이 필 무렵에 말라 죽는 뿌리잎도 있다. 냉이나 무는 뿌리잎에서 줄기가 나오고, 줄기에도 잎이 붙는다.
뿌리줄기	根莖	rhizome, root stock	근경(根莖)		줄기가 뿌리처럼 땅속으로 뻗어서 자라는 땅속줄기(예: 연꽃, 둥굴레, 대나무)
뿌리털	根毛	root hair	근모(根毛)	곁뿌리	뿌리 끝 가까운 곳에 실 같이 가늘고 부드럽게 나온 단세포의 털. 흙 알갱이 사이에 들어가서 수분과 양분을 흡수한다.
뿔 모양	角形	corniculate	각형(角形)		작은뿔이나 뿔 모양으로 각이 진 모양(예: 박주가리의 열매)
사강웅예	四强雄蘂	tetradynamous stamen	넷긴수술		넷긴수술 참조

용어	한자 표기	영어 표기	같은 말	참고	설명
사물기생	死物寄生	saprophytism	부생(腐生)		죽은 생물의 사체나 분비물 등에서 양분을 얻어 생활하는 것
사상	絲狀	filiform	실 모양		실 모양 참조
사수성	四數性	tetramerous flower			꽃을 구성하는 꽃받침, 꽃잎, 수술, 암술 등의 숫자가 넷이거나 4의 공약수로 된 것
사출성모	四出星毛		네갈래별형털		네갈래별형털 참조
삭과	蒴果	capsule	튀는열매		튀는열매 참조
산방상취산화서	繖房狀聚繖花序	corymbose cyme	편평한작은모임꽃차례		편평한작은모임꽃차례 참조
산방화서	繖房花序	corymb	편평꽃차례		편평꽃차례 참조
산생	散生				풀이나 나무, 털 등이 흩어져 나는 것
산악	散萼	caducous, fugacious			꽃이 피면 떨어지는 꽃받침
산형	傘形	umbellate	우산 모양		우산 모양 참조
산형화서	傘形花序	umbel	우산꽃차례		우산꽃차례 참조
살눈	肉芽	fleshy bud, bulbil, bulblet, gemma	육아, 주아, 무성아, 구슬눈		씨앗이나 열매가 아니면서 식물체 일부분에 생겨 나중에 새로운 식물로 자라는 조직. 잎겨드랑이(예: 참나리)나 줄기(예: 마, 백합의 비늘줄기)의 일부 비대 등으로 생긴다.
살이삭꽃차례	肉穗花序	spadix	육수화서 (肉穗花序)	육수꽃차례	굵어지면서 살과 즙이 많은 꽃대에 꽃자루가 없는 작은 꽃이 빽빽하게 달린 꽃차례(예: 천남성과)
삼륵맥	三肋脈	three vein	삼출맥		삼출맥 참조
삼릉형	三稜形	trianqular			줄기 같은 것에 세 모서리가 있는 것
삼심열	三深裂	tripartite			잎가장자리에서 중심맥까지 1/2 이상 3/4 정도로 세 갈래로 갈라져 파인 모양(예: 포도옹)
삼엽	三葉	trifoliolate leaf	3출겹잎		3출겹잎 참조
삼천열	三淺裂	trilobate			잎가장자리에서 중심맥까지 1/2 이하로 얕게 세 갈래로 갈라져 파인 모양
삼출겹잎	三出複葉	trifoliolate leaf	3출겹잎		3출겹잎 참조
삼출맥	三出脈	three vein	삼륵맥 (三肋脈)		중심맥이 세 개로 발달한 잎맥
삼출모	三出毛				세 갈래로 갈라진 털
삼출복엽	三出複葉	trifoliolate leaf	3출겹잎		3출겹잎 참조
삼출엽	三出葉	trifoliolate leaf	3출겹잎		3출겹잎 참조
삼화주성	三花柱性	tristyly		이화주성 (二花柱性)	한 꽃에 암술이 길거나 짧거나 중간 길이 중 두 가지 이상이 있고, 수술은 이와 같지 않은 나머지 길이만 있어, 서로 다른 꽃에서만 꽃가루받이가 되고 열매를 맺는 성질(예: 부처꽃, 괭이밥)
삽목	挿木	cutting	꺾꽂이		꺾꽂이 참조
상과	桑果	sorosis	모인열매		많은 열매가 모여 한 개처럼 둥글게 달리는 것(예: 뽕나무, 산딸나무, 버즘나무) 모인열매 참조

용어	한자 표기	영어 표기	같은 말	참고	설명
상록성	常綠性	ever-green, sempervirent	늘푸른		늘푸른 참조
상순	上脣	epichile	윗입술		윗입술 참조
상엽	上葉	tips			줄기에 붙은 위치에 따라 잎을 4등분했을 때 제일 윗부분에 자란 잎
상위씨방	子房上位	superior ovary	자방상위(子房上位)		씨방이 꽃받침이나 꽃잎, 수술보다 위에 있는 것(예: 십자화과, 용담과, 미나리아재비)
상해	霜害	frost injury	서리피해		서리피해 참조
새가지	新年枝	twig	햇가지		햇가지 참조
새김눈	刻目	notch	각목(刻目)		선인장 등줄기의 가시자리(刺座) 위쪽 또는 아래쪽에 '目' 자처럼 가로로 눈금선같은 문양. 길게 자라는 선인장의 등줄기에서 흔히 볼 수 있다.(예: 목단옥, 구갑난봉옥)
새끼가지	蘗子	tiller	얼자(蘗子)		벼과 식물의 땅속에 있는 마디에서 새줄기가 자라고, 곁가지에서 다시 곁가지가 생긴 것
샘물질	腺體	gland-like body	선체(腺體)	샘점(腺點)	씨방의 밑부분이나 잎자루에 보이는 검거나 반투명한 작은 샘(腺) 모양의 돌기
샘점	腺點	pellucid dot	선점(腺點)	유점(油點)	잎이나 꽃잎에 보이는 검거나 반투명한 점으로, 기름방울을 내보낸다.(예: 운향과, 물레나물과) 잎을 햇빛에 비추면 투명한 점처럼 보인다.
샘털	腺毛	glandular hair . glandular trichome	선모(腺毛)		잎이나 작은 가지, 열매 등에 생기는 끝 부분이 부풀어져 둥근 샘으로 된 털
생식기관	生殖器官	reproductive organ			다음 세대를 만드는 데 필요한 기관. 꽃, 열매, 씨를 말한다.
생식생장	生殖生長	reproductive growth		영양 생장	영양생장에 대칭되는 개념. 생식기관을 분화해 새로운 자손을 번식시키는 과정
생장	生長	growth	성장(成長)		세포의 숫자가 늘어나 생물체가 커지거나 무게가 증가하는 것
생장점	生長點	growing point			뿌리나 줄기 끝에서 새로운 세포를 만드는 부분. 생장점을 통해 식물이 자란다.
서리피해	霜害	frost injury	상해(霜害)		식물이 봄가을에 기온이 급격히 떨어짐에 따라 서리에 의한 피해를 말한다.
석과	石果	drupe, drupaceous fruit,	굳은씨열매(核果)		굳은씨열매 참조
석류과	石榴果	balausta			열매껍질(果皮)이 여러 개의 방으로 구분되며, 씨앗껍질(種皮)이 육질이고, 열매가 익으면 불규칙하게 갈라진다.(예: 석류)
석세포	石細胞	stone cell	돌세포		돌세포 참조
석죽형	石竹形	caryophyllaceous			긴 손톱홑꽃으로 갈라진 꽃부리(예: 패랭이꽃)
선단	先端		맨앞쪽끝		맨앞쪽끝 참조
선두예치	腺頭銳齒				잎 가 톱니는 날카롭게 뾰족하며, 톱니 끝 부분에 샘물질(腺體)이 있는 톱니.
선린	腺鱗	glandular scale			잎에서 향기를 내는 비늘조각(예: 진달래)
선모	腺毛	glandular hair	샘털		샘털 참조

용어	한자 표기	영어 표기	같은 말	참고	설명
선상	線狀	filiform	실 모양		실 모양 참조
선인장 모양 줄기	葉狀莖	cladophyll	엽상경 (葉狀莖)		줄기 모양이 잎처럼 평평하고, 엽록소가 있어 광합성을 하는 줄기(예: 선인장)
선점	腺點	pellucid dot	샘점		샘점 참조
선체	腺體	gland-like body	샘물질	샘점 (腺點)	잎이나 잎자루에 보이는 검거나 반투명한 작은 샘 모양의 돌기. 샘물질 참조
선형	線形	linear	줄꼴		줄꼴 참조
설상	舌狀	ligulate	혀꼴		혀꼴 참조
설상화	舌狀花	ray flower	혀꽃		혀꽃 참조
설저	楔底	cuneate	쐐기꼴밑		쐐기꼴밑 참조
설형	楔形	cuneate, wedge-shaped	쐐기꼴		쐐기꼴 참조
설형	舌形	ligulata	혀 모양		혀 모양 참조
섬모	纖毛	cilia	가는털		가는털 참조
섭합상	攝合狀	imbricate	맞닿은		맞닿은 참조
섭합상아린	攝合狀芽鱗	valvate		복와상 아린	눈비늘이 포개지지 않고 맞닿은 것
성모	星毛	stellate hair	별 모양털		별 모양털 참조
성상	星狀	stellate	별 모양		별 모양 참조
성상모	星狀毛	stellate hair	별 모양털		별 모양털 참조
성숙과	成熟果	mature fruit		미숙과	완전히 익은 열매
성엽	成葉	mature leaf			완전히 자란 잎
성장	成長	growth	생장(生長)		세포의 숫자가 늘어나 생물체가 커지거나 무게가 증가하는 것
세거치	細鋸齒	serrulate			잎가장자리에 작은 톱니
세맥	細脈	veinlets, venules			곁맥과 곁맥 사이를 연결하는 실처럼 가느다란 잎맥
세모거치	細毛鋸齒	hirsutulous serrate			털처럼 가느다란 톱니
세잎돌려나기	3葉輪生	trifoliolate whorled	3엽윤생 (三葉輪生)	돌려나기	줄기 한 마디에 잎 세 개가 돌려가면서 달린 것
소견과	小堅果	nutlet	작은 굳은껍질열매		작은 굳은껍질열매 참조
소관목	小灌木	suffruticose, suffrutescent	작은떨기나무		작은떨기나무 참조
소교목	小喬木	arborescent	작은키나무		작은키나무 참조
소둔거치	小鈍鋸齒	crenulate	작고둔한톱니		작고둔한톱니 참조
소륜	小輪	small flower			꽃 따위의 송이가 작은 것

용어	한자 표기	영어 표기	같은 말	참고	설명
소생	疏生	sparse		밀생	풀이나 나무 따위가 성기게 나는 것
소설	小舌	ligule	잎혀		잎혀 참조
소엽	小葉	leaflet	작은잎		작은잎 참조
소엽병	小葉柄	petiolule	작은잎자루		작은잎자루 참조
소예거치	小銳鋸齒	serrulate	작고 뾰족한 톱니		작고뾰족한톱니 참조
소요두	小凹頭	emerginate			평평하지만 약간 파인 잎끝의 모양
소우상엽편	小羽狀葉片	pinnule	잔깃조각		잔깃조각 참조
소우편	小羽片	pinnule	잔깃조각		잔깃조각 참조
소지	小枝	twig	햇가지		햇가지 참조
소철두	小凸頭	apiculate			잎끝에 작은 돌기가 나온 것 같은 모양
소총포	小總苞	involucel	작은꽃차례받침		작은꽃차례받침 참조
소치상거치	小齒狀鋸齒	denticulate	작은이 모양 톱니		작은이모양톱니 참조
소탁엽	小托葉	stipella	작은턱잎		작은턱잎 참조
소포	小苞	bracteole, bract-let	작은꽃싸개		작은꽃싸개 참조
소포엽	小苞葉	bracteole, bract-let	작은꽃싸개		작은꽃싸개 참조
소포자	小胞子	microspore	작은홀씨		암수가 있을 때 수배우체가 될 홀씨. 보통 암홀씨보다 작다. 작은홀씨 참조
소포자구화	小胞子毬花			대포자 구화	소철과 같이 많은 홀씨잎이 주축의 둘레에 모여 붙어 공 모양이나 원뿔 모양이 된 꽃 중 수꽃
소포자낭	小胞子囊	microsporangium	작은홀씨주머니		작은홀씨주머니 참조
소포자엽	小胞子葉	microsporophyll	작은홀씨잎		작은홀씨잎 참조
소화	小花	floret	낱꽃		낱꽃 참조
소화경	小花梗	pedicel	작은꽃자루		작은꽃자루 참조
소화선모	消化腺毛				끈끈이주걱의 잎에 난 털과 같이 벌레를 소화시키는 샘털
속꽃덮이	內花被	inner perianth	내화피 (內花被)		거의 같은 모양의 꽃덮이(花被)가 두 줄로 배열된 경우 안쪽에 있는 꽃덮이(예: 나리, 튤립)
속빈줄기	稈	culm	간(稈)		줄기 속이 비고 마디가 있는 줄기(예: 대나무, 벼과, 사초과, 골풀과)
속생	束生	fasciculate	다발나기		다발나기 참조
속껍질	內皮	endodermis	내피(內皮)		나무껍질 표면과 나무살 사이에 있는 무르고 연한 세포층
속씨껍질	內種皮	inner seed coat	내종피 (內種皮)		씨앗껍질의 안쪽 층(예: 망고)

용어	한자 표기	영어 표기	같은 말	참고	설명
속씨식물	被子植物	angiosperm	피자식물 (被子植物)	겉씨 식물	씨앗이 될 밑씨가 열매가 될 씨방에 싸여 있는 식물. 종 자식물의 대부분이 이에 포함된다.
손바닥 모양	掌狀	palmate	장상(掌狀)		잎이나 잎맥이 손바닥을 편 듯한 모양
손바닥 모양 겹잎	掌狀復葉	palmately com- pound leaf	장상복엽 (掌狀復葉)		잎줄기 끝에서 작은잎이 손바닥을 편 것과 같이 돌려 달 리는 겹잎(예: 으름덩굴, 칠엽수). 작은잎 5~7개로 구성 된다.
손바닥 모 양맥	掌狀脈	palmately vein	장상맥 (掌狀脈)		중심맥이 따로 없고 잎자루 끝에서 여러 개가 뻗어 나와 손바닥을 편 듯한 잎맥. 뻗어 나온 잎맥이 세 개면 3출 맥, 다섯 개면 5출맥이다. 흔히 장상맥은 5출맥이다.(예: 단풍나무, 팔손이나무)
손바닥 모양 잎줄	掌狀脈	palmately vein	손바닥 모 양맥		손바닥 모양맥 참조
손톱홀꽃	花爪	unguis, ungula, claw	화조(花爪)		꽃잎이나 꽃받침 아래쪽이 좁고 가늘어진 부분(예: 패랭 이꽃)
솔방울열매	毬果	cone	구과(毬果)		단단한 목질의 비늘조각이 여러 개 뭉친 열매. 비늘조각 이 단단하게 붙었다가 익으면서 점점 벌어져 열린다.(예: 소나무, 삼나무, 굴피나무)
솔방울조각	實片	valve, ovuliferous scale	실편(實片)		열매조각 참조
솜털	綿毛	lanuginous hair	면모(綿毛)		길고 부드러운 솜털
송진구멍길	樹脂道	resin canal	수지도 (樹脂道)		침엽수나 두릅나무에서 볼 수 있는 나뭇진의 통로가 되 는 조직. 소나무 같은 식물의 줄기나 잎 등에서 송진이 나오는 구멍
수	髓	pith	줄기속		줄기속 참조
수	穗	spike	이삭		이삭 참조
수간	樹幹	bole, trunk		원줄기 (主幹)	나무의 중심축이 되는 줄기
수간경	樹幹莖	caudex		원줄기 (主幹)	나무의 주축이 되는 원줄기
수고	樹高	tree height	나무높이		나무높이 참조
수과	瘦果	achene	얇은열매		얇은열매 참조
수관	樹冠	crown	나무 모양 (樹型)		줄기, 가지, 잎 등 나무의 전체적인 몸통의 모양. 메타세 쿼이아는 원뿔, 반송은 반달 모양이다.
수그루	雄株	male plant	웅주(雄株)		수나무 혹은 수포기. 암꽃과 수꽃이 다른 개체에 생길 때 수나무
수근	鬚根	fibrous root	수염뿌리		수염뿌리 참조
수꽃	雄花	staminate flower, male flower	웅화(雄花)	암꽃	홑성꽃 중 수술만 성숙하고 암술은 퇴화해서 없거나 발 육이 불완전한 꽃
수꽃이삭	雄花穗	male catkin	웅화수 (雄花穗)		수꽃이 다닥다닥 붙어서 이삭처럼 핀 것
수꽃차례	雄花序	staminate inflo- rescence	웅화서 (雄花序)	암꽃 차례	수꽃만 모여서 핀 꽃차례(예: 환삼덩굴, 거북꼬리, 버드 나무)
수레바퀴 모 양꽃부리	輻狀花冠	rotte corolla	복상꽃부리		꽃부리통부는 짧고, 현부(舷部)는 수평에 가깝게 펼쳐지 는 방사상칭의 꽃부리(예: 석죽과의 장구채속, 지치과의 꽃마리속)

용어	한자 표기	영어 표기	같은 말	참고	설명
수매화	水媒花	water pollination			물에 의해 꽃가루받이되는 꽃(예: 붕어마름)
수배우체	雄花穗	male gameto-phyte		소포자구화(小胞子毬花)	양치식물에서 정자를 만드는 배우체
수분	受粉	pollination	꽃가루받이		꽃가루받이 참조
수분결핍	水分缺乏	water deficit, moisture deficiency	물부족		물부족 참조
수분스트레스	水分缺乏	water stress	물부족		물부족 참조
수상꽃차례	穗狀花序	spike	이삭꽃차례		이삭꽃차례 참조
수상화서	穗狀花序	spike	이삭꽃차례		이삭꽃차례 참조
수생식물	水生植物	hydrophyte			습기가 많은 물가나 물속에 잠겨서 자라는 식물
수술	雄蘂	stamen	웅예(雄蘂)		꽃가루를 만드는 기관. 꽃밥과 수술대로 구성된다. 수술이 모인 것을 웅예군이라 한다. 수술대가 없고 꽃가루 주머니만 있는 수술도 있다.
수술대	花絲	filament	화사(花絲), 꽃실		수술에서 꽃밥이 달린 가느다란 자루. 대개 실 모양이며, 아래쪽은 꽃 부분에 붙어 있고 꽃밥이 달렸다. 수술대가 없는 경우, 여러 개가 합쳐진 경우, 수술대 일부가 꽃잎에 붙은 경우도 있다.
수술통	雄蘂筒	staminal tube	웅예통(雄蘂筒)		수술대가 합쳐져서 한 기둥처럼 된 것(예: 멀구슬나무, 귤)
수액	樹液	sap			뿌리에서 줄기를 지나 잎으로 향하는 액체. 성분은 대부분 물이지만, 뿌리에서 빨아올린 무기물 등이 녹아 있다.(예: 고로쇠 수액)
수염뿌리	鬚根	fibrous root	수근(鬚根)	원뿌리, 곁뿌리	굵은 원뿌리나 곁뿌리에서 난 가늘고 수염 같은 뿌리
수정	受精	fertilization	정받이		정받이 참조
수지	樹脂	resin canal	나뭇진		식물이 분비한 단단한 물질이나 상처 부위에서 나오는 끈끈한 물질. 흔히 진이라고 한다. 나뭇진 참조
수지구	樹脂溝	resin canal		나뭇진	나뭇진이 나오는 세포 사이의 빈틈(예: 구상나무, 곰반송, 비자나무)
수지도	樹脂道	resin canal	송진구멍길		침엽수나 두릅나무에서 볼 수 있는 나뭇진의 통로가 되는 조직. 송진구멍길 참조
수평우산꽃차례	繖房花序	corymb	편평꽃차례		편평꽃차례 참조
수피	樹皮	bark	나무껍질		나무껍질 참조
수형	樹型	type of trees	나무 모양		줄기, 가지, 잎 등 나무의 전체적인 모양. 나무 모양 참조
숙근	宿根	perennial root	여러해살이뿌리		여러해살이뿌리 참조
숙근초	宿根草	herbaceous perennial plant	여러해살이풀		여러해살이풀 참조
숙악	宿萼	persistent sepal	영구꽃받침		영구꽃받침 참조

용어	한자 표기	영어 표기	같은 말	참고	설명
숙존성	宿存性	persistent		조락성 (早落性)	열매가 익은 뒤에도 꽃받침, 꽃잎, 암술대 등이 남은 경우. 상대적으로 떨어지는 것은 낙엽성, 일찍 떨어지는 것은 조락성
숙존악	宿存萼	persistent sepal	영구꽃받침		영구꽃받침 참조
숙존총포	宿存總苞	persistent bract			꽃이 지거나 열매가 익은 뒤에도 떨어지지 않고 있는 큰 꽃싸개
숙존화주	宿存花柱	persistent style	영구암술대		영구암술대 참조
순	筍	tiller			줄기 아래쪽이나 땅속줄기에서 돋은 싹
순자르기	摘心	pinching	적심(摘心)		꽃이 피거나 열매 맺는 것을 촉진하기 위해 원줄기 꼭대기의 싹을 잘라주는 것
순판	脣瓣	labella	입술꽃잎		입술꽃부리에서 좌우 대칭인 입술 모양 꽃잎 중 주체가 되는 꽃잎(예: 꿀풀과). 입술꽃잎 참조
순형	盾形	peltate	방패 모양		방패 모양 참조
순형	脣形	labiate	입술꼴		입술꼴 참조
순형모	盾形毛	peltate trichome	방패형돌기		방패형돌기 참조
순형저	盾形底	peltate	방패형잎밑		방패형잎밑 참조
순형화관	脣形花冠	labiate corolla, bilabiate corolla	입술꽃부리		입술꽃부리 참조
술모양꽃차례	總狀花序	raceme	총상화서 (總狀花序)	총상꽃 차례	중앙의 긴 꽃대에 길이가 비슷한 작은꽃자루가 있는 꽃들이 아래부터 피어 올라가는 꽃차례(예: 아까시나무, 때죽나무)
술잔 모양꽃차례	盃狀花序	cyathium	배상화서 (盃狀花序)	등잔 모양꽃 차례	암꽃과 수꽃이 술잔 모양의 꽃턱 속에 함께 들어 있는 꽃차례(예: 대극과)
숨구멍	氣孔	stoma	기공(氣孔)		식물의 줄기나 잎에 숨 쉬기와 수분의 통로 역할을 하는 구멍. 잎 뒷면에 많다.
숨구멍줄	氣孔帶	stomatal zone, stomatal band	기공대 (氣孔帶)	기공 조선	잎 뒷면에 있는 숨구멍이 모여 흰 줄 모양으로 나타난 것(예: 전나무, 구상나무)
숨뿌리	氣根	aerial root	공기뿌리		공기뿌리 참조
숨은꽃열매	隱花果	syconium	은화과 (隱花果)		주머니처럼 생긴 육질의 꽃턱 안에 많은 얇은열매(瘦果)가 들어 있는 열매(예: 무화과나무)
숨은꽃차례	隱頭花序	hypanthodium , syconium	은두화서 (隱頭花序)		머리꽃차례의 변형. 꽃턱이 크게 발달해서 항아리 모양이고, 그 속에 많은 꽃이 달린 꽃차례(예: 무화과나무)
숨은눈	潛芽	dormant bud, latent bud	잠아(潛芽)		싹이 잘 발달하지 못했거나 조건이 되지 못해 봄이 되어도 싹이 트지 못하는 싹
쉬는눈	休眠芽	dormant bud, sleeping bud	휴면아 (休眠芽)		나무에 싹이 만들어진 뒤 일시 생장을 정지한 싹. 꼭대기눈이 활발히 생장할 때 그 가지에 있는 곁눈은 쉬는눈이 되기 쉽지만, 꼭대기눈을 없애면 다시 생장한다.
습기피해	濕氣被害	excess moisture injury, wet injury	습해(濕害)		땅에 습기가 지나치게 많은 상태가 계속되면 농작물의 생장이 쇠퇴하고 수확이 저하되는 등의 피해
습생식물	濕生植物	hydrophyte	습지식물		습지식물 참조
습지식물	濕地植物	hydrophyte	습생식물		물가나 늪, 습지 등 습기가 많은 곳에서 자라는 식물

용어	한자 표기	영어 표기	같은 말	참고	설명
습해	濕害	excess moisture injury, wet injury	습기피해 (濕氣被害)		땅에 습기가 지나치게 많은 상태가 계속되면 농작물의 생장이 쇠퇴하고 수확이 저하되는 등의 피해
시과	翅果	samara, wing	날개열매		날개열매 참조
시듦	凋萎	marcescent	조위(凋萎)		물기가 모자라서 나무나 풀 따위에 생기가 없어지는 것
식물군락	植物群落	plant community			흙의 성질이나 온도, 물, 햇볕 등 거의 같은 환경에 모여 사는 식물의 집단
식생	植生	vegetation			어떤 장소에서 나고 자라는 식물의 집단을 막연하게 가리키는 말
신년지	新年枝	twig	햇가지		햇가지 참조
신월형	新月形	lunate			초승달처럼 생긴 모양
신장저	腎臟底	reniform leaf base	콩팥 모양 잎밑		콩팥 모양잎밑 참조
신장형	腎臟形	reniform	콩팥 모양		콩팥 모양 참조
신초	新梢	shoot, new shoot	햇가지		올해에 자라난 가지를 신초 또는 새 가지라고 한다. 햇가지 참조
실 모양	絲狀	filiform	사상(絲狀)		길고 가느다란 실 같은 모양
실생	實生	seedling	유식물 (幼植物)		씨앗이 알맞은 환경 조건을 만나 싹이 트거나 자라기 시작한 어린 식물
실생묘	實生苗	seedling			씨앗을 뿌려 기른 어린 묘목
실생번식	實生繁植	seed propagation	종자번식		씨앗을 뿌려 개체를 늘려가는 것
실엽	實葉	sporophyll	홀씨잎		홀씨잎 참조
실편	實片	valve, ovuliferous scale	열매조각		열매조각 참조
실편	實片	cone scale	비늘조각		비늘조각 참조
심열	深裂	parted			잎가장자리에서 중심맥까지 1/2~3/4로 깊이 갈라져 들쑥날쑥하게 파인 모양
심장저	心臟底	cordate	염통꼴밑		염통꼴밑 참조
심장형	心臟形	cordate	염통꼴		염통꼴 참조
심장형엽저	心臟形葉底	cordate	염통꼴밑		염통꼴밑 참조
심파상	深波狀	sinuate		물결 모양	잎가장자리가 물결 모양으로 깊이 구불거리는 모양. 물결 모양 참조
심피	心皮	carpel			꽃의 가장 안쪽에 있으며, 한 개 또는 여러 개의 밑씨를 싸고 있다. 밑씨가 완전히 자라게 되면 심피는 열매껍질 (果皮)로 변한다.(가죽나무 암꽃)
심형	心形	cordate	염통꼴		염통꼴 참조
십자대생	十字對生	decussate	십자마주나기		십자마주나기 참조
십자마주나기	交互對生	decussate	교호대생 (交互對生)		마주나기로 달린 잎이 아래위 번갈아 90도로 방향을 달리하는 것. 위에서 보면 十자 모양이다. 교호대생이라고도 한다.

용어	한자 표기	영어 표기	같은 말	참고	설명
십자모양꽃	十字花	cruciate flower	십자화 (十字花)		꽃잎 네 개가 십자 모양으로 붙은 꽃으로, 십자화과 식물에서 볼 수 있다. 꽃잎이 서로 붙어 있지 않아 꽃부리를 이루지 않는다. 십자모양꽃은 보통 수술이 6개이며, 그중 4개가 길고 2개가 짧은 넷긴수술(4强雄蕊)이다.
십자모양꽃부리	十字花冠	cruciform corolla	십자화관 (十字花冠)		꽃잎 네 개가 十자나 X자 모양으로 배열한 꽃(예: 냉이, 유채)
십자화	十字花	cruciate flower	십자 모양 꽃		십자모양꽃 참조
십자화관	十字花冠	cruciform corolla	십자 모양꽃부리		십자모양꽃부리 참조
십자화형	十字花形	cruciform corolla	십자 모양꽃부리		십자모양꽃부리 참조
싹	芽	bud	아(芽), 눈		자라서 잎이나 꽃이 될 부분이 비늘잎에 싸인 것(예: 꽃눈, 잎눈)
싹트기	出芽	emergence	출아(出芽)		씨앗을 심은 뒤 싹이 나오고, 그것이 발달하여 새로운 식물체가 생기는 과정
싹트기	發芽	germination	발아(發芽)		씨눈이 씨앗껍질을 뚫고 나와 싹이 트는 것
쌍관천저	雙貫穿底	connate-perforate			두 잎이 합쳐져서 줄기를 둘러싼 잎밑(예: 붉은인동)
쌍떡잎	雙子葉	dicotyledonous	쌍자엽	복자엽	씨앗 속에 있는 씨눈 한 개에서 떡잎이 두 개인 것
쌍떡잎식물	雙子葉植物	Dicotyledoneae	쌍자엽식물		씨앗 속에 있는 씨눈 한 개에서 떡잎이 두 장 나오는 식물
쌍성꽃	兩性花	hermaphrodite	양성화 (兩性花)	완전화 (完全花)	꽃 한 송이에 암술과 수술이 모두 있는 것. 홀성꽃(單性花)의 상대어
쌍자엽	雙子葉	dicotyledonous	쌍떡잎		쌍떡잎 참조
쌍자엽식물	雙子葉植物	Dicotyledoneae	쌍떡잎식물		쌍떡잎식물 참조
쐐기꼴	楔形	cuneate, wedge-shaped	설형(楔形)		윗부분이 넓고 밑 부분이 점차 좁아져서 쐐기(물건들의 사이를 벌리는 데 쓰는 물건)나 도끼 모양이다.
쐐기꼴밑	楔底	cuneate	설저(楔底)		쐐기나 도끼 모양으로 아래쪽이 점점 좁아져 뾰족한 잎밑(예: 능수버들)
쐐기 모양	楔形	cuneate, wedge-shaped	쐐기꼴		쐐기꼴 참조
씨껍질	種衣	seed coat	씨앗껍질		씨앗껍질 참조
씨눈	胚	embryo	배(胚)		씨에 있는 어린 생명체. 여기에서 어린뿌리와 떡잎이 나오며, 떡잎 사이에서 나온 싹은 자라서 줄기가 된다.
씨방	子房	ovary	자방(子房)		암술 아래쪽에 통통하게 부푼 부분. 심피에서 생겨나며, 씨앗이 될 밑씨를 포함한다. 씨방은 보통 꽃의 다른 부분과 붙어 열매로 발달하고, 밑씨는 씨앗으로 발달한다. 꽃덮이가 붙는 위치에 따라 상위씨방, 중위씨방, 하위씨방으로 구분한다.
씨방자루	子房柄	gynophore	자방병 (子房柄)	자성관 (雌性管)	씨방 아래 있는 긴 자루(예: 이나무)
씨뿌리기	播種	seeding	파종(播種)		식물의 씨앗을 뿌려 심는 것
씨앗	種子	seed	종자(種子)		수정한 밑씨가 발달한 것으로, 생물의 번식에 필요한 기본 물질이다.

용어 해설

용어	한자 표기	영어 표기	같은 말	참고	설명
씨앗껍질	種皮	seed coat	종피(種皮)		씨앗을 감싸는 껍질. 씨눈과 배젖을 보호하고 싹이 틀 때 물을 빨아들인다.
씨앗비늘	實片	valve, ovuliferous scale	열매조각		열매조각 참조
씨앗자루	種柄	funiculus	종병		씨앗의 자루
아	芽	bud	싹		싹 참조
아관목	亞灌木	suffruticose, suffrutescent	버금떨기나무		버금떨기나무 참조
아교목	小喬木	arborescent	작은키나무		작은키나무 참조
아대생	亞對生	suopposite	버금마주나기		버금마주나기 참조
아래입술	下脣	labellum	하순(下脣)	윗입술 (上脣)	입술꽃부리의 아래쪽 꽃잎
아린	芽鱗	bud-scale	눈비늘		눈비늘 참조
아원형	亞原形	roundish			원형에 가까운 둥그스름한 모양
아저목	亞低木	subshrub			줄기의 밑동은 나무처럼 단단하고, 줄기는 땅 위를 기는 여러해살이 떨기나무
아접	芽椄	budding	눈접		눈접 참조
아주심기	定植	planting	정식(定植), 재식(栽植)		온실이나 모종에서 기른 어린 식물을 끝까지 살게 될 장소에 옮겨 심는 것
아포엽	芽胞葉	sporophyll	홀씨잎		홀씨잎 참조
악	萼	sepal	꽃받침		꽃받침 참조
악상총포	萼狀總苞	calyculus, epicalyx			꽃받침 바깥쪽에 달린 꽃받침 모양의 꽃차례받침(總苞) (예: 덩굴뱀딸기)
악열편	萼裂片	calyx lobe, calyx segment	꽃받침갈래		꽃받침갈래 참조
악통	萼筒	calyx tube	꽃받침통		꽃받침통 참조
악편	萼片	sepal	꽃받침잎		꽃받침잎 참조
안갖춘꽃	不完全花	incomplete of imperfect flower	불완전화 (不完全花)	갖춘꽃 (完全花)	꽃잎, 꽃받침, 암술, 수술 중 한 부분이 없는 꽃. 갖춘꽃의 상대어
안꽃	盤上花	disk flower	반상화 (盤上花)	가장 이꽃	국화과 꽃에서 가장자리에 있는 혀꽃을 제외한 대롱꽃 (예: 해바라기, 코스모스)
안쪽열매껍질	內果皮	endocarp	내과피 (內果皮)		열매껍질 중 가장 안쪽 층. 안쪽열매껍질 속에 씨앗이 들었다.
알뿌리	球根	bulbs, tuber	구근		공 모양으로 부풀어 양분을 저장하는 땅속줄기나 뿌리
알줄기	球莖	corm	구경(球莖)		땅속줄기(地下莖)의 마디사이(節間)가 단축된 다육질이나 인편으로 된 공 모양의 줄기. 보통 막질에 싸여 있다.(예: 글라디올러스, 택사, 수선화, 천남성)
암그루	雌株	gynoecism, female plant	자주(雌株)		암꽃과 수꽃이 다른 개체에 달릴 때 암포기 또는 암나무
암꽃	雌花	female flower, pistillate flower		수꽃	홀성꽃 중 암술만 성숙하고 수술은 퇴화해서 없거나 발육이 불완전한 꽃

용어	한자 표기	영어 표기	같은 말	참고	설명
암꽃이삭	雌花穗	female catkin	자화수 (雌花穗)		작은 꽃이 여러 송이 다닥다닥 붙어서 이삭처럼 늘어지는 암꽃
암꽃차례	雌花序	female inflores- cence	자화서 (雌花序)	수꽃 차례	암꽃으로 된 꽃차례(예: 환삼덩굴, 버드나무, 거북꼬리)
암발아종자	暗發芽種子	dark germinating seed		광발아 종자	어두운 곳에서 싹이 트는 씨앗
암배우체	雌花穗	female gameto- phyte		대포자 구화(大 胞子 毬花)	양치식물에서 난자를 만드는 배우체
암수같은그루	雌雄同株	monoceious	암수한그루		암수한그루 참조
암수다른그루	雌雄異株	dioecious	암수딴그루		암수딴그루 참조
암수딴그루	雌雄異株	dioecious	자웅이주 (雌雄異株)	암수한 그루	암꽃이 달리는 그루와 수꽃이 달리는 그루가 따로 존재하는 것(예: 버드나무, 은행나무). 풀보다 나무에 흔하다.
암수딴몸	雌雄異株	dioecious	암수딴그루		암수딴그루 참조
암수한그루	雌雄同株	monoceious	자웅동주 (雌雄同株)	암수딴 그루	암꽃과 수꽃이 구별되지만, 같은 그루에 달리는 것(예: 밤나무, 쐐기풀, 수박)
암술	雌蘂	pistil, pistillum	자예(雌蘂)	수술	열매를 만드는 기관. 보통 암술머리, 암술대, 씨방으로 구성된다. 암술은 한 송이에 한 개씩 있지만 두 개 이상인 것도 있다. 수술의 상대어
암술대	花柱	style	화주(花柱)		암술머리를 받치는 대. 암술머리와 씨방을 연결하며, 대부분 둥근기둥꼴이다. 암술대가 없는 암술도 있다. 꽃가루가 암술대 속 꽃가루관을 지나 밑씨로 향한다.
암술머리	柱頭	stigma	주두(柱頭)		암술 위쪽에 있으며, 꽃가루가 붙는 곳. 어떤 것은 융털이 있고, 어떤 것은 끈끈한 액체가 나와 꽃가루받이에 적당하다. 풍매화는 털 모양, 새깃 모양으로 꽃가루가 걸리기 쉽게 생겼다. 꽃가루가 암술머리에 붙으면 싹이 터서 꽃가루관이 나온다. 통상 암술대의 끝 부분을 말한다.
액과	液果	berry		물열매	건과의 상대어. 열매의 겉껍질(外果皮)은 얇지만 열매살(果肉)이 두껍고 수분이 많은 육질로 되어 있는 열매의 총칭. 열매 속에 비교적 딱딱한 씨앗껍질(種皮)에 싸인 씨앗이 여러 개 들어 있다.(예: 포도, 담쟁이덩굴, 까마귀밥여름나무) 물열매, 굳은씨열매, 배 모양 열매, 귤꼴열매는 모두 액과다.
액생	腋生	axillary, solitary	겨드랑이나기		겨드랑이나기 참조
액아	腋芽	axillary bud, lateral bud	겨드랑이눈		겨드랑이눈 참조
야외재배	野外栽培	open(field) cul- ture	노지재배 (露地栽培)		채소, 과수 등 원예작물을 자연환경에서 특별한 시설 없이 가꾸는 일
약	葯	anther	꽃밥		꽃밥 참조
약격	葯隔	connective	꽃밥부리		꽃밥부리 참조
약실	葯室	anther loculus	꽃가루주머니		꽃가루주머니 참조
얇은열매	瘦果	achene	수과(瘦果)		얇은 열매껍질이 있으며, 작고 말라서 단단하고 터지지 않는다. 씨앗과 열매껍질은 분리된다. 보통 열매 하나에 씨앗 한 개가 있다.(예: 해바라기, 벼, 메밀) 사위질빵이나 으아리처럼 닭의 깃털 같은 털이 달린 얇은열매도 있다.

용어	한자 표기	영어 표기	같은 말	참고	설명
양생식물	陽生植物	sun plant	양지식물 (陽地植物)		양지식물 참조
양성화	兩性花	hermaphrodite	쌍성꽃		쌍성꽃 참조
양수	陽樹	sun tree		음수	햇빛을 좋아해 그늘에서 잘 자라지 못하는 나무
양지식물	陽地植物	sun plant	양생식물 (陽生植物)	음지 식물	그늘에서는 잘 자라지 못하고, 햇빛이 잘 비치는 곳에서만 잘 자라는 식물
양체수술	兩體雄蕊	diadelphous stamen	두몸수술		두몸수술 참조
양체웅예	兩體雄蕊	diadelphous stamen	두몸수술		두몸수술 참조
양축분지	兩軸分枝	dichotomous branching		단축 분지	뿌리, 줄기, 잎맥 등 원래 줄기 옆으로 가지가 좌우 거의 같은 굵기로 갈라지는(分枝) 방법이다.
양치식물	羊齒植物	Pteridophyta			관다발(維管束)이 있는 식물 중에서 꽃이 피지 않고 홀씨로 번식하는 식물(예: 고사리/석송, 속새)
어긋나기	互生	alternate	호생(互生)	마주나기(對生), 돌려나기(輪生)	잎이 줄기마디마다 어긋나기로 달리는 것. 줄기 한 마디에서 잎이 한 개 나오며, 잎은 줄기를 따라 올라가면서 나사 모양으로 달린다. 마주나기, 돌려나기의 상대어
어린싹	幼芽	plumule	유아(幼芽)		맨 처음 올라오는 싹. 줄기와 잎이 된다.
어린열매	幼果	young fruit	유과(幼果)	미숙과	커지기 전의 열매
얼룩식물	斑入植物	variegated plant	무늬식물		무늬식물 참조
얼룩점	斑點	dotted	반점(斑點)	무늬점	잎이나 줄기 등에 불규칙하게 있는 얼룩덜룩한 점이나 샘점
얼자	蘖子	tiller	새끼가지		새끼가지 참조
에프원		first filial generation	F1		잡종제1세대. 다른 품종을 인공교잡해서 얻은 1대 잡종
에프원씨앗		first filial generation seed	F1종자	잡종강세(雜種強勢)	우수한 품종끼리 교배해서 만든 씨앗. 식물의 우수한 특징이 유전되지 않기 때문에 해마다 새로운 씨앗을 사야 한다.
여러꽃한열매	多花果	multiple fruit	모인열매		모인열매 참조
여러몸수술	多體雄蕊	polyadelphous stamen	다체웅예 (多體雄蕊)		여러 수술대가 붙어서 여러 몸을 이룬 수술
여러해살이	多年生	perennial	다년생		식물이 여러 해 동안 사는 것
여러해살이 나무	多年生木本	perennial trees	다년생목본		큰키나무나 떨기나무 줄기와 뿌리가 단단해져서 겨우내 땅 위 줄기나 잎이 말라 죽지 않고 여러 해 동안 살아가는 나무
여러해살이 뿌리	宿根	perennial root	숙근(宿根)		겨울에 줄기는 말라 죽고 뿌리만 남아 이듬해 새로 움트는 여러해살이 뿌리
여러해살이풀	多年草	herbaceous perennial plant	다년초 (多年草)		겨울이 되면 땅 윗부분은 말라 죽지만, 땅속뿌리나 땅속줄기는 살아남아 이듬해 봄에 새싹이 돋아 여러 해 동안 살아가는 식물
여름잠	夏眠	aestivation	하면(夏眠)		열대나 아열대 지방에 사는 생물이 무덥고 건조한 계절에 자라기를 멈추는 일

용어	한자 표기	영어 표기	같은 말	참고	설명
역모	逆毛	retrorse hair			털의 앞 쪽 끝이 식물의 기부(基部)쪽을 향하고 있는 털
역자	逆刺	restrose			끝이 밑을 향하는 가시
역자모	逆刺毛	barbet trichome	갈고리형털		갈고리형털 참조
역향	逆向	retrorse		밑으로 향한	털이나 가시의 끝이 밑을 향하는 것
역향모	逆向毛	retrorse hair			털의 앞 쪽 끝이 식물의 기부(基部) 쪽을 향하고 있는 털
연모	軟毛	pubescent hair	부드러운털		부드러운털 참조
연모	緣毛	ciliate	가장자리털		잎이나 꽃의 가장자리에 난 털. 가장자리털 참조
연변	緣邊	margin	가장자리		가장자리 참조
연변태좌	緣邊胎座	parietal and marginal placentation			밑씨가 복봉선을 따라 씨방벽에 달리는 것. 단심피로 된 씨방에서 볼 수 있으며, 태좌 중에서 가장 원시형이다.
열개	裂開	dehiscent			꽃밥이나 열매가 익은 뒤 꽃밥이나 열매껍질이 저절로 갈라지는 것
열개과	裂開果	dehiscent fruit	열리는 열매		열리는 열매 참조
열리는열매	開果	dehiscent fruit	개과(開果)	닫힌열매(閉果)	익으면 열매껍질이 벌어져 씨앗이 나오는 열매(예: 쪽꼬투리열매, 꼬투리열매, 튀는열매)
열매	果實	fruit	과실(果實)	과일	꽃이 피고 수정한 다음 씨방이 자라서 익은 것
열매껍질	果皮	pericarp	과피(果皮)		열매에서 씨앗을 싸고 있는 바깥의 껍질. 겉껍질(外果皮), 가운데열매껍질(中果皮), 안쪽열매껍질(內果皮)로 구성된다.
열매살	果肉	flesh, pulp	과육(果肉)		열매 중 열매껍질과 씨앗을 제외한, 주로 우리가 먹는 부분
열매싸개	果苞	perigynium	과포(果苞)		열매를 싸거나 열매 주변에 달리는 비늘 모양 잎(예: 까치박달, 서어나무)
열매이삭	果穗	fruit spike	과수(果穗)		많은 열매가 모여서 이삭처럼 촘촘하게 붙은 것(예: 버드나무과, 자작나무과)
열매자루	果梗	fruit stalk	과경(果梗), 과병(果柄)		끝에 열매가 달리는 자루. 가지와 열매 사이에 양분과 수분의 통로가 되며, 열매를 가지에 붙어 있게 한다.
열매조각	實片	valve, ovuliferous scale	실편(實片)		솔방울을 구성하는 비늘 모양 조각. 나사 모양으로 붙어 있는 경우가 많다.(예: 소나무, 잣나무)
열매주머니	果囊		과낭(果囊)		숨은꽃차례에서 열매를 싸는 주머니
열매차례	果序	infructescence	과서(果序)		열매자루에 열매가 달리는 배열 상태
열매턱	果托	excipulum, exciple, fruit receptacle	과탁(果托)		꽃턱이 커져서 만들어진 열매의 일부분(예: 목련)
열편	裂片	pinnule segment	갈래조각		잎가장자리가 찢어진 낱낱의 조각조각. 보통 고로쇠나무의 열편은 다섯 개, 왕고로쇠나 애기단풍은 일곱 개, 내장단풍이나 당단풍은 아홉 개다.
염주 모양	念珠狀	moniliform	염주상 (念珠狀)		둥근 구조가 연결되어 염주와 같은 모양(예: 회화나무 열매)
염주 모양털	念珠狀毛	moniliform, trichome	염상모 (念珠狀毛)		다세포로 된 긴 염주 모양 털

용어	한자 표기	영어 표기	같은 말	참고	설명
염주상	念珠狀	moniliform	염주 모양		염주 모양 참조
염주상모	念珠狀毛	moniliform, tri-chome	염주 모양털		염주 모양털 참조
염주형	念珠形	moniliform	염주 모양		염주 모양 참조
염통꼴	心臟形	cordate	심장형(心臟形)		잎 위쪽은 뾰족하고 아래쪽은 오목해 염통(심장이나 하트)과 비슷한 모양(예: 피나무). 위아래가 바뀐 모양은 거꿀염통꼴(예: 괭이밥)
염통꼴밑	心臟底	cordate	심장저(心臟底)		잎밑이 염통의 밑처럼 중간이 쏙 들어간 모양
염통 모양	心臟形	cordate	염통꼴		염통꼴 참조
엽각	葉脚	leaf base	잎밑(葉底)		잎몸의 밑 부분. 잎자루에서 가장 가까운 곳이나 줄기와 맞닿은 부분. 잎밑 참조
엽극	葉隙	leaf gap		잎자국(葉痕)	잎의 관다발이 줄기의 관다발에서 갈라져 나간 뒤 줄기에 남는 관다발 자국
엽기	葉基	leaf base	잎밑(葉底)		잎밑 참조
엽두	葉頭	leaf apices, leaf apex	잎끝		잎끝 참조
엽록소	葉綠素	chlorophyll			녹색식물의 잎에서 빛 에너지를 흡수하여 이산화탄소를 유기화합물로 바꾸는 초록색 색소
엽맥	葉脈	leaf vein, vena-tion	잎맥		잎맥 참조
엽맥	葉脈	areola, areole	가시자리		가시자리 참조
엽병	葉柄	petiole	잎자루		잎자루 참조
엽삽	葉揷	leaf cutting	잎꽂이		잎꽂이 참조
엽상경	葉狀莖	cladophyll.leafy stem, phyllocade	선인장 모양 줄기		잎처럼 생긴 줄기. 선인장처럼 줄기의 모양이 잎처럼 보이고, 엽록소가 있어 광합성을 하는 줄기(예: 선인장, 세타케우스, 아스파라거스)
엽상포	葉狀苞				꽃차례를 둘러싼 잎 모양의 큰꽃싸개
엽서	葉序	phyllotaxy	잎차례		잎차례 참조
엽선	葉先	leaf apices, leaf apex	잎끝		잎끝 참조
엽설	葉舌	ligule	잎혀		잎혀 참조
엽신	葉身	leaf blade	잎몸		잎몸 참조
엽아	葉芽	foliar bud, leaf bud	잎눈		잎눈 참조
엽아삽	葉芽揷	leaf bud cutting	잎눈꽂이		잎눈꽂이 참조
엽액	葉腋	axil	잎겨드랑이		잎겨드랑이 참조
엽액	葉腋	axil			선인장의 혹줄기와 혹줄기 사이 오목하게 들어간 곳
엽연	葉緣	leaf margin	잎가장자리		잎가장자리 참조
엽육	葉肉	leaf body, meso-phyll	잎살		잎살 참조
엽이	葉耳	auricle	잎귀		잎귀 참조

용어	한자 표기	영어 표기	같은 말	참고	설명
엽저	葉底	leaf base	잎밑		잎밑 참조
엽적	葉跡	leaf trace		엽극 (葉隙)	줄기마디에 잎이 붙을 때 줄기에서 갈라져 잎으로 들어가는 관다발
엽정	葉頂	leaf apex	잎끝		잎의 맨 끝 부분. 잎끝 참조
엽초	葉鞘	leaf sheath	잎집		잎집 참조
엽축	葉軸	rachis	잎줄기		잎줄기 참조
엽침	葉枕	pulvinus			잎자루나 작은 잎자루 아래쪽이나, 잎이 달리는 줄기의 부위가 도드라져 두툼하거나 뚱뚱한 것(예: 개나리, 개회나무)
엽침	葉針	spine, leaf spine	잎가시		잎가시 참조
엽흔	葉痕	leaf scar	잎자국		잎자국 참조
영구꽃받침	宿存萼	persistent sepal	숙존악 (宿存萼)		꽃이 지고 열매가 익은 뒤까지도 끝까지 남아있는 꽃받침
영구암술대	宿存花柱	persistent style	숙존화주 (宿存花柱)		꽃이 지고 열매가 익은 뒤까지도 끝까지 남아있는 암술대
영양계	營養系	clonal strains, clonal line, clone		클론	짝짓기 없이 무성 생식으로 태어난 유전자형이 동일한 생물집단. 보통 꺾꽂이, 휘묻이, 접붙이기, 포기나누기, 구근 등의 방법으로 영양번식을 한 개체군
영양기관	營養器官	vegetative organ			식물에서 생식기관(꽃, 열매, 씨앗)을 제외한 줄기, 잎, 뿌리 등의 기관을 총칭
영양번식	營養繁殖	vegetative propagation		씨앗, 포자번식	식물의 모체에서 잎, 줄기, 뿌리 같은 영양기관 일부가 나뉘어 새로운 개체가 태어나는 것(꺾꽂이, 휘묻이, 접붙이기). 씨앗이나 포자번식의 상대어
영양생식	營養生殖	vegetative reproduction		무성 생식	식물이 잎, 줄기, 뿌리 같은 영양기관을 이용해서 번식하는 무성생식 방법(꺾꽂이, 휘묻이, 접붙이기)
영양아	營養芽	vegetative bud		잎눈(葉芽), 꽃눈(花芽)	식물의 모체로부터 영양기관이 떨어져 새로운 독립개체가 될 싹(芽)
영양엽	營養葉	trophophyll			홀씨로 번식하는 식물에서 홀씨주머니가 만들어지지 않는 잎. 엽록소가 많고, 탄소동화작용이 왕성하다.(예: 고사리삼)
옆눈	副芽	accessory bud	덧눈		덧눈 참조
옆맥	側脈	lateral vein	곁맥		곁맥 참조
옆작은잎	側小葉	lateral leaflet	측소엽 (側小葉)	끝작은잎(頂小葉)	깃꼴겹잎에서 잎줄기 좌우에 달리는 작은잎. 잎줄기 위쪽 끝에 붙는 잎은 끝작은잎이다.
예거치	銳鋸齒	serrate	뾰족톱니		뾰족톱니 참조
예두	銳頭	acute	뾰족끝		뾰족끝 참조
예저	銳底	acute	뾰족끝밑		뾰족끝밑 참조
예주	蕊柱	gynostemium	꽃술대		꽃술대 참조
예철두	銳凸頭	cuspidate			짧은 바늘 모양으로 강하고 예리한 잎끝

용어	한자 표기	영어 표기	같은 말	참고	설명
예첨두	銳尖頭	acuminate			점첨두보다 덜 뾰족하고, 첨두보다 뾰족한 상태. 첨두→예첨두→점첨두 순서로 잎끝이 더 뾰족해진다.
오수성	五數性	pentamerous			꽃받침, 꽃잎, 수술, 암술 등 꽃을 구성하는 모든 기관이 다섯 개나 5의 공약수로 된 것
오출맥	五出脈	five vein			중심맥이 다섯 개로 발달한 잎맥
옮겨심기	移植	transplantation	이식(移植)		식물을 현재 자라는 곳에서 다른 장소로 옮겨 심는 것
완전화	完全花	complete or perfect flower	갖춘꽃		갖춘꽃 참조
왜성	矮性	dwarf			식물의 키가 그 종의 표준 크기에 비해 유전적으로 아주 작게 자라는 현상
왜성종	矮性種	dwarf cultivar	난쟁이품종		난쟁이품종 참조
왜저	歪底	oblique	의저(歪底)		잎밑이 중심맥을 중심으로 좌우 비대칭으로 찌그러진 것 (예: 팽나무)
외곡	外曲	recurved	반곡(反曲)		반곡 참조
외과피	外果皮	exocarp	겉껍질		겉껍질 참조
외권성	外卷性	revolute			잎몸 가장자리가 뒤쪽으로 말리는 성질(예: 참오글잎버들, 만병초)
외떡잎	單子葉	monocotyledon-ous	단자엽 (單子葉)		씨앗 속에 있는 씨눈 한 개에서 떡잎이 하나인 것
외떡잎식물	單子葉植物	monocotyledon-ous plant, mono-cotyledon	단자엽식물 (單子葉植物)		씨앗 속에 있는 씨눈 한 개에서 떡잎이 한 장 나오는 식물
외봉선	外縫線	dorsal suture	배봉선 (背縫線)		씨방벽에서 심피 등쪽으로 붙어 있는 줄. 배봉선 참조
외악	外萼	epicalyx, calyculus	덧꽃받침		덧꽃받침 참조
외종피	外種皮	testa	겉씨껍질		겉씨껍질 참조
외출	外出	exserted		내포 (內包)	암술이나 수술 등의 기관이 꽃부리 밖으로 불거져 내미는 것
외향	外向	extrorse			꽃의 중심부에서 바깥으로 향하는 것
외향약	外向藥	extrorse anther			꽃밥이 찢어져 벌어지는 봉선이 꽃의 바깥쪽을 향한 것 (예: 목련속)
외화피	外花被	outer perianth	겉꽃덮이		겉꽃덮이 참조
외화피편	外花被片	outer sepal			꽃덮이가 두 줄 있을 경우 바깥쪽에 위치한 꽃덮이조각
요두	凹頭	emarginate			잎끝이 둥그스름하면서 오목하게 들어간 모양
용골꽃잎	龍骨瓣	keel, carina	용골판 (龍骨瓣)		나비 모양꽃부리의 제일 아래쪽에 있는 꽃잎 두 장. 보통 암술과 수술을 감싼다.(예: 콩과)
용골판	龍骨瓣	keel, carina	용골꽃잎		용골꽃잎 참조
우단	羽緞	velvet, veludo	벨벳		벨벳 참조

용어	한자 표기	영어 표기	같은 말	참고	설명
우산꽃차례	傘形花序	umbel	산형화서 (傘形花序)	산형꽃 차례, 우 산 모양 꽃차례	길이가 거의 같은 작은꽃자루가 우산살처럼 퍼지며, 작은꽃자루마다 한 송이씩 피는 꽃이 모여 공 모양이나 편평한 모양인 꽃차례(예: 두릅나무과)
우산 모양	傘形	umbellate	산형(傘形)		우산살처럼 한 점에서 같은 거리를 두고 갈라지는 모양
우산 모양꽃 차례	傘形花序	umbel	우산꽃차례		우산꽃차례 참조
우상	羽狀	pinnate, plumous	깃털 모양		깃털 모양 참조
우상맥	羽狀脈	penniveins	깃꼴맥		깃꼴맥 참조
우상복엽	羽狀復葉	pinnately compound leaf	깃꼴겹잎		깃꼴겹잎 참조
우상심열	羽狀深裂	pinanately parted			잎가장자리에서 중심맥 가까이까지 깃꼴로 1/2~3/4 깊게 갈라지는 것
우상전열	羽狀全裂	pinnatisect			잎가장자리에서 중심맥 있는 부분까지 깃꼴로 전부 갈라진 모양
우상중열	羽狀中裂	pinnatifid	우열(羽裂)		잎가장자리에서 중심맥쪽으로 절반 정도 깃꼴로 갈라진 모양
우상천열	羽狀淺裂	pinnatilobed			잎가장자리에서 잎밑까지 깃꼴로 1/2 이하 얕게 갈라지는 것
우수우상복엽	偶數羽狀 複葉	even-pinnately compound leaf	짝수깃꼴겹잎		짝수깃꼴겹잎 참조
우열	羽裂	pinnatifid	우상중열 (羽狀中裂)		우상중열의 준말. 잎가장자리에서 중심맥 쪽으로 절반 정도 깃꼴로 갈라진 모양
우편	羽片	pinna	깃조각		깃조각 참조
움		sprout, bud		맹아 (萌芽)	식물의 뿌리, 줄기, 가지 등에서 새로 돋아나거나, 나무를 베어낸 뿌리에서 나는 싹
웅성불임	雄性不稔	male sterility	고자꽃 (鼓子花)		식물의 수컷기관인 꽃가루가 아예 만들어지지 않거나 기능을 잃어 씨앗을 맺지 못하는 경우
웅성선숙	雄性先熟	protandry		자성 선숙	쌍성꽃에서 암술보다 수술이 먼저 성숙하는 현상. 식물의 자가수정을 방지하는 데 도움이 된다.
웅성주	雄性株	male plant	수그루		수그루 참조
웅성화	雄性花	staminate flower, male flower	수꽃		수꽃 참조
웅예	雄蘂	stamen	수술		수술 참조
웅예군	雄蘂群	androecium			한 꽃에 있는 수술 전체. 수술은 대개 떨어져 있지만, 붙은 것도 있다.
웅예선숙	雄蘂先熟	protandrous		웅성선 숙(雄性 先熟)	물봉선처럼 암술보다 수술이 먼저 성숙하는 현상
웅예통	雄蘂筒	staminal tube	수술통		수술대가 합쳐져서 한 기둥처럼 된 것(예: 멀구슬나무) 수술통 참조
웅주	雄株	male plant	수그루		수그루 참조
웅화	雄花	staminate flower, male flower	수꽃		수꽃 참조

용어	한자 표기	영어 표기	같은 말	참고	설명
웅화서	雄花序	staminate inflorescence	수꽃차례		수꽃차례 참조
웅화수	雄花穗	male catkin	수꽃이삭		수꽃이삭 참조
웅화수	雄花穗	male gametophyte	수배우체		수배우체 참조
원가지	主枝	main branch	주지(主枝)	원줄기	원줄기에서 발생한 굵은 가지. 원줄기를 중심으로 원가지를 어떻게 배치하느냐에 따라 수형이 결정된다.
원개형	圓蓋形	operculiform	뚜껑 모양		뚜껑 모양 참조
원기둥꼴	圓柱形	terete, cylindrical	둥근기둥꼴		둥근기둥꼴 참조
원기둥 모양털	圓柱毛	cylindrical trichome	원주모 (圓柱毛)		길고 가는 원기둥 모양 털
원두	圓頭	round			잎이나 꽃잎 끝이 넓고 둥근 모양
원반형	圓盤形	discoid			접시처럼 둥글고 넓적하게 생긴 모양
원뿌리	主根	primary root, tap root, axial root	주근(主根)	곁뿌리	중심이 되는 굵은 뿌리. 여기에서 곁뿌리와 수염뿌리가 나온다.
원뿔꽃차례	圓錐花序	panicle	원추화서 (圓錐花序)	원뿔 모양꽃차례	위로 갈수록 좁아져 전체적으로 원뿔 모양인 꽃차례. 꽃은 한 번에 피지 않고 위나 아래에서 피기 시작하고, 중앙에서 시작하여 상하로 꽃이 피는 경우도 있다. 꽃차례 곁가지마다 술 모양꽃차례나 이삭꽃차례가 모여 전체적으로 원뿔 모양을 이룬다.
원뿔 모양	圓錐形	conical	원추형 (圓錐形)		원뿔처럼 생긴 모양
원뿔 모양꽃차례	圓錐花序	panicle	원뿔꽃차례		원뿔꽃차례 참조
원뿔 모양털	圓錐毛	conical trichome	원추모 (圓錐毛)		긴원뿔 모양 털
원심적	遠心的	centrifugal		구심적	중심에서 점차 밀어지며 차례로 꽃이 피거나 열매가 익어 가는 것
원저	圓底	round	둥근밑		둥근밑 참조
원주모	圓柱毛	cylindrical trichome	원기둥 모양털		원기둥모양털 참조
원주형	圓柱形	terete, cylindrical	둥근기둥꼴		둥근기둥꼴 참조
원줄기	主幹	trunk, main culm	주간(主幹)	원가지	나무의 중심 줄기로 땅 위와 속을 연결하는 가장 중요한 부분. 원줄기에서 갈라져 나온 가지를 원가지라 한다.
원추모	圓錐毛	conical trichome	원뿔 모양털		원뿔모양털 참조
원추형	圓錐形	conical	원뿔 모양		원뿔 모양 참조
원추화서	圓錐花序	panicle	원뿔꽃차례		원뿔꽃차례 참조
원통형	圓筒形	cylindrical	둥근기둥꼴		둥근기둥꼴 참조
원형	圓形	orbicular	둥근꼴		둥근꼴 참조
월년초	越年草	biennial plant	두해살이풀		두해살이풀 참조
위간	僞稈		가짜줄기		가짜줄기 참조

용어	한자 표기	영어 표기	같은 말	참고	설명
위경	僞莖		헛줄기		헛줄기 참조
위과	僞果	anthocarpous fruit, false fruit	헛열매		헛열매 참조
위엽	僞葉	enation, phyllodia	헛잎		헛잎 참조
위인경	僞鱗莖	pseudobulb	가짜비늘줄기		가짜비늘줄기 참조
위장머리		pseudocephalium		꽃자리(花座)	선인장의 줄기 옆에 생기는 꽃자리. pachycereus속 선인장에 나타나며, 양털 같은 가시나 뻣뻣한 털이 난 가시자리가 있는 부분이다. 이 부분에서 꽃이 나온다.
윗입술	上脣	epichile	상순(上脣)	아래입술(下脣)	입술꽃부리의 위쪽 꽃잎
유경성	有莖性	caulescent	땅위줄기		땅위줄기 참조
유과	幼果	young fruit	어린열매		어린열매 참조
유관속	維管束	vascular bundle	관다발		관다발 참조
유근	幼根	radicle			씨앗이 틀 때 씨눈 안에 만들어진 최초의 뿌리
유두상	乳頭狀	papillose	젖꼭지 모양		젖꼭지 모양 참조
유두상돌기	乳頭狀突起	papilae	젖꼭지 모양 돌기		젖꼭지모양돌기 참조
유리엽맥	遊離葉脈	free venation	개방차상맥	Y자맥	중심맥에서 갈라져 그물맥을 이루지 않고 잎가장자리에 연결되는 맥의 모양
유모	柔毛	pubescent			부드럽고 짧은 털
유성번식	有性繁殖	sexual reproduction	유성생식	무성생식	암컷과 수컷의 양성을 만들어내는 배우자 혹은 정자와 난자가 수정에 의해 새로운 개체가 되는 생식 방법
유성생식	有性生殖	sexual reproduction	유성번식	무성생식	암컷과 수컷의 양성을 만들어내는 배우자 혹은 정자와 난자가 수정에 의해 새로운 개체가 되는 생식 방법
유세포	柔細胞	parenchymatous cell			젖물(라텍스)을 품은 세포의 일반적 용어
유식물	幼植物	seedling	실생		씨앗이 알맞은 환경조건을 만나 싹이 트거나 자라기 시작한 어린 식물
유아	幼芽	plumule	어린싹		어린싹 참조
유액	乳液	latex	젖물		젖물 참조
유이화서	葇荑花序	ament	꼬리꽃차례		꼬리꽃차례 참조
유저	流底	attenuate, decurrent			잎몸 아래쪽에 작은 날개가 달린 것처럼 보이는 잎밑
유점	油點	pellucid dot	샘점		샘점 참조
유즙	乳汁	milky juice	젖물		젖물 참조
유착	癒着	connivent		융합(融合)	수술대 같은 것이 합쳐져 엉겨 붙어 있지만 구별이 어려울 정도는 아니다.(예: 갯버들, 키버들의 수술대)
유형	幼形	juvenile form			식물의 개체 발생 초기에 씨눈에 이어 다 자라기 전의 단계
육묘	育苗	raising seeding	모기르기		모기르기 참조

용어	한자 표기	영어 표기	같은 말	참고	설명
육성품종	育成品種	improved variety		재래종	사람들이 유전적 성질을 이용해 새로운 품종을 만들거나 종전 품종을 개량해서 길러진 품종
육수화서	肉穗花序	spadix	살이삭꽃차례	육수꽃차례	살이삭꽃차례 참조
육아	肉芽	fleshy bud, bulbil, bulblet, gemma	살눈		살눈 참조
육질	肉質	fleshy, succulent			선인장처럼 즙이 많고, 세포가 깊고 두꺼운 것
육질과	肉質果	fleshy fruit			열매껍질이 육질인 열매
육질성	肉質性	fleshy, succulent	다육질		다육질 참조
육질식물	肉質植物	succulent plant	다육식물		다육식물 참조
육질종피	肉質種皮	aril, arillate			씨앗껍질이 다육질인 것(예: 주목)
윤산화서	輪繖花序	verticillaster	돌림꽃차례		돌림꽃차례 참조
윤상	輪狀	rotate	바퀴 모양		수레바퀴처럼 둥근 모양(예: 큰꽃으아리)
윤생	輪生	whorled	돌려나기		돌려나기 참조
윤생화서	輪生花序	verticillaster	돌림꽃차례		돌림꽃차례 참조
융모	絨毛	villous	융털		융털 참조
융털	絨毛	villous	융모(絨毛)		길이가 일정하지 않은 털이 엉켜 융단 같이 부드러운 털
융합	融合	fusion		유착	수술이나 꽃받침, 꽃부리 등이 엉겨 붙은 것. 유착과 달리 완전히 합쳐져 구별이 어렵다.(예: 앵초과, 지치과)
은두꽃차례	隱頭花序	hypanthodium	은두화서 (隱頭花序)		숨은꽃차례 참조
은두화서	隱頭花序	hypanthodium	숨은꽃차례		숨은꽃차례 참조
은화과	隱花果	syconium	숨은꽃열매		숨은꽃열매 참조
음수	陰樹	tolerant tree		양수	빛이 잘 비치지 않는 그늘에서도 자랄 수 있는 나무
의저	歪底	oblique	왜저(歪底)		잎밑이 중심맥을 중심으로 좌우 비대칭으로 찌그러진 것 (예: 팽나무). 왜저 참조
이가화	二家花	dioecious	암수딴그루		암수딴그루 참조
이강수술	二强雄蘂	didynamous stamen	둘긴수술		둘긴수술 참조
이강웅예	二强雄蘂	didynamous stamen	둘긴수술		둘긴수술 참조
이과	梨果	pome	배 모양 열매		배 모양 열매 참조
이년생	二年生	biennial	두해살이		두해살이 참조
이년초	二年草	biennial plant	두해살이풀		두해살이풀 참조
이 모양톱니	齒狀鋸齒	dentate	치상거치 (齒狀鋸齒)		이빨 모양 톱니
이빨 모양	齒牙狀	dentate	치아상 (齒牙狀)		톱니가 뾰족한 이 모양인 것

용어	한자 표기	영어 표기	같은 말	참고	설명
이삭	穗	spike	수(穗)		긴 꽃대에 꽃자루가 없거나 짧은 꽃자루가 있는 꽃이나 열매가 촘촘히 붙은 것
이삭꽃차례	穗狀花序	spike, spicae	수상화서 (穗狀花序)	수상꽃차례	가늘고 긴 꽃대에 작은꽃자루가 없는 작은 꽃이 다닥다닥 붙어 이삭 모양이 된 꽃차례(예: 좀깨잎나무, 병솔나무, 참나무과, 오리나무)
이생	離生	free, distinct		합생 (合生)	수술, 씨방, 열매 등 같은 기관이 떨어져 있는 모양(예: 황매화류, 차나무, 탱자나무의 수술, 괴불나무의 열매)
이생심피	離生心皮	apocarpous			한 꽃에 씨방의 심피가 떨어져 있는 것
이식	移植	transplantation	옮겨심기		식물을 현재 자라는 곳에서 다른 장소로 옮겨 심는 것. 옮겨심기 참조
이심피자방	二心皮子房	liberate ovary			두 심피가 연결되지 않고 각각 씨방을 만든 것(예: 미나리아재비, 작약)
이열대생	二列對生	distichous opposite	두줄마주나기		두줄마주나기 참조
이엽성	異葉性	heterophylly	이형잎 (異形葉)		한 그루에 모양이 다른 잎이 섞여 나는 성질. 품종에 따라 둥근잎과 갈래잎이 섞여 있다.(예: 매화마름, 생이가래, 벗풀)
이저	耳底	auriculate	귀꼴밑		귀꼴밑 참조
이중예거치	二重銳鋸齒	double-serrate			두 번 갈라진 뾰족한 톱니
이착	異着	adherent		이생 (離生)	수술이나 열매 등이 서로 붙어 있지만, 완전히 합쳐진 것이 아니어서 쉽게 나뉘어 떨어지는 것
이출작은모임꽃차례	岐繖花序	dichasium , dichasial cyme	기산화서 (岐繖花序)	집산화서(集繖花序)	작은모임꽃차례의 일종. 꽃대 꼭대기에 꽃 한 개가 달리고, 그 꽃 아래 작은꽃자루가 두 개 나와 그 끝에 꽃이 하나씩 달린다.
이판화	離瓣花	polypetalous flower	갈래꽃		갈래꽃 참조
이판화관	離瓣花冠	polypetalous corolla	갈래꽃부리		갈래꽃부리 참조
이피핵과	異皮核果	tryma			맨 바깥쪽 열매껍질은 연하거나 단단한 섬유질이고, 가운데 있는 안쪽열매껍질은 뼈처럼 딱딱한 굳은씨열매(예: 호두나무, 가래나무)
이합	異合	adnate			식물의 다른 부분이 구별이 어려울 정도로 붙어 있는 것
이형	耳形	auricular form	귀 모양		귀 모양 참조
이형꽃	二形花	dimorphic flower			한 종에 크기나 형태가 다른 두 가지가 있는 꽃(쑥부쟁이의 대롱꽃과 혀꽃, 백당나무의 쌍성꽃과 중성꽃). 단순히 성이 다른 수꽃과 암꽃은 홑성꽃이다.
이형엽	異型葉	heterophyll	이형잎 (異形葉)		한 식물에서 다른 모양 잎이 두 종류 이상 나는 것(예: 매화마름)
이형잎	異形葉	heterophylly	이엽성 (異葉性)		한 그루에 다른 모양 잎이 섞여 나는 성질. 품종에 따라 둥근잎과 갈래잎이 섞여 있다.(예: 매화마름, 생이가래, 벗풀)
이형포자	異型胞子	heterospore		동형포자	홑씨를 만드는 식물 중 암수에 따라 그 모양이나 성질이 다른 두 홑씨
이화주성	二花柱性	distyly			한 종에 암술대가 길고 수술대가 짧은 꽃(장주화)과 암술대가 짧고 수술대가 긴 꽃(단주화)이 함께 있는 것(예: 미선나무, 개나리). 장주화와 단주화 사이에서만 꽃가루받이가 이루어지는 경우에만 열매를 맺는다.

용어	한자 표기	영어 표기	같은 말	참고	설명
이화주성	異花柱性	heterostyly, heterostylism			같은 종에서 암술과 수술의 길이가 다른 현상. 암술과 수술의 수에 따라 이화주성과 삼화주성이 있다.(예: 개나리, 괭이밥)
이화피화	異花被花	heterochlamyd-eous flower		동화 피화	찔레, 감나무 등처럼 꽃받침과 꽃잎이 분명히 구별되는 꽃
이회우열	2回羽裂	bipinnate			깃꼴로 갈라진 작은잎 조각들이 다시 깃꼴로 갈라진 겹잎. 겹잎이 잎줄기(葉軸) 양쪽에 붙었다.
익판	翼瓣	alate, wing	날개꽃잎		날개꽃잎 참조
인	仁	endosperm	배젖		배젖 참조
인경	鱗莖	bulb	비늘줄기		비늘줄기 참조
인경편	鱗莖片	bulb scale			땅속에 있는 살과 즙이 많은 다육질의 저장기관인 비늘줄기를 구성하는 조각
인모	鱗毛	scale hair	비늘털		비늘털 참조
인아	鱗芽	scaly bud, scale	비늘눈		비늘눈 참조
인엽	鱗葉	scaly leaf	비늘잎	바늘잎 (針葉)	편백나무의 잎과 같이 비늘처럼 생긴 얇고 넓적한 잎. 비늘잎 참조
인편	鱗片	scale	비늘조각		비늘조각 참조
인편상	鱗片狀	scaly	비늘 모양		비늘 모양 참조
인편아	鱗片芽				눈비늘로 싸인 겨울눈
인편엽	鱗片葉	scaly leaf	비늘잎		편백나무의 잎과 같이 비늘처럼 생긴 얇고 넓적한 잎. 비늘잎 참조
일가화	一家花	monoecism	암수한그루		암수한그루 참조
일년생	一年生	annual	한해살이		한해살이 참조
일년생초본	一年生草本	annual plant	한해살이풀		한해살이풀 참조
일년초	一年草	annual plant	한해살이풀		한해살이풀 참조
일심피자방	一心皮子房	monocarpellary ovary			심피 하나로 된 씨방(예: 콩과)
일장	日長	day-length, photoperiod	낮길이		낮길이 참조
임계일장	臨界日長	critical day length	한계일장 (限界日長)		식물이 싹을 틔우거나 꽃을 피울 수 있는 고비가 되는 낮 시간의 길이
임성	姙性	fertile		불임성	열매를 맺고 씨앗을 만들어 번식하는 것
입술꼴	脣形	labiate	순형(脣形)		꽃잎이 위아래 두 개로 마치 입술처럼 생긴 모양(예: 꿀풀, 오동나무의 꽃부리)
입술꽃부리	脣形花冠	labiate corolla, bilabiate corolla	순형화관 (脣形花冠)		위아래 꽃잎이 입술처럼 생긴 것(예: 꿀풀과, 현삼과). 위 꽃잎은 길고 구부러져 윗입술을 이루고, 아래 꽃잎은 짧고 구부러져 아랫입술을 이루는 꽃부리
입술꽃잎	脣瓣	labiate, labellum	순판(脣瓣)		입술꽃부리에서 좌우 대칭인 입술 모양 꽃잎 중 주체가 되는 꽃잎(예: 꿀풀과)
입술 모양꽃부리	脣形花冠	labiate corolla, bilabiate corolla	입술꽃부리		입술꽃부리 참조

용어	한자 표기	영어 표기	같은 말	참고	설명
잎가시	葉針	spine, leaf spine	엽침(葉針)		잎이 변해서 된 가시. 선인장이나 매자나무 가시는 잎몸이 변한 것이며, 아까시나무 가시는 턱잎이 변한 것이다.
잎가장자리	葉緣	leaf margin	엽연(葉緣)		잎몸의 가장자리
잎갓	葉緣	leaf margin	잎가장자리		잎가장자리 참조
잎겨드랑이	葉腋	axil	엽액(葉腋)		잎자루와 줄기의 사이. 선인장의 경우에는 혹줄기와 혹줄기 사이의 오목하게 들어간 부분을 말한다.
잎귀	葉耳	auricle	엽이(葉耳)		잎몸과 잎집 사이에 속으로 굽어 귓불처럼 보이는 돌기 잎집으로 빗물이 들어가는 것을 막는다.
잎꽂이	葉揷	leaf cutting	엽삽(葉揷)		잎의 일부를 잘라 뿌리내리기를 하는 꺾꽂이 방법(예: 산세베리아, 베고니아)
잎끝	葉頭	leaf apices, leaf apex	엽두(葉頭), 엽선, 엽정	잎밑 (葉底)	잎의 끝 부분. 잎자루에서 가장 멀다.
잎눈	葉芽	foliar bud, leaf bud	엽아(葉芽)	꽃눈 (花芽)	가지나 잎이 될 식물의 싹. 보통 꽃눈보다 가늘고 길다.
잎눈꽂이	葉芽揷	leaf bud cutting	엽아삽 (葉芽揷), 엽삽(葉揷)		한 장의 잎이나 잎의 일부를 잘라내어 땅에 꺾꽂이하여 뿌리 내리는 방법
잎맥	葉脈	leaf vein, vena-tion	엽맥(葉脈), 잎줄		잎의 뼈대를 구성하는 그물망처럼 보이는 조직. 뿌리에서 올라온 물과 양분을 세포에 나르고, 잎에서 광합성으로 만든 유기물(녹말, 포도당, 탄수화물 등)을 다른 기관에 나르는 통로 역할을 한다. 외떡잎식물에는 나란히맥이 많고, 쌍떡잎식물에는 그물맥이 많다.
잎 모양줄기	葉狀莖	cladophyll,leafy stem, phyllocade	엽상경 (葉狀莖)	선인장 모양 줄기	잎처럼 생긴 줄기. 선인장처럼 줄기의 모양이 잎처럼 보이고, 엽록소가 있어 광합성을 하는 줄기(예: 선인장, 세타케우스, 아스파라거스)
잎몸	葉身	leaf blade	엽신(葉身), 잎새		잎사귀를 구성하는 몸통 부분. 잎몸은 평평하고 엽록체가 풍부하며, 보통 녹색이다. 광합성과 김내기 등을 하는 곳
잎밑	葉底	leaf base	엽저(葉底), 잎새밑	잎끝, 엽 각(葉脚)	잎몸 아래쪽. 잎자루나 줄기와 직접 닿는 부분이다. 잎끝의 상대어
잎살	葉肉	leaf body, meso-phyll	엽육(葉肉)	맥간 엽육	잎맥을 제외한 잎의 연한 세포조직 잎몸을 구성한다.
잎새	葉身	leaf blade	잎몸		잎몸 참조
잎새밑	葉底	leaf base	잎밑		잎밑 참조
잎자국	葉痕	leaf scar	엽흔(葉痕)		잎이 떨어지고 줄기에 남아 있는 잎이 붙어 있던 잎자루의 자국
잎자루	葉柄	petiole	엽병(葉柄)		잎몸과 줄기를 연결하는 자루. 잎몸을 지지하고, 줄기와 잎몸 사이에서 수분과 양분의 통로가 된다.
잎줄	葉脈	leaf vein, vena-tion	잎맥		잎맥 참조
잎줄겨드랑이	脈腋	vein axillar	맥액(脈腋)		중심맥에서 곁맥이 갈라지는 오목한 겨드랑이
잎줄기	葉軸	rachis	엽축(葉軸)	총엽병 (總 葉柄)	겹잎에서 작은잎이 붙은 중앙의 잎자루. 붉나무처럼 잎줄기에 날개가 달린 경우도 있다.
잎집	葉鞘	leaf sheath	엽초(葉鞘)		잎밑이 줄기를 감싸고 칼집 모양이 된 부분(예: 벼과, 방동사니과, 달개비과, 여뀌과, 마디풀과, 미나리과)

용어 해설

용어	한자 표기	영어 표기	같은 말	참고	설명
잎짬	葉腋	axil	잎겨드랑이		잎겨드랑이 참조
잎차례	葉序	phyllotaxy	엽서(葉序)		잎이 줄기와 가지에 달리는 상태. 어긋나기, 마주나기, 돌려나기, 모여나기 등으로 구별된다.
잎혀	葉舌	ligule	엽설(葉舌)		잎집과 잎몸이 맞닿는 안쪽에 생기는 작은 돌기. 혓바닥 모양으로 얇은 종이처럼 반투명하며, 잎집으로 빗물이나 불순물이 들어가는 것을 막는다.(예: 벼과, 사초과) 잎혀가 없거나 털처럼 변한 것도 있다.
자	刺	prickle, spine, bristle	가시		가시 참조
자가수분	自家受粉	self pollination, autogamy	제꽃가루받이		제꽃가루받이 참조
자구	子球	stem bulblet			알뿌리 윗부분인 땅속줄기에서 나오는 어린 알뿌리(예: 백합, 글라디올러스, 튤립, 히아신스, 토란, 마늘)
자루	柄	stipe	병(柄)		잎, 꽃, 열매 따위의 짧은 자루
자루열매	袋果	follicle	대과(袋果)	쪽꼬투리열매	굳은껍질열매(乾果) 중 열리는열매(裂開果)의 일종이며 주머니 모양이다. 익으면 봉합선을 따라 벌어지며 1개 또는 여러 개의 씨앗이 들어 있다.(예: 작약, 붓순나무)
자른꽃	切花	cut flower	절화(切花)		꽃자루나 꽃대, 가지를 잘라서 꽃꽂이, 꽃다발, 꽃바구니, 화환 등에 이용하는 꽃
자모	刺毛	stinging hair		극모(棘毛)	식물의 잎이나 줄기에 있는 털로서 아래쪽은 살이 쪄서 두툼하고, 끝 쪽은 가늘고 길게 단단해졌다. 털 속이 빈 대롱 모양이고 쏘는 성질이 있는 액체를 내보내는 샘이 있다.(예: 쐐기풀)
자방	子房	ovary	씨방		씨방 참조
자방기생화주	子房基生花柱	gynobasic style			네 개로 갈라진 씨방의 중앙 아래쪽에서 나온 암술대(예: 지치과, 꿀풀과)
자방병	子房柄	gynophore	씨방자루		씨방자루 참조
자방상생	子房上生	epigynous	하위씨방		꽃에서 꽃받침, 꽃잎, 수술이 씨방보다 위에 붙은 것
자방상생반	子房上生盤	epigynous disc			자방 위에 난 육질의 구조(예: 산수유)
자방상위	子房上位	superior ovary	상위씨방		씨방이 꽃받침, 꽃잎, 수술보다 위에 있는 것(냉이, 미나리아재비). 상위씨방 참조
자방주생	子房周生	perigynous			꽃받침, 꽃잎, 수술이 씨방 주위나 꽃받침통 입구에 달리는 것(예: 벚나무)
자방중위	子房中位	half inferior, half adherent			하위씨방(子房下位)보다 씨방이 꽃받침, 꽃잎, 수술보다 밑에 있는 정도가 완전하지 못하고 중간에 있는 것(예: 쇠비름). 중위씨방 참조
자방하생	子房下生	hypogynous	상위씨방		꽃받침, 꽃잎, 수술이 씨방 아래 달리는 것
자방하위	子房下位	inferior ovary,	하위씨방		하위씨방 참조
자상모	刺狀毛	echinoid tri-chome			밤송이 가시처럼 생긴 털
자성관	雌性管	gynophore		씨방자루	암술자루나 씨방자루, 씨방 아래쪽에 생기는 가늘고 긴 부분
자성선숙	雌性先熟	protogyny	자예선숙(雌蘂先熟)	웅성선숙	쌍성꽃에서 암술이 수술보다 먼저 성숙하는 현상. 식물의 자가수정을 방지하는 데 도움이 된다.

용어	한자 표기	영어 표기	같은 말	참고	설명
자성주	雌性株	gynoecism, female plant	암그루		암그루 참조
자성화	雌性花	female flower, pistillate flower	암꽃		암꽃 참조
자엽	子葉	cotyledon	떡잎		떡잎 참조
자예	雌蘂	pistil, pistillum	암술		암술 참조
자예군	雌蘂群	gynoecium			한 꽃 속에 암컷의 성질을 띠는 모든 것. 한 꽃에 암술이 여러 개인 경우에는 암술 전체를 가리키나, 암술이 한 개 있는 고등식물에서 자예군은 암술 그 자체다.
자예선숙	雌蘂先熟,	protogynous	자성선숙 (雌性先熟)		쌍성꽃에서 암술이 수술보다 먼저 성숙하는 현상(예: 질경이, 달맞이꽃)
자웅동주	雌雄同株	monoceious	암수한그루		암수한그루 참조
자웅동체	雌雄同體	monoceious	암수한그루		암수한그루 참조
자웅별주	雌雄別株	dioecious	암수딴그루		암수딴그루 참조
자웅이가	雌雄二家	dioecious	암수딴그루		암수딴그루 참조
자웅이주	雌雄異株	dioecious	암수딴그루		암수딴그루 참조
자웅이체	雌雄異體	dioecious	암수딴그루		암수딴그루 참조
자웅이화	雌雄異化	unisexual flower	홑성꽃		홑성꽃 참조
자웅일가	雌雄一家	monoceious	암수한그루		암수한그루 참조
자좌	刺座	areola, areole	가시자리		가시자리 참조
자주	雌株	gynoecism, female plant	암그루		암그루 참조
자화	雌花	female flower, pistillate flower	암꽃		암꽃 참조
자화서	雌花序	female inflorescence	암꽃차례		암꽃차례 참조
자화수	雌花穗	female catkin	암꽃이삭		암꽃이삭 참조
자화수	雌花穗	female gametophyte	암배우체		암배우체 참조
작고둔한톱니	小鈍鋸齒	crenulate	소둔거치 (小鈍鋸齒)		잎가장자리에서 끝이 예리하지 않으면서 둥글고 뭉툭한 작은 톱니
작고 뾰족한 톱니	小銳鋸齒	serrulate	소예거치 (小銳鋸齒)		작고 뾰족한 톱니 모양
작은 굳은껍질열매	小堅果	nutlet	소견과 (小堅果)		두꺼운 껍질에 싸인 아주 작은 굳은껍질열매(堅果)(예: 느티나무, 자작나무속, 서어나무)
작은꽃	小花	floret	낱꽃		낱꽃 참조
작은꽃싸개	小苞	bracteole, bractlet	소포(小苞)		꽃자루나 꽃 아래쪽에 있는 꽃싸개보다 작은잎
작은꽃자루	小花梗	pedicel	소화경		꽃차례에서 꽃 하나하나를 단 자루
작은꽃차례받침	小總苞	involucel	소총포 (小總苞)		겹우산꽃차례에서 작은 꽃차례를 받치는 꽃차례받침(예: 산형과)

용어	한자 표기	영어 표기	같은 말	참고	설명
작은떨기나무	小灌木	suffruticose, suffrutescent	소관목	버금떨기나무	키가 낮게 자라며 줄기 아래쪽이 목질화된 키작은 떨기나무(예: 월귤, 자금우, 더위지기)
작은모임꽃차례	聚繖花序	cyme	취산화서 (聚繖花序)	집산화서 (集繖花序)	꽃대 끝에 한 송이 꽃이 피고, 그 꽃 밑에 작은 꽃자루가 한 쌍씩 나와 끝에 한 송이씩 달리는 꽃차례. 중앙에 있는 꽃이 먼저 피고, 다음에 주변의 꽃들이 핀다.(예: 작살나무, 백당나무, 덜꿩나무)
작은이 모양 톱니	小齒狀鋸齒	denticulate	소치상거치 (小齒狀鋸齒)		작은 이빨 모양 톱니
작은잎	小葉	leaflet	소엽(小葉)		겹잎을 구성하는 잎 하나하나. 깃꼴겹잎에서 잎줄기(葉軸) 맨 끝에 달리는 것은 끝작은잎, 옆에 달리는 것은 옆작은잎이다.
작은잎자루	小葉柄	petiolule	소엽병 (小葉柄)		겹잎에서 작은잎이 달린 잎자루
작은큰키나무	小喬木	arborescent	작은키나무		작은키나무 참조
작은키나무	小喬木	arborescent	소교목 (小喬木)		키가 2~8미터 정도로, 떨기나무보다 크고 큰키나무보다 작은 나무(예: 소나무, 개옻나무, 매실나무)
작은턱잎	小托葉	stipella	소탁엽 (小托葉)		겹잎의 작은잎 잎겨드랑이에서 작은잎자루 양쪽에 달리는 턱잎. 작은턱잎은 턱잎에 비해 훨씬 작다.
작은포	小苞	bracteole, bractlet	작은꽃싸개		작은꽃싸개 참조
작은홀씨	小胞子	microspore	소포자 (小胞子)		홀씨가 생기는 식물의 홀씨 중 암수가 있을 때 수배우체가 될 홀씨. 보통 암홀씨보다 작다.
작은홀씨잎	小胞子葉	microsporophyll	소포자엽 (小胞子葉)		수배우체가 될 홀씨주머니가 달릴 수 있도록 변한 잎(예: 양치류)
작은홀씨주머니	小胞子囊	microsporangium	소포자낭 (小胞子囊)		수배우체가 될 홀씨를 만드는 주머니 모양 생식기관
잔깃조각	小羽片	pinnule	소우편 (小羽片)	소우상엽편	깃꼴겹잎에서 다시 갈라져 나온 작은잎 하나하나(예: 2회깃꼴겹잎, 3회깃꼴겹잎)
잠복아	潛伏芽	dormant bud, latent bud	숨은눈		숨은눈 참조
잠아	潛芽	dormant bud, latent bud	숨은눈		숨은눈 참조
잡성꽃	雜性花	polygamous	다성꽃		다성꽃 참조
잡성주	雜性株	polygamous		다성꽃	한 식물체에 쌍성꽃과 홑성꽃이 섞여 나는 것(예: 느티나무)
잡성화	雜性花	polygamous	다성꽃		다성꽃 참조
잡종강세	雜種强勢	heterosis, hybrid vigor		잡종약세, F1 씨앗	다른 품종을 교배해서 만든 잡종 1세대가 어미에 비해 크기나 병충해를 이기는 능력 등이 우수한 것
잡종약세	雜種弱勢	hybrid weakness, pauperization		잡종강세	다른 품종을 교배해서 만든 잡종 1세대가 어미에 비해 크기나 병충해를 이기는 능력 등이 뒤떨어지는 것
장각과	長角果	silique		굳은껍질열매	깍정이가 가늘고 긴 모양으로 익어가며 그 속에 씨앗이 여러 개 있는 굳은껍질열매(예: 냉이, 무, 배추)
장과	漿果	berry	물열매		물열매 참조
장미과	薔薇果	cynarrhodium	장미꼴열매		장미꼴열매 참조

용어	한자 표기	영어 표기	같은 말	참고	설명
장미꼴꽃부리	薔薇花冠	rosaceous corolla	장미화관 (薔薇花冠)		장미꽃처럼 생긴 꽃부리
장미꼴열매	薔薇果	cynarrhodium	장미과 (薔薇果)		꽃턱이 두꺼워 다육질의 항아리 모양이 되고, 그 속에 작은 굳은껍질열매나 얇은열매가 여러 개 있는 열매(예: 장미속)
장미 모양꽃부리	薔薇花冠	rosaceous corolla	장미꼴꽃부리		장미꼴꽃부리 참조
장미형	薔薇形	rosaceous			꽃잎 모양과 크기가 모두 같거나 비슷한 정제화관 중 장미꽃처럼 생긴 것
장미화관	薔薇花冠	rosaceous corolla	장미꼴꽃부리		장미꼴꽃부리 참조
장상	掌狀	palmate	손바닥 모양		손바닥 모양 참조
장상맥	掌狀脈	palmately vein	손바닥 모양맥		손바닥 모양맥 참조
장상복엽	掌狀複葉	palmately compound leaf	손바닥 모양겹잎		손바닥 모양겹잎 참조
장상심열	掌狀深裂	palmately parted			손바닥 모양 홑잎의 가장자리에서 잎밑까지 1/2 이상 깊이 파인 모양(예: 단풍나무)
장상열	掌狀裂	palmatifid			손바닥 모양으로 갈라지는 모양
장상천열	掌狀淺裂	palmately lobate			손바닥 모양 홑잎의 가장자리에서 잎밑까지 1/2 이하로 얕게 파인 모양
장식꽃	裝飾花	ornamental flower	중성화 (中性花)	중성꽃 (中性花)	꽃잎이 뚜렷하고 큰 꽃이지만 열매를 맺지 않는다.
장식화	裝飾花	ornamental flower	중성화 (中性花)	중성꽃 (中性花)	꽃잎이 뚜렷하고 큰 꽃이지만 열매를 맺지 않는다.
장연모	長軟毛	villous	길고연한털		길고연한털 참조
장주화	長柱花	long-styled flower		단주화	암술대가 길고 수술대가 짧은 꽃
장지	長枝	long shoot	긴가지		긴가지 참조
장타원형	長楕圓形	oblong	긴길둥근꼴		긴길둥근꼴 참조
재두	載頭	truncate	절두(載頭)		잎끝이 뾰족하거나 파이지 않고 가위로 자른 것처럼 편평한 모양
재래종	在來種	domestic(=native) variety	토종(土種)	육성 품종	어느 지방에서 오랫동안 다른 품종과 교배되지 않고 재배되거나 길러오던 품종
재식	栽植	planting	아주심기		아주심기 참조
저목	低木	shrub, bush	떨기나무		떨기나무 참조
저온피해	凍害	freezing damage	동해(凍害)	한해 (寒害)	겨울 동안 서리나 추위에 식물의 새싹 줄기나 잎 등이 얼어붙는 피해
저장근	貯藏根	storage root	저장뿌리		저장뿌리 참조
저장뿌리	貯藏根	storage root	저장근 (貯藏根)		양분을 저장해서 굵어진 뿌리(예: 고구마, 다알리아, 사탕무)
저장엽	貯藏葉	storage leaf	저장잎		저장잎 참조
저장잎	貯藏葉	storage leaf	저장엽		양분이나 수분을 많이 저장해서 두꺼워진 잎

용어	한자 표기	영어 표기	같은 말	참고	설명
저착	底着	innate, basifixed			꽃밥 밑 부분에 수술대 끝이 붙은 것
저착꽃밥	底着葯	basifixed anther	저착약 (底着葯)		꽃밥의 밑 부분에 수술대 끝이 붙어 있는 것(예: 목련)
저착약	底着葯	basifixed anther	저착꽃밥		저착꽃밥 참조
적심	摘心	pinching	순자르기		순자르기 참조
전년지	前年枝	biennial	지난해가지		지난해가지 참조
전연	全緣	entire			잎가장자리가 갈라지지 않거나 톱니가 없이 밋밋하고 매끈한 모양(예: 감나무)
전열	全裂	divided			잎가장자리에서 중심맥(中心脈)이 있는 끝까지 완전히 갈라진 모양
전저	箭底	sagittate	화살꼴(箭形)		잎밑 양쪽이 화살촉 아래쪽과 같은 모양
전정	剪定	pruning	가지치기		가지치기 참조
전지	剪枝	pruning	가지치기		나무를 잘 자라게 하거나 병충해 예방, 나무 모양을 아름답게 하기 위해 가지를 자르는 것. 가지치기 참조
전초	全草				잎, 줄기, 꽃, 뿌리 따위를 갖춘 풀포기 전체
전형	箭形	sagittate	화살꼴		화살꼴 참조
절	節	node	마디		마디 참조
절간	節間	internode	마디사이		마디사이 참조
절두	截頭	truncate	평두(平頭), 재두(截頭)		잎끝이 가위로 자른 것처럼 편평한 모양(예: 백합나무)
절저	截底	truncate	편평한 밑		편평한 밑 참조
절형	截形	truncate	재두(截頭), 절두(截頭)		잎끝이 중심맥과 직각으로 편평한 것
절화	切花	cut flower	지른꽃		지른꽃 참조
점사	粘絲	viscous, viscin thread			꽃가루를 연결시키는 끈적끈적한 실(예: 철쭉, 달맞이꽃)
점성	粘性	mucilaginous, viscid	끈끈한성질		끈끈한성질 참조
점액	粘液	mucus	끈끈한액체		끈끈한액체 참조
점질	粘質	slime	끈끈한물질		끈끈한물질 참조
점첨두	漸尖頭	acuminate			점점 길게 꼬리처럼 뾰족해지는 잎끝. 첨두→예첨두→점첨두 순서로 잎끝이 뾰족해진다.
접목	接木	grafting	접붙이기		접붙이기 참조
접본	椄本	rootstock	대목		대목 참조
접붙이기	接木	grafting	접목(接木)		싹이나 가지 일부를 잘라서 뿌리가 있는 다른 나무에 붙여 키우는 재배 기술
접형화관	蝶形花冠	papilionaceous corolla	나비 모양꽃부리		나비 모양꽃부리 참조
정간	挺幹	caudex			여러해살이풀의 겨울을 나는 단단한 목질 부분

용어	한자 표기	영어 표기	같은 말	참고	설명
정단	頂端	apex	끝부분		끝부분 참조
정받이	受精	fertilization	수정(受精)		꽃가루받이로 암술머리에 꽃가루가 붙어 결합하는 과정
정생	頂生	apicalis, terminal		측생 (側生)	꼭대기나 줄기 끝에 나는 것
정생태좌	頂生胎座	apical placenta-tion			방이 하나인 씨방의 천장에 밑씨 한 개가 달린 태좌(예: 벚나무)
정소엽	頂小葉	apical leaflet	끝작은잎		끝작은잎 참조
정식	定植	planting	아주심기		아주심기 참조
정아	頂芽	terminal bud	꼭대기눈		꼭대기눈 참조
정아삽	頂芽挿	terminal cutting, tip cutting, top cutting	천삽(天挿)		줄기나 가지 끝부분으로 꺾꽂이하는 것
정자착	丁字着	versatile			꽃밥 중앙에 수술대가 정자(丁字)처럼 붙은 것
정제화	整齊花	regular flower			꽃의 각 부분 모양이나 크기가 같아 대칭면이 두 개 이상 있는 꽃(예: 벚나무, 도라지)
정제화관	整齊花冠	regular corolla			꽃잎 모양과 크기가 모두 같거나 비슷한 꽃부리
정지	整枝	training	가지고르기		가지고르기 참조
정핵	精核	sperm nucleus			꽃가루관 속의 생식핵이 분열하여 생기는 두 핵
젖꼭지 모양	乳頭狀	papillose	유두상 (乳頭狀)		젖꼭지처럼 작은 돌기가 있는 모양
젖꼭지 모양 돌기	乳頭狀突起	papilae	유두상돌기		젖꼭지 모양으로 도드라진 부분
젖물	乳液	latex	유액(乳液)		식물의 잎이나 줄기 속에 있는 흰색이나 황갈색 액체(예: 대극과, 뽕나무과, 협죽도과, 국화과)
제	臍	hilum	배꼽		배꼽 참조
제금형	提琴形	pandurate	바이올린꼴		바이올린꼴 참조
제꽃가루받이	自家受粉	self pollination, autogamy	자가수분 (自家受粉)		쌍성꽃에서는 한 꽃에서 자신의 꽃가루를 자신의 암술머리에 붙이는 현상, 홑성꽃에서는 같은 그루에 핀 암꽃이 수꽃의 꽃가루를 받는 것
제눈	頂芽	terminal bud	꼭대기눈		꼭대기눈 참조
제부	臍阜	caruncle		비후부 (肥厚部)	솔방울의 비늘 모양 열매조각에서 도드라진 부분의 가운데인 비후부에 있는 가시 달린 부분(예: 소나무, 반송)
조락성	早落性	caducous, fuga-cious		숙존성 (宿存性)	잎이나 턱잎 등이 보통 시기보다 빨리 시들어 떨어지는 것
조림	造林	afforestation, reforestation			나무를 심거나 손질해서 쓸모 있는 나무나 숲으로 가꾸는 것
조매화	鳥媒花	ornithophilous flower			새에 의해 꽃가루받이되는 꽃(예: 동백)
조모	粗毛	scabrous hair	거센털		거센털 참조
조위	凋萎	marcescent	시듦		시듦 참조

용어	한자 표기	영어 표기	같은 말	참고	설명
조위성	凋萎性	marcescent			겨울 동안 잎이 시들지만 떨어지지 않고 가지에 붙어 있는 것(예: 참나무과, 감태나무)
종개	縱開	longitudinal dehiscent	종열(縱裂)		꽃밥의 봉선이 세로로 터져서 꽃가루가 나오는 경우. 종열 참조
종구	種球	seed bulb(=–clove=corm)			알뿌리로 번식하는 식물의 씨앗(예: 마늘, 토란)
종꽃부리	鍾形花冠	campanulate corolla	종 모양꽃부리		종 모양꽃부리 참조
종린	種鱗	ovuliferous scale	꽃싸개비늘 (苞鱗)		소나무나 잣나무 종류의 암꽃을 구성하는 비늘조각 중 밑씨가 붙은 부분. 종에 따라 성숙하면 날개가 발달한다. 보통 비늘조각은 내·외 두 개가 세트로 겉쪽이 꽃싸개비늘, 안쪽이 종린이다.
종 모양꽃부리	鍾形花冠	campanulate corolla	종형화관 (鍾形花冠)		종 모양으로 된 꽃부리(예: 초롱꽃, 용담)
종병	種柄	funiculus	씨앗자루		씨앗자루 참조
종부	種阜	caruncle	발아공		발아공 참조
종열	縱裂	longitudinal dehiscent	종개(縱開)		꽃밥이나 열매가 봉선을 따라 세로로 갈라져 터지는 것(예: 나리속의 꽃밥)
종의	種衣	aril	헛씨껍질	가종피	헛씨껍질 참조
종의	種衣		씨앗껍질		씨앗껍질 참조
종자	種子	seed	씨앗		씨앗 참조
종자번식	種子繁殖	seed propagation	실생번식		씨앗을 뿌려 개체를 늘려가는 것
종침	種枕	caruncle			씨앗에 자루가 달린 부분
종피	種皮	seed coat	씨앗껍질		씨앗껍질 참조
종형	鍾形	campanulate, bell–shaped			종 모양
종형화관	鍾形化冠	campanulate corolla	종 모양꽃부리		종모양꽃부리 참조
좌우상칭	左右相稱	zygomorphic, symmetry		방사상칭	가운데를 중심으로 나눌 때 좌우가 똑같은 모양인 것
주간	主幹	trunk, main culm	원줄기		원줄기 참조
주걱꼴	篦形	spatulate, spatu–latus	주걱 모양		주걱 모양 참조
주걱 모양	篦形	spatulate	비형(篦形)		긴길둥근꼴의 아래쪽 잎몸이 점차 좁아져서 주걱과 같이 된 모양
주경	主莖	main stem			제일 먼저 나오거나 중심이 되는 줄기
주근	主根	primary root, tap root, axial root	원뿌리		원뿌리 참조
주두	柱頭	stigma	암술머리		암술머리 참조
주맥	主脈	main vein	중심맥 (中心脈)		중심맥 참조

용어	한자 표기	영어 표기	같은 말	참고	설명
주머니열매	囊果	utricle	낭과		고추나무나 새우나무 열매처럼 주머니 모양으로 생긴 열매
주변가시	周邊	radial spine	방사상가시(放射狀)		선인장 가시자리에서 사방으로 뻗어 나간 가시
주변화	周邊花	ray flower	가장이꽃		가장이꽃 참조
주병	珠柄	funicle			밑씨가 자라 씨앗이 될 때 씨방벽에 붙은 밑씨의 자루
주상돌기	柱狀突起	pillar-shaped processus			기둥 모양 돌기(예: 개노박덩굴)
주아	主芽	fleshy bud, bulbil, bulblet, gemma	살눈		살눈 참조
주지	主枝	main branch	원가지		원가지 참조
주피	珠被	integument	밑씨껍질		밑씨껍질 참조
줄기	莖	stem	경(莖)		아래로는 식물의 뿌리와 연결되어 식물을 지탱하고, 위로는 꽃과 잎을 달고 있다.
줄기가시	莖針	thorn	경침(莖針)		처음에는 가지 끝이 딱딱한 가시지만, 점차 가지로 변하는 가시(예: 탱자나무, 매화나무, 보리수나무, 산사나무)
줄기껍질	樹皮	bark	나무껍질		나무껍질 참조
줄기마디	分節	stem segments	분절(分節)		Opuntia속 등 선인장에서 길둥근꼴 납작한 줄기. 줄기마디에 가시자리가 있고, 가시자리에는 가시가 돋는다 (예: 은세계선인장)
줄기 모양	莖狀	caulescent	경상(莖狀)		뚜렷한 줄기의 상태
줄기뿌리	塊根	tuberous root	덩이뿌리		덩이뿌리 참조
줄기속	髓	pith	골속, 수(髓)		줄기나 가지 중심부에 부드러운 조직
줄기잎	莖生葉	cauline leaf	경생엽(莖生葉)	경엽(莖葉), 뿌리잎(根生葉)	줄기에서 나는 잎. 뿌리잎의 상대어
줄꼴	線形	linear	선형(線形)		잎, 꽃잎, 턱잎, 꽃받침조각 등에서 길이가 폭보다 5~10배 길고, 양 가장자리가 거의 평행을 이루는 모양
중간키나무	小喬木	arborescent	작은키나무		작은키나무 참조
중거치	重鋸齒	doubly serrate	겹톱니		겹톱니 참조
중공	中空	hollow	빈속		빈속 참조
중과피	中果皮	mesocarp	가운데열매껍질		열매껍질 중 겉껍질과 안쪽열매껍질 사이에 있는 부분 (예: 복숭아의 열매살 부분). 가운데열매껍질 참조
중둔거치	重鈍鋸齒	doubly crenate			겹으로 둔한 톱니
중륜	中輪	medium flower			꽃 따위의 송이가 중간 정도 크기인 것
중륵	中肋	midrib	중심맥(中心脈)		중심맥 참조
중생부아	中生副芽	superposed bud			곁눈과 잎자국 사이에 달린 작은 싹
중성꽃	中性花	neutral of asexal flower	무성화(無性花)	중성화	수술과 암술이 모두 없거나 불완전해서 열매를 맺지 못하는 장식용 꽃(예: 수국, 해바라기의 허꽃)

용어 해설

용어	한자 표기	영어 표기	같은 말	참고	설명
중성화	中性花	neutral of asexal flower	중성꽃		중성꽃 참조
중실	中實	solid	찬속	빈속 (中空)	찬속 참조
중심맥	中心脈	midrib, main vein	중륵(中肋)		잎몸 가운데 있고, 잎밑에서 잎끝으로 향한 주된 잎맥
중심주	中心株	stele			식물의 뿌리나 줄기의 중심을 지나가는 부분. 물과 양분의 통로인 관다발이 있다.
중앙가시		central spine	큰가시		큰가시 참조
중앙맥	中央脈	midrib, main vein	중심맥 (中心脈)		중심맥 참조
중앙태좌	中央胎座	free central placentation	독립중앙태좌 (獨立中央胎座)		독립중앙태좌 참조
중열	中裂	cleft			잎가장자리에서 중심맥까지 반 정도 갈라져 들쑥날쑥하게 파인 모양
중엽	中葉	cutters			줄기에 붙은 위치에 따라 잎을 4등분할 때 아래에서 두 번째 부분에서 자란 잎
중예거치	重銳鋸齒	double serrate			겹으로 뾰족해서 톱 같이 생긴 톱니
중위씨방	子房中位	half-inferior ovary	자방중위 (子房中位)	상위씨방, 하위씨방	상위씨방과 하위씨방의 중간 정도인 씨방. 꽃받침이 씨방 아래쪽에 붙었고 위쪽은 떨어졌다.(예: 쇠비름)
중축	中軸	rachis		꽃대(花軸), 잎줄기(葉軸)	겹잎에 작은잎이 달리는 중심축 혹은 꽃차례에 작은꽃자루가 달리는 중심축
중축태좌	中軸胎座	axile placentation			격벽으로 나뉜 합생자방의 중심축에 밑씨가 달리는 것 (예: 무궁화, 메꽃)
중판화	重辦花	double flower	겹꽃		겹꽃 참조
즐치상거치	櫛齒狀鋸齒	pectinate dentate	빗살 모양 톱니		빗살 모양톱니 참조
증산	蒸散	transpiration			식물의 잎이나 줄기에 있는 숨구멍에서 수분이 공기 중으로 나와 증발하는 것
지난해가지	前年枝	biennial	전년지 (前年枝)		지난해에 난 가지
지면피복	地面被覆	mulching	덮기법		덮기법 참조
지상경	地上莖	aerial stem	땅위줄기		땅위줄기 참조
지점	脂點	pellucid dot	샘점		샘점 참조
지타	枝打	pruning	가지치기		마디가 없는 목재를 생산하기 위해 나무가 자랄 때 줄기 아래쪽에 불필요한 가지를 잘라내는 것. 가지치기 참조
지피식물	地被植物	ground cover plant			땅의 표면을 낮게 덮고 자라는 식물. 땅에 서 있는 나무 (예: 큰키나무, 떨기나무) 외 거의 모든 식물. 주로 땅의 건조나 바람 피해, 장마나 홍수 피해를 방지하기 위해서나 미관상 아름다움을 위해 심는다.(예: 풀, 이끼류, 잔디류)

용어	한자 표기	영어 표기	같은 말	참고	설명
지하경	地下莖	rhizome, subter-ranean stem	땅속줄기		땅속줄기 참조
직근	直根	taproot	곧은뿌리		곧은뿌리 참조
직립경	直立莖	erect stem	곧은줄기		곧은줄기 참조
직립상	直立狀	erect	곧추서는		곧추서는 참조
직생배주	直生胚珠	orthotropous			밑씨가 곧게 서는 것
직파	直播	direct seeding, direct sowing	바로심기		바로심기 참조
진	津	resin	나뭇진(樹脂)		풀이나 나무의 껍질 따위에서 나오는 끈끈한 물질. 나뭇진 참조
진과	眞果	true fruit	참열매		참열매 참조
질화	質化	suberization	코르크화		코르크화 참조
집과	集果	aggregate fruit	모인열매		목련 열매처럼 여러 열매가 모여서 달리는 것. 모인열매 참조
집산화서	集繖花序	dichasial cyme	2출작은모임꽃차례		2출작은모임꽃차례 참조
집약수술	集葯雄蘂	syngenesious or synantherous stamen	취약수술		꽃밥이 모여 암술대를 둘러싼 통 모양 수술(예: 국화과). 취약수술 참조
집합과	集合果	multiple fruit	모인열매		작은 열매 여러 개가 모여서 전체가 한 열매처럼 보이는 것(예: 뽕나무, 산딸나무). 모인열매 참조
짝수깃꼴겹잎	偶數羽狀複葉	even-pinnately compound leaf	우수우상복엽		잎줄기에 달린 작은잎이 짝수인 깃털 모양 겹잎. 작은잎이 홀수일 때는 홀수깃꼴겹잎, 짝수일 때는 짝수깃꼴겹잎이다. 깃꼴겹잎에 깃꼴로 갈라져 달리는 작은잎이 다시 깃꼴로 갈라진 경우 2회깃꼴겹잎, 한 번 더 갈라진 경우 3회깃꼴겹잎이다.
짧은가지	短枝	spur	짧은마디가지		짧은마디가지 참조
짧은마디가지	短枝	spur	단지(短枝)		마디사이가 극히 짧은 가지. 번데기처럼 보이며, 해마다 잎이나 열매가 달린다.(예: 은행나무, 대팻집나무)
짧은털	短毛	unicellular tri-chome, fuzz	단모(短毛)		길이가 짧은 털
쪽꼬투리열매	蓇葖	follicle	골돌(蓇葖)	꼬투리열매 자루열매, 대과 (袋果)	단단한 한 개의 심피로 된 씨방이 성숙하여 된 열매. 봉선이 하나 있고, 열매가 다 익으면 봉선을 따라 한 줄로만 갈라진다. 씨앗이 한 개나 여러 개 들어 있으며, 열매가 익으면 저절로 벌어져 씨앗이 쏟아진다.(예: 목련속, 작약속, 계수나무, 박주가리과)
차상	叉狀	furcate, forked	Y자 모양		Y자 모양 참조
차상맥	叉狀脈	dichotomously veined	Y자맥		Y자맥 참조
차상분지	叉狀分枝	dichotomous branching	Y자형가지치기		Y자형가지치기 참조
착생	着生	adherent			식물이 나무나 바위 표면에 붙어 사는 것

용어	한자 표기	영어 표기	같은 말	참고	설명
착생식물	着生植物	epiphyte		더부살이식물 (寄生植物)	나무나 바위에 붙어 살지만, 다른 식물의 영양이나 수분을 빼앗지는 않는 식물
찬속	中實	solid	중실(中實)	빈속 (中空)	줄기나 가지 속이 비어 있지 않고 꽉 찬 것
참열매	眞果	true fruit	진과(眞果)	헛열매 (僞果)	씨방이 자라서 만들어진 열매
창 모양	披針形	lanceolate	바소꼴		바소꼴 참조
창상공질	窓狀孔質				잎이나 줄기 속에 창살 모양 구멍이 난 것
채종	採種	seed production			식물의 좋은 씨앗을 골라서 받는 것
처녀생식	處女生植	parthenocarpy parthenogenesis	단성생식, 단위발생.		종자식물 중에서 수정을 하지 않고 그대로 새로운 개체가 되는 것. 단성생식·단위발생·단성 발생이라고도 한다.
천삽	天挿	terminal cutting, tip cutting, top cutting	정아삽 (頂芽挿)		줄기나 가지 끝부분으로 꺾꽂이하는 것
천열	淺裂	lobed			잎가장자리에서 중심맥까지 1/2 이하로 얕게 갈라진 모양
철면상	凸面狀	gibbous	볼록형		볼록형 참조
철화	綴化	cristata			선인장이나 다육식물의 줄기가 띠 모양 기형으로 자라는 것. 철화의 줄기는 보통 넓적한 주걱 모양으로 나타난다.
첨두	尖頭	acute	뾰족끝		뾰족끝 참조
체관		sieve tube			잎에서 광합성으로 만들어진 포도당 같은 양분이 줄기나 뿌리로 이동하는 통로
초본	草本	herbaceous plant	풀		풀 참조
초본식물	草本植物	herbaceous plant	풀		풀 참조
초상엽	鞘狀葉	sheathy leaf	칼집잎		칼집잎 참조
초상탁엽	鞘狀托葉	ochrea			칼집 모양으로 줄기를 둘러싼 턱잎(예: 마디풀과)
초장	草長	plant height	풀길이		풀길이 참조
초질	草質	herbaceous			나무처럼 단단하지 않고 풀 같은 것
촉	芽	bud	싹		싹 참조
총상꽃차례	總狀花序	raceme	술 모양꽃차례		술 모양꽃차례 참조
총상화서	總狀花序	raceme	술 모양꽃차례		술 모양꽃차례 참조
총생	叢生	fasciculate, caespitose	모여나기		모여나기 참조
총엽병	總葉柄	rachis	잎줄기		잎줄기 참조
총포	總苞	bract	꽃차례받침		꽃차례받침 참조
총포	總苞	involucre	큰꽃싸개		큰꽃싸개 참조

용어	한자 표기	영어 표기	같은 말	참고	설명
총포엽	總苞葉	bract	꽃차례받침		꽃차례받침 참조
총포조각	總苞片	involucral bract(scales)	꽃차례받침조각		꽃차례받침조각 참조
총포편	總苞片	involucral bract(scales)	꽃차례받침조각		꽃차례받침조각 참조
추대	抽薹	bolting			식물의 이삭이나 꽃대가 올라오는 것
추위 피해	寒害	cold injury	한해(寒害)	저온 피해	겨울철 서리나 낮은 온도 때문에 농작물이 받는 피해
추파	秋播	fall sowing, fall seeding	가을파종		가을파종 참조
춘파	春播	spring sowing	봄파종		봄파종 참조
춘화처리	春化處理	vernalization			월동성 작물을 봄에 심을 때, 싹 틔운 씨앗을 저온(0~4도씨)에서 15~60일 처리하는 것
출아	出芽	emergence	싹트기		싹트기 참조
충매화	蟲媒花	entomophilous			곤충에 의해 꽃가루받이되는 꽃
충영	蟲癭	gall	벌레혹		벌레혹 참조
취과	聚果	aggregate fruit	모인열매		모인열매 참조
취목	取木	layerage	휘묻이		휘묻이 참조
취산화서	聚繖花序	cyme	작은모임꽃차례		작은모임꽃차례 참조
취약수술	聚藥雄蘂	syngenesious or synantherous stamen	취약웅예	집약 수술	수술대는 떨어졌으나 꽃밥이 모여 암술대를 둘러싼 통 모양을 이룬 수술(예: 국화과)
취약웅예	聚藥雄蘂	syngenesious or synantherous stamen	취약수술		취약수술 참조
취합과	聚合果	aggregate fruit	모인열매		모인열매 참조
측근	側根	lateral root	곁뿌리		곁뿌리 참조
측막태좌	側膜胎座	parietal placenta	측벽태좌(側壁胎座)		중앙에 생긴 대와 각 방 사이 막이 없어져서 한 방이 되는 동시에, 막이 있던 자리에 밑씨가 달리는 것(예: 버드나무)
측맥	側脈	lateral vein	곁맥		곁맥 참조
측벽태좌	側壁胎座	parietal placenta	측막태좌(側膜胎座)		측막태좌 참조
측생	側生	lateral		정생(頂生)	줄기나 뿌리가 옆으로 나는 것
측생부아	側生副芽	collateral bud			꼭대기눈 양옆에 달린 작은 싹
측소엽	側小葉	lateral leaflet	옆작은잎		옆작은잎 참조
측아	側芽	lateral bud	곁눈		곁눈 참조
측지	側枝	lateral branch	곁가지		곁가지 참조

용어	한자 표기	영어 표기	같은 말	참고	설명
측착	側着	dorsifixed			꽃밥 옆 부분에 수술대 끝이 붙어 있는 상태(예: 장미과, 산형과)
층적법	層積法	stratification			씨앗이 휴면 기간을 거친 상태인 것처럼 싹트기 할 수 있도록 인위적으로 휴면 기간을 없애는 저온 처리 방법
치상거치	齒狀鋸齒	dentate	이 모양톱니		이 모양톱니 참조
치아상	齒牙狀	dentate	이빨 모양		이빨 모양 참조
침	針	prickle, spine, bristle	가시		가시 참조
침거치	針鋸齒	aculeate	바늘 모양 톱니		바늘 모양톱니 참조
침상톱니	針鋸齒	aculeate	바늘 모양 톱니		바늘 모양톱니 참조
침엽	針葉	acicular or nee-dle leaf	바늘잎		바늘잎 참조
침형	針形	acicular	바늘꼴		바늘꼴 참조
칼집잎	鞘狀葉	sheathy leaf	초상엽 (鞘狀葉)		칼집 모양으로 생긴 잎(예: 난초과)
컵 모양깍정이	殼斗	cupule	깍정이		깍정이 참조
코르크		cork			나무껍질에서 겉껍질과 속껍질 사이의 두껍고 탄력 있는 껍질층(예: 굴참나무)
코르크화	質化	suberization	질화(質化)		나무의 겉껍질과 속껍질 사이에 두껍고 탄력 있는 껍질층이 만들어지는 현상(예: 굴참나무)
콩팥 모양	腎臟形	reniform	신장형 (腎臟形)		길이보다 폭이 길고, 아랫부분이 둥글면서도 오목하게 들어가 전체적으로 콩팥 모양인 형태
콩팥 모양 잎밑	腎臟底	reniform leaf base	신장저 (腎臟底)		콩팥 모양으로 생긴 잎밑
콩팥형엽저	腎臟底	reniform leaf base	콩팥 모양 잎밑		콩팥 모양잎밑 참조
큰가시		central spine	중앙가시		선인장의 가시자리에서 나오는 가장 크고 강한 가시. 주변가시보다 크고 억세다.
큰꽃싸개	總苞	involucre	꽃차례받침		꽃차례 아래에 많은 꽃싸개가 모인 비늘 모양 조각
큰키나무	喬木	tree	교목(喬木)	떨기 나무 (灌木)	줄기가 곧고 굵으며, 높이 8미터 이상 키가 크게 자라는 나무. 원줄기가 뚜렷하다.(예: 소나무, 느티나무, 삼나무) 떨기나무의 상대어
큰홀씨	大胞子	macrospore	대포자 (大胞子)		홀씨가 생기는 식물의 홀씨 중 암수가 있을 때 암배우체가 될 홀씨. 보통 수홀씨보다 크다.
큰홀씨잎	大胞子葉	megasporophyll	대포자엽 (大胞子葉)		암배우체가 될 홀씨주머니가 달릴 수 있도록 변한 잎(예: 양치류)
큰홀씨주머니	大胞子囊	macrosporan-gium	대포자낭 (大胞子囊)		암배우체가 될 홀씨를 만드는 주머니 모양 생식기관
클론		clone		영양계 (營養系)	짝짓기 없이 새로운 개체를 만드는 무성생식에 의해 태어난 유전자형이 동일한 생물집단
키큰나무	喬木	tree	큰키나무		큰키나무 참조
타가수분	他家受粉	cross pollination, allogamy	다른꽃가루받이		다른꽃가루받이 참조

용어	한자 표기	영어 표기	같은 말	참고	설명
타래 모양	紡錘形	fusiform	방추형 (紡錘形)		가운데는 굵고 양 끝이 뾰족한 모양
타원꼴	楕圓形	elliptical	길둥근꼴		길둥근꼴 참조
타원형	楕圓形	elliptical	길둥근꼴		길둥근꼴 참조
탁엽	托葉	stipule	턱잎		턱잎 참조
탁엽흔	托葉痕	stipule scar	턱잎터		턱잎터 참조
탄소동화작용	炭素同化作用	photosynthesis, carbon dioxide assimilation	광합성		녹색식물 등이 주로 잎의 엽록체 안에서 태양의 빛 에너지를 이용하여 이산화탄소와 물에서 유기물(포도당)을 만들고, 산소를 공기 속으로 내보내는 과정. 이산화탄소 같은 간단한 분자에서 녹말 같이 복잡한 고분자 화합물을 합성하는 작용. 녹색식물의 광합성, 세균의 광환원, 세균류의 화학합성이 탄소동화작용의 세 가지 형태다. 따라서 세균류가 아닌 녹색식물의 광합성은 빛을 에너지원으로 하여 탄소와 물에서 녹말이라는 탄수화물(=탄소수소화합물)을 만드는 탄소동화작용의 한 가지 형태를 설명하는 것이므로 내용상 차이는 없지만, 탄소동화작용은 상위개념이고 광합성은 하위개념이다. 광합성 참조
태좌	胎座	placenta			암술의 씨방 안에 밑씨가 붙어 있는 자리
턱잎	托葉	stipule	탁엽(托葉)		잎겨드랑이에서 잎자루 양쪽에 달리는 작은잎. 일반적으로 외떡잎식물에는 턱잎이 없고, 쌍떡잎식물에서는 흔히 턱잎이 있다. 아카시아나무의 턱잎은 가시로 변하고, 청미래덩굴이나 밀나물의 턱잎은 덩굴손으로 변한다. 꼭두서니과에서는 잎몸과 턱잎의 모양이 같다.
턱잎터	托葉痕	stipule scar	탁엽흔		잎자국 좌우에 턱잎이 붙어 있던 자국. 현미경으로 관찰해야 할 정도로 작다.
털가시		glochid			선인장의 가시자리에 나는 가시. 부드럽고 짧은 털처럼 생겼으며, 사람의 살에 쉽게 박힌다.
테두리	緣邊	margin	가장자리, 연변(緣邊)		가장자리 참조
토양멀칭		mulching	덮기법		덮기법 참조
토양살균	土壤殺菌	soil sterilization, soil disinfection			흙에 사는 해충이나 세균, 병원균, 미생물 등을 줄일 목적으로 흙을 물리적·화학적 방법으로 소독하는 것
토종	土種	domestic(=native) variety	재래종	육성 품종	어느 지방에 오랫동안 다른 품종과 교배되지 않고 재배되거나 길러오던 품종
톱니	鋸齒	serrate	거치(鋸齒)	전연 (全緣)	잎이나 꽃잎 가장자리가 톱니처럼 들쭉날쭉한 것. 톱니가 없는 잎은 전연이라 한다.
통꽃	合瓣花	gamopetalous flower	합판화 (合瓣花)	갈래꽃 (離 瓣花)	꽃잎의 일부나 전부가 붙어 통처럼 생긴 꽃. 갈래꽃의 상대어
통꽃받침	合瓣萼	gamosepalous	합판악 (合瓣萼)		꽃받침 조각이 붙어 있는 꽃받침
통꽃부리	合瓣花冠	gamopetalous corolla	합판화관 (合瓣花管)		꽃잎이 붙어 통꽃이 된 꽃부리(예: 철쭉, 도라지)
통부	筒部	tube, corolla tube	판통(瓣筒)		통꽃에서 좁고 긴 통 모양을 이루는 부분. 보통 종(鐘)이나 대롱 같은 모양이다.
통상	筒狀	tubular	대롱 모양		대롱 모양 참조

용어 해설

용어	한자 표기	영어 표기	같은 말	참고	설명
통상꽃부리	筒狀花冠	tubular corolla	통상화관 (筒狀花冠)		통 모양으로 된 꽃부리
통상순형	筒狀脣形	tubular bilabiate			통 모양으로 된 꽃잎이 위아래 두 개로 입술처럼 생긴 모양
통상화	筒狀花	tubular-flower	대롱꽃		대롱꽃 참조
통상화관	筒狀花冠	tubular corolla	통상꽃부리		통상꽃부리 참조
통형	筒形	tubular	대롱 모양		대롱 모양 참조
투구 모양	鬪殴形	galeate	투구형 (鬪殴形)		위쪽 꽃잎이 불쑥 튀어나와 투구 모양이 된 것(예: 투구꽃, 광대수염)
투구 모양꽃부리	鬪殴形花冠	galeate corolla	투구형화관 (鬪殴形花冠)		미나리아재비과 투구꽃속의 꽃 같이 위쪽 꽃잎 한 개가 투구 같이 꽃 위쪽을 덮는 것(예: 투구꽃, 세잎돌쩌귀)
투구형	鬪殴形	galeate	투구 모양		투구 모양 참조
투구형화관	鬪殴形花冠	galeate corolla	투구 모양꽃부리		투구 모양꽃부리 참조
튀는열매	蒴果	capsule	삭과(蒴果)		두 개 이상 심피로 구성된 씨방이 익으면 열매껍질이 봉선을 따라 저절로 벌어져 씨앗이 흩어져 퍼지는 열매 (예: 광대싸리, 상산, 산초나무)
튜브 모양	管狀	tubular	대롱 모양		대롱 모양 참조
파상	波狀	undulate, sinuate	물결 모양		물결 모양 참조
파종	播種		씨뿌리기		씨뿌리기 참조
판개	瓣開	valvular			꽃밥의 표면이 여닫이문처럼 열리면서 꽃가루가 나오는 경우
판개약	瓣開藥	valvate anther			꽃밥의 표면이 여닫이문처럼 열리면서 꽃가루가 나오는 것(예: 녹나무과, 매자나무과)
판연	瓣緣	limb, corolla lobe	현부(舷部)		통꽃의 끝에 통부(筒部)와 꽃목(목부분 瓣咽)을 제외한 평평한 부분. 즉 비교적 좁은 통으로 이어진 통부가 꽃목을 거쳐 펼쳐지는 부분으로, 나팔꽃류처럼 붙어 있기도 하고, 앵초처럼 갈라지기도 한다.
판인	瓣咽	throat	꽃목		꽃목 참조
판통	瓣筒	tube	통부(筒部)		통꽃에서 좁고 긴 통 모양을 이루는 부분. 보통 종(鐘)이나 대롱 같은 모양이다.
편구형	偏球形	oblate spheroid	납작한 공 모양		납작한 공 모양 참조
편측생	便側生	secund			한쪽으로만 치우쳐 달리는 것(예: 꽃향유의 꽃차례)
편평꽃차례	繖房花序	corymb	산방화서 (繖房花序)	고른우산꽃차례, 수평우산꽃차례	작은꽃자루가 위로 갈수록 짧아져 전체적으로 거의 편평한 모양. 꽃대에 꽃이 달리는 모습은 술 모양꽃차례와 같고, 꽃대 끝에서 공 모양이나 편평하게 펼쳐지는 모양은 우산꽃차례와 가깝다. 가장자리 꽃이 먼저 피고, 안쪽 것이 나중에 핀다.(예: 말발도리 수국 산수국 산사나무)
편평한	扁平	compressed			나무 껍질이나 잎끝 등이 넓고 평탄하거나 매끄럽고 반반한 모습
편평한 밑	截底	truncate	재저(截底)		잎밑이 가위로 자른 것처럼 180도 직선에 가까운 것

용어	한자 표기	영어 표기	같은 말	참고	설명
편평한작은모임꽃차례	繖房狀聚繖花序	corymbose cyme	산방상취산화서(繖房狀聚繖花序)		어긋나게 갈라진 작은모임꽃차례가 모여 편평한 모양이 된 것(예: 자주꿩의비름)
평두	平頭	truncate	재두(截頭)		잎끝이 가로로 자른 것처럼 편평한 모양(예: 백합나무)
평복경	平伏莖	prostrate stem	기는줄기		기는줄기 참조
평복성	平伏性	prostrate			줄기가 땅 위를 기어가면서 자라는 성질
평저	平底	truncate	편평한 밑		편평한 밑 참조
평행맥	平行脈	parallel vein	나란히맥		나란히맥 참조
평활	平滑	smooth, level, flat			평평하고 미끄러운
폐과	閉果	indehiscent fruit	닫힌열매	열리는 열매(裂開果)	익어도 열매껍질이 벌어지지 않는 열매(예: 굳은껍질열매, 얇은열매, 날개열매, 물열매, 굳은씨열매)
폐쇄화	閉鎖花	cleistogamous flower	닫힌꽃		닫힌꽃 참조
포	苞	bract	꽃싸개		꽃싸개 참조
포	苞	bract	꽃차례받침		꽃차례받침 참조
포간개열	胞間開裂	septicidal	포간열개(胞間裂開)		튀는열매 중에서 각 방 사이의 막이 갈라져 터지는 것(예: 진달래, 유카속)
포간열개	胞間裂開	septicidal	포간개열(胞間開裂)		포간개열 참조
포공개열	胞孔開裂	poricidal			튀는열매 중에서 끝이나 밑에 구멍이 생기면서 씨앗이 나오는 것(예: 양귀비속)
포과	胞果	utricle	주머니열매		주머니열매 참조
포린	苞鱗	bract scale, sterile scale	꽃싸개비늘		꽃싸개비늘 참조
포린	苞鱗	bract scale	포조각		포조각 참조
포배개열	胞背開裂	loculicidal	포배열개(胞背裂開)		튀는열매 중에서 등쪽의 배봉선을 따라 찢어지면서 벌어져 씨앗이 나오는 것(예: 개나리)
포배열개	胞背裂開	loculicidal	포배개열(胞背開裂)		튀는열매 중에서 등쪽의 배봉선을 따라 찢어지면서 벌어져 씨앗이 나오는 것(예: 개나리)
포복경	匍匐莖,	stolon, runner	기는줄기		기는줄기 참조
포복성	匍匐性	creeping		누운(伏臥狀)	줄기가 땅에 누워서 옆으로 자라는 성질
포복지	匍匐枝	runner, stolon	기는가지		기는가지
포엽	苞葉	bract			꽃이나 작은꽃자루 아래에 달리는 작은 잎이나 꽃받침잎처럼 생긴 것을 말하며, 고도로 변태한 잎의 한 종류다.
포자	胞子	spore	홀씨		홀씨 참조
포자낭	胞子囊	sporangium	홀씨주머니		홀씨주머니 참조
포자엽	胞子葉	sporophyll	홀씨잎		홀씨잎 참조

용어	한자 표기	영어 표기	같은 말	참고	설명
포조각	苞鱗	bract scale	포린(苞鱗)		솔방울처럼 생긴 열매에서 밑씨가 달리지 않은 비늘조각. 참나무과에 달리는 도토리 같은 열매에서는 깍정이를 형성하는 작은 조각을 부르는 말
포충낭	捕蟲囊	insect catching sac, insectivorous sac	벌레잡이주머니		벌레잡이주머니 참조
폭상	輻狀	rotate	바퀴 모양		바퀴 모양 참조
폭상꽃부리	輻狀花冠	rotate corolla	수레바퀴 모양꽃부리		수레바퀴 모양꽃부리 참조
폭형	輻形	rotate	바퀴 모양		바퀴 모양 참조
폼폰형		pompon type			꽃이 둥글고 꽃잎이 겹으로 촘촘하게 많이 모여 송이를 이루는 모양(예: 장미)
표토	表土	surface soil			땅 윗부분의 흙. 유기물과 미생물이 집중되었으며, 보통 땅 위에서 20~30센티미터 깊이까지의 흙
표피	表皮	epidermis			식물체의 가장 바깥에 있으면서 표면을 덮는 세포층
풀	草本	herbaceous plant	초본(草本)		겨울 동안 땅 위의 줄기 부분이 완전히 마르는 식물. 땅 위의 줄기가 해마다 말라 죽어 굵어지지 않는다.
풀길이	草長	plant height	초장(草長)		식물의 땅 표면에서 줄기나 잎의 끝 부분까지 길이
풍매화	風媒花	anemophilous			꽃가루가 바람을 타고 날아가 다른 그루의 암술머리에 닿음으로써 꽃가루받이되는 꽃(예: 소나무, 벼)
프릴		frill			잎가장자리의 물결 모양 주름
피공	皮孔	lenticel	껍질눈		껍질눈 참조
피목	皮目	lenticel	껍질눈		껍질눈 참조
피복	被覆	mulching	덮기법		덮기법 참조
피자식물	被子植物	angiosperm	속씨식물		속씨식물 참조
피층	皮層	cortex	껍질층		껍질층 참조
피침	皮針	cortical spine	껍질가시		껍질가시 참조
피침형	披針形	lanceolate	바소꼴		바소꼴 참조
하곡성	下曲城	reclined			위쪽에서 아래쪽으로 구부러진 것
하면	夏眠		여름잠		여름잠 참조
하수성	下垂性	pendulous	현수성(懸垂性)		현수성 참조
하순	下脣	labellum	아래입술		아래입술 참조
하위씨방	子房下位	inferior ovary,	자방하위(子房下位)		씨방이 꽃받침, 꽃잎, 수술보다 밑에 있는 것
하위자방	下位子房	inferior ovary	하위씨방		하위씨방 참조
한계일장	限界日長	critical day length	임계일장(臨界日長)		식물이 싹을 틔우거나 꽃을 피울 수 있는 고비가 되는 낮 시간의 길이

용어	한자 표기	영어 표기	같은 말	참고	설명
한몸수술	單體雄蘂	monadelphous stamen	단체웅예 (單體雄蘂)	두몸수술(兩體雄蘂)	무궁화처럼 수술대 여러 개가 완전히 붙어서 한 몸이 된 수술(예: 아욱과, 벽오동)
한해	寒害	cold injury	추위 피해		추위 피해 참조
한해살이	一年生	annual	1년생		1년 안에 싹이 트고 자라고 꽃이 피고 열매를 맺은 과정을 마치고 말라 죽는 식물
한해살이풀	一年草	annual plant	1년초(一年草)		봄부터 가을 사이에 싹이 트고 꽃이 피고 열매가 맺어 씨앗을 남긴 다음 뿌리까지 말라 죽는 풀
합생	合生	fused		이생(離生)	같은 기관의 일부가 서로 붙은 모양
합생수술	合生雄蘂	adelphouse stamen, coberent stamen	합생웅예 (合生雄蘂)		수술대 일부나 전부가 합쳐져 붙어 있는 것
합생심피	合生心皮	syncarpous			한 꽃의 암술에서 심피 여러 개가 붙어 한 개로 보이는 것
합생자방	合生子房	coalescent ovary			많은 심피가 서로 붙어 한 개의 씨방이 구성되는 것
합판악	合瓣萼	gamosepalous	통꽃받침		통꽃받침 참조
합판화	合瓣花	gamopetalous flower	통꽃		통꽃 참조
합판화관	合瓣花冠	gamopetalous corolla	통꽃부리		통꽃부리 참조
항아리 모양	壺狀	urceolate, U-shaped	호형(壺形), 호상(壺狀)		꽃부리 위쪽이 좁아져 끝이 젖혀지는 단지 모양(예: 병조희풀의 꽃부리)
항아리 모양 꽃부리	壺狀花冠	urceolate corolla	호상화관 (壺狀花冠)		꽃부리 위쪽이 좁아져 끝이 젖혀지는 항아리나 단지 모양을 한 꽃부리(예: 은방울꽃, 병조희풀)
해거리	隔年結果	biennial bearing, alternate bearing	격년결과 (隔年結果)		열매가 많이 열리는 해와 적게 열리는 해가 교대로 나타나는 현상
해면질	海綿質	spongy			식물의 조직에 해면처럼 미세한 구멍이 뚫렸고 부드러우면서 탄력이 좋아 수분을 잘 빨아들이는 조직
핵	核	putamen, pit			굳은씨열매의 씨앗. 보통 핵은 열매살에 싸여 있다.
핵과	核果	drupe	굳은씨열매		굳은씨열매 참조
햇가지	小枝	twig	소지(小枝)		작년에 만들어진 눈에서 난 1년생 가지
헛물관	假導菅	tracheid	가도관 (假導菅)		쌍떡잎식물 중 일부나 겉씨식물, 양치식물에서 물이 드나드는 통로. 물관은 세로로 잇닿은 세포 사이에 구멍이 있지만, 헛물관은 막이 세포 사이를 가로막는 목질로 되었고 세포 사이의 벽에 구멍이 없다.
헛비늘조각	假鱗莖	pseudobulb	가짜비늘줄기		가짜비늘줄기 참조
헛비늘줄기	僞鱗莖	pseudobulb	가짜비늘줄기		가짜비늘줄기 참조
헛뿌리	假根	rhizoid	가근(假根)		이끼류나 곰팡이 같은 식물에서 뿌리 같은 기능을 하는 기관. 보통 가느다란 실 모양이다.
헛수술	假雄蘂	staminodes, staminodium	가웅예 (假雄蘂)		수술이 모양만 남아 있고 꽃밥이 발달하지 못하여 꽃잎 모양으로 변하거나 형태만 갖추고 기능을 하지 못하는 것. 즉 변형 혹은 퇴화해서 꽃가루를 만드는 능력이 없는 수술(예: 참죽나무, 개오동). 암수딴그루 식물의 암꽃에서 흔히 나타난다.

용어	한자 표기	영어 표기	같은 말	참고	설명
헛씨껍질	假種皮	aril, arillus	가종피 (假種皮)	종의	씨앗의 표면을 둘러싸는 육질의 덮개(예: 주목, 사철나무, 화살나무, 노박덩굴)
헛열매	僞果	anthocarpous fruit, false fruit	위과(僞果)	가과, 참열매 (眞果)	씨방 이외 부분이 자라서 된 열매(예: 배, 사과, 딸기)
헛잎	假葉	enation, phyllodia	가엽(假葉)		잎자루나 잎줄기 등이 발달해서 잎몸 같은 형태를 보이거나 그 기능을 하는 것
헛줄기	僞莖	pseudostem	위경(僞莖)	가짜 줄기	알줄기 옆에 나는 가짜줄기(예: 천남성)
혀꼴	舌狀	ligulate			혓바닥 모양
혀꽃	舌狀花	ray flower	설상화 (舌狀花), 가장이꽃 (周邊花)	대롱꽃 (管狀花)	꽃차례 가장자리에 붙어 꽃잎처럼 보이는 꽃. 혀처럼 생겨 설상화라고 한다. 혀꽃은 화려한 색으로 곤충을 유인하기 때문에 수술과 암술은 퇴화해서 없거나 흔적만 있다. 민들레는 머리꽃차례가 모두 혀꽃이지만, 쑥부쟁이나 구절초, 해바라기는 가장자리에 혀꽃, 가운데에 대롱꽃이 있다.
혀 모양	舌形	ligulata	설형(舌形)		혀처럼 생긴 모양
혁질	革質	coriaceous	가죽질		가죽질 참조
현부	舷部	limb	판연(瓣緣)		통꽃의 끝에 통부(筒部)와 꽃목(목부분 瓣咽)을 제외한 평평한 부분. 즉 비교적 좁은 통으로 이어진 통부가 꽃목을 거쳐 펼쳐지는 부분으로, 나팔꽃류처럼 붙어 있기도 하고, 앵초처럼 갈라지기도 한다.
현수성	懸垂性	pendulous	하수성 (下垂性)		밑으로 드리우는 성질(예: 가문비나무의 솔방울)
현하배주	懸下胚珠				아래로 매달린 밑씨
협과	莢果	legume	꼬투리열매		꼬투리열매 참조
호과	瓠果	pepo	박과		박과 참조
호상	壺狀	urceolate, U-shaped	항아리 모양		꽃부리 위쪽이 좁아져 끝이 젖혀지는 단지 모양(예: 병조희풀의 꽃부리). 항아리 모양 참조
호상화관	壺狀花冠	urceolate corolla	항아리 모양 꽃부리		항아리 모양꽃부리 참조
호생	互生	alternate phyllotaxis, alternate	어긋나기		어긋나기 참조
호접	呼接	inarching, approach grafting	맞접		맞접 참조
호형	壺形	urceolate, U-shaped	호상(壺狀)		호상 참조
호흡근	呼吸根	respiratory root	호흡뿌리		호흡뿌리 참조
호흡뿌리	呼吸根	respiratory root	호흡근 (呼吸根)		진흙이나 물속에 사는 식물에서 볼 수 있으며, 숨을 쉬기 위하여 땅 위에 드러난 뿌리(예: 낙우송). 열대지방의 갯벌이나 해변의 늪에서 자라는 맹그로브는 호흡뿌리를 공중으로 뻗어 부족한 산소를 보충한다.
혹줄기		tubercle		등줄기	선인장 몸통에 생기는 원기둥이나 원뿔 모양의 혹처럼 생긴 줄기
혼아	混芽	mixed bud			한 겨울눈 속에 꽃눈과 잎눈이 함께 있는 것(예: 배나무)

용어	한자 표기	영어 표기	같은 말	참고	설명
홀수깃꼴겹잎	奇數羽狀複葉	odd–pinnately compound leaf	기수우상복엽 (奇數羽狀複葉)	홀수 깃 모양 겹잎	잎줄기 끝에 작은잎이 달리며, 그 숫자가 홀수인 깃털 모양의 겹잎. 잎줄기 끝에 붙은 작은잎이 한 장이어서 전체적으로 홀수일 때는 홀수깃꼴겹잎, 두 장이어서 짝수일 때는 짝수깃꼴겹잎이라고 한다. 깃꼴겹잎에 깃꼴로 갈라져 달리는 작은잎이 다시 깃꼴로 갈라진 경우 2회깃꼴겹잎, 한 번 더 갈라진 경우 3회깃꼴겹잎이라고 한다.
홀씨	胞子	spore	포자(胞子)		꽃이 피지 않는 균류, 세균, 이끼 등 양치식물의 번식세포(예: 고사리). 홀씨주머니에서 홀씨세포가 분열해서 된 무성생식세포. 혼자 싹이 트고 새로운 개체로 자라며, 스스로 배우체를 만들고 배우체 속에서 난자와 정자가 생긴다.
홀씨잎	胞子葉	sporophyll			홀씨주머니가 달릴 수 있도록 변한 잎(예: 양치류)
홀씨주머니	胞子囊	sporangium			홀씨를 만드는 주머니 모양의 생식기관. 암수 홀씨가 있는 양치식물에서는 큰 홀씨주머니와 작은 홀씨주머니가 있다.
홀꽃	單瓣花	single flower	단판화 (單瓣花)	겹꽃(重瓣花)	꽃잎이 여러 장으로 겹쳐 포개지지 않고 한 겹으로 된 꽃. 겹꽃의 상대어
홀꽃					무궁화는 보통 꽃잎이 다섯 개지만, 꽃잎이 열 개라도 겹치지 않고 피는 것. 혹은 아주 작은 속꽃잎이 몇 개 있지만 잘 보이지 않는 것
홀꽃차례	單頂花序	solitary inflorescence	단정화서 (單頂花序)		가지나 꽃대 끝에 꽃이 한 개씩 달리는 꽃차례(예: 목련, 모란)
홀떡잎식물	單子葉植物	monocotyledonous plant, monocotyledon	외떡잎식물		외떡잎식물 참조
홀몸겹잎	單身複葉	unifoliate compound leaf	단신복엽 (單身複葉)		홀잎처럼 보이지만 두 잎몸이 아래위로 이어진 잎(예: 유자, 귤, 탱자나무)
홀성꽃	單性花	unisexual flower	단성화 (單性花)		한 송이 꽃 속에 수술이나 암술 중 어느 한 쪽이 없거나, 암술과 수술이 모두 있어도 어느 한쪽의 기능이 상실된 것. 암꽃과 수꽃은 각각 홀성꽃이다. 수술만 있는 꽃을 수꽃, 암술만 있는 꽃을 암꽃이라고 한다.
홀잎	單葉	simple leaf	단엽(單葉)	겹잎(複葉)	잎몸 한 개로 된 잎(예: 오동나무, 해바라기). 잎자루에 잎몸 하나가 붙어 작은잎으로 쪼개지지 않는다. 잎몸이 깊게 찢어진 경우 겹잎과 구별하기 어려우나, 코스모스와 같이 깃털 모양으로 완전히 갈라진 것도 홀잎이다. 겹잎의 상대어
화경	花梗	peduncle	꽃자루		꽃자루 참조
화관	花冠	corolla	꽃부리		꽃부리 참조
화관통부	花冠筒部	corolla tube	꽃갓통부		통꽃부리에서 대롱 모양이나 깔때기 모양의 통으로 된 부분
화낭	花囊		꽃주머니		꽃주머니 참조
화반	花盤	disk	꽃쟁반		꽃쟁반 참조
화병	花柄	pedicel	꽃자루		꽃자루 참조
화분	花粉	pollen	꽃가루		꽃가루 참조
화분관	花粉管	pollen tube	꽃가루관		꽃가루관 참조

용어	한자 표기	영어 표기	같은 말	참고	설명
화분괴	花粉塊	pollinia, pollen mass	꽃가루덩어리		꽃가루덩어리 참조
화분낭	花粉囊	pollen sac	꽃가루주머니		꽃밥을 만드는 주머니로 작은 홀씨주머니에 해당하며, 작은 홀씨주머니 네 개의 집합이 보통이다. 꽃가루주머니 참조
화사	花絲	filament	수술대		수술대 참조
화살꼴	箭形	sagittate	전형(箭形)		긴 삼각형 끝과 밑의 양쪽이 뾰족하여 화살촉 같은 모양
화상	花床	receptacle	꽃턱		꽃턱 참조
화서	花序	inflorescence	꽃차례		꽃차례 참조
화서축	花序軸	flower stalk. rhachis. rachis	화서		꽃대축 참조
화수	花穗	spike	꽃이삭		꽃이삭 참조
화아	花芽	flower bud	꽃눈		꽃눈 참조
화아분화	花芽分化	flower bud formation	꽃눈형성		꽃눈형성 참조
화조	花爪	unguis, ungula, claw	손톱홀꽃		꽃잎이나 꽃받침 아래쪽이 좁고 가늘어진 부분(예: 패랭이꽃). 손톱홀꽃 참조
화좌	花座	cephalium	꽃자리(花座)		꽃자리 참조
화주	花柱	style	암술대		암술대 참조
화지	花枝				꽃이 피는 가지
화총	花叢	flower cluster	다발꽃		다발꽃 참조
화축	花軸	rachis	꽃대		꽃대 참조
화탁	花托	receptacle	꽃턱		꽃턱 참조
화통	花筒	floral tube, hypanthium	화관통부(花冠筒部)	꽃부리통부	통꽃부리에서 대롱 모양이나 깔때기 모양의 통으로 된 부분. 화관통부를 줄인 말. 꽃부리통부 참조
화판	花瓣	petal	꽃잎		꽃잎 참조
화판상	花瓣狀	petaloid	꽃잎 모양		꽃잎 모양 참조
화판상생	花瓣上生	epipetalous			수술 등 어떤 구조가 꽃부리 안쪽 위에 난 것(예: 꿀풀과, 지치과의 수술)
화판상생웅예	花瓣上生雄蘂	epipetalous			꽃잎에 붙은 수술(예: 꿀풀과, 물푸레나무과 지치과의 수술)
화판상웅예	花瓣狀雄蘂	petaloid			꽃잎처럼 변한 수술
화피	花被	perianth	꽃덮이		꽃덮이 참조
화피통	花被筒	hypanthium	꽃덮이통		꽃덮이통 참조
화피편	花被片	tepal	꽃덮이조각		꽃덮이조각 참조
화후	花喉	throat	꽃목		꽃목 참조
화후증대	花後增大	accrescent			꽃이 진 뒤 꽃받침이나 꽃싸개 등이 새롭게 자라는 것(예: 민들레의 갓털, 꽈리의 꽃받침)

용어	한자 표기	영어 표기	같은 말	참고	설명
환상	環狀	annular pattern	고리 모양		고리 모양 참조
환절	環節	annulus	고리마디		고리처럼 둥글게 생긴 마디
활착	活着	take, graft-take	뿌리내림		뿌리내림 참조
회선상	回旋狀	convolute			꽃잎이 회전하는 듯 돌려 달리는 모양
횡개	橫開	transverse			꽃밥의 봉선이 옆으로 터져서 꽃가루가 나오는 경우
횡맥	橫脈	transversely veined	가로맥		가로맥 참조
효모	酵母	yeast			곰팡이나 버섯 무리지만 엽록소와 운동성이 없으며, 탄소동화작용을 하지 않는 단세포생물의 총칭
후부	喉部	throat	꽃목		꽃목 참조
휘묻이	取木	layerage	취목(取木)		나뭇가지나 줄기 일부분을 흙이나 이끼 등으로 덮어 뿌리 내리게 하는 번식 방법
휴면아	休眠芽	dormant buds, sleeping buds	쉬는눈		쉬는눈 참조
흡근	吸根	sucker		착생식물(着生植物)	착생식물의 줄기나 가지에서 난 뿌리
흡반	吸盤	sucker	빨판		빨판 참조
흡착근	吸着根			빨판(吸盤)	빨판처럼 다른 물체에 잘 달라붙는 원반꼴 뿌리(예: 담쟁이덩굴)
F1		first filial generation	에프원		서로 다른 품종의 인공교잡에 의해 얻어진 잡종1세대
F1씨앗		first filial generation seed	F1종자	잡종강세(雜種强勢)	우수한 품종끼리 교배해서 만든 씨앗. 그 식물의 우수한 특징이 유전되지 않기 때문에 해마다 새로운 씨앗을 사야 한다.
F1종자		first filial generation seed	F1씨앗		F1씨앗 참조
T자착	T字着	versatile			꽃밥의 가운데에 수술대가 붙어서 T자 모양을 한 것(예: 백합속)
Y자맥	Y字脈	dichotomously veined	차상맥		잎맥이 굵기 변화 없이 Y자 모양으로 갈라지는 것
Y자 모양	Y字狀	furcate, forked	차상(叉狀)		가지나 잎맥 등이 굵기 변화 없이 Y자 모양으로 갈라지는 것
Y자형가지치기	叉狀分枝	dichotomous branching	차상분지(叉狀分枝)		가지가 같은 굵기로 Y자 모양으로 갈라지는 것

용어 해설

1. 꽃차례 종류

용어	한자	영어	같은 말	비슷한말	설명
2출작은모임꽃차례	岐繖花序	dichasial cyme	이출작은모임꽃차례	집산화서(集繖花序)	이출작은모임꽃차례 참조
겹꽃차례	複合花序	compound inflo-rescence	복합화서		꽃대가 여러 갈래로 갈라지며, 갈라진 작은꽃자루에 꽃이 달린다.
겹산형꽃차례	複傘形花序	compuond umbel	겹우산꽃차례		겹우산꽃차례 참조
겹산형화서	複傘形花序	compound umbel	겹우산꽃차례		겹우산꽃차례 참조
겹술모양꽃차례	複總狀花序	compound ra-ceme	복총상화서(複總狀花序)		꽃대가 둘 이상의 술모양꽃차례로 갈라지는 꽃차례
겹우산꽃차례	複傘形花序	compuond umbel	복산형화서(複傘形花序)	복산형꽃차례,겹산형화서,겹산형꽃차례.	각각의 우산꽃차례가 다시 우산모양으로 모여 달려 전체의 꽃차례를 이루는 모양
겹작은모임꽃차례	複集繖花序	dichasial cyme	복집산화서(複集繖花序)		작은모임꽃차례의 일종으로 꽃대의 꼭대기에 한 개의 꽃이 달리고, 그 꽃의 아래에 두개의 작은꽃자루가 나와 그 꼭대기마다 꽃이 달리고 또 그 꽃 아래에 두개의 작은꽃자루가 나와 여러 층으로 반복된다.
겹총상꽃차례	複總狀花序	compound ra-ceme	겹술모양꽃차례		겹술모양꽃차례 참조
겹편평꽃차례	複繖房花序	compound cor-ymb	복산방화서(複繖房花序)	복산방꽃차례	각각의 편평꽃차례가 어긋나게 갈라져 전체적으로 공모양이나 편평한 모양으로 달리는 꽃차례(예: 마가목, 신나무, 갈기조팝나무). 작은꽃자루의 길이가 위로 갈수록 점점 짧아진다.
고른우산꽃차례	繖房花序	corymb	편평꽃차례		편평꽃차례 참조
권산화서	卷繖花序	drepanium, helicoid cyme	말리는 작은모임꽃차례		말리는 작은모임꽃차례 참조
기산상취산화서	岐繖狀聚繖花序	dichasial cyme	이출작은모임꽃차례	집산화서(集繖花序)	이출작은모임꽃차례 참조
기산화서	岐繖花序	dichasium, di-chasial cyme	이출작은모임꽃차례	집산화서(集繖花序)	이출작은모임꽃차례 참조
꼬리꽃차례	尾狀花序	ament, catkin	미상화서(尾狀花序)	유이화서	꽃대는 가늘며 작은 꽃자루가 없다. 꽃잎이 없으며 홑성꽃이 빽빽하게 많이 달린다. 꽃차례는 늘어지거나 혹은 바로 선다.(예: 참나무과, 자작나무과, 호두나무과, 버드나무과)
꽃차례	花序	inflorescence	화서(花序)		꽃대에 달린 꽃의 배열상태
단정화서	單頂花序	solitary inflores-cence	홑꽃차례		홑꽃차례 참조

돌림꽃차례	輪繖花序	verticillaster	윤산화서 (輪繖花序)		줄기에 꽃이 둥글게 고리모양으로 모여 달리는 작은모임꽃차례이지만, 전체적으로는 원뿔꽃차례를 이룬다.(예: 광대수염, 꿀풀과)
두상꽃차례	頭狀花序	capitulum	머리꽃차례		머리꽃차례 참조
두상화서	頭狀花序	capitulum	머리꽃차례		머리꽃차례 참조
등잔모양꽃 차례	盃狀花序	cyathium	술잔모양꽃 차례		술잔모양꽃차례 참조
말리는 작은 모임꽃차례	卷繖花序	drepanium, helicoid cyme	권산화서 (卷繖花序)		고사리 잎처럼 한쪽 방향으로 동그랗게 또르르 말리는 작은모임꽃차례(예: 꽃마리)
머리꽃차례	頭狀花序	capitulum	두상화서 (頭狀花序)	머리모양꽃 차례. 두상꽃차례	꽃턱이 원판모양으로 되어 그 위에 꽃자루가 없는 작은 꽃이 여러 송이 달려서 머리모양으로 보이는 꽃차례. 꽃은 가장자리부터 안쪽으로 핀다. 일반적으로 꽃차례 아래쪽에는 꽃차례받침이 달리며, 대롱꽃과 혀꽃이 있는 경우가 많다(예: 국화과, 양버즘나무, 산토끼과)
미상화서	尾狀花序	ament	꼬리꽃차례		꼬리꽃차례 참조
밀추화서	密錐花序	thyrsus			작은모임꽃차례가 공모양으로 술모양꽃차례나 원뿔꽃차례에 달리는 것
배상화서	盃狀花序	cyathium	배상꽃차례		술잔모양꽃차례 참조
복산형꽃차례	複傘形花序	compuond umbel	겹우산꽃차례		겹우산꽃차례 참조
복산형화서	複傘形花序	compuond umbel	겹우산꽃차례		겹우산꽃차례 참조
복집산화서	複集繖花序	dichasial cyme	겹작은모임꽃 차례		겹작은모임꽃차례 참조
복총상화서	複總狀花序	compound ra- ceme	겹술모양꽃 차례		겹술모양꽃차례 참조
복취산꽃차례	複聚繖花序	compound cyme	겹작은모임꽃 차례		겹작은모임꽃차례 참조
복취산화서	複聚繖花序	compound cyme	겹작은모임꽃 차례		겹작은모임꽃차례 참조
복합화서	複合花序	compound inflo- rescence	겹꽃차례		겹꽃차례 참조
산방상취산 화서	繖房狀 聚繖 花序	corymbose cyme	편평한작은모 임꽃차례		편평한작은모임꽃차례 참조
산방화서	繖房花序	corymb	편평꽃차례		편평꽃차례 참조
산형화서	傘形花序	umbel	우산꽃차례		우산꽃차례 참조
살이삭꽃차례	肉穗花序	spadix	육수화서 (肉穗花序)	육수꽃차례	굵으면서 살과 즙이 많은 꽃대에 꽃자루가 없는 작은 꽃이 빽빽하게 달린 꽃차례(예 : 천남성과)
수꽃이삭	雄花穗	male catkin	웅화수 (雄花穗)		수꽃이 여러 송이 다닥다닥 붙어서 이삭처럼 피어 있는 것
수꽃차례	雄花序	staminate inflo- rescence	웅화서 (雄花序)	암꽃차례	수꽃만 모여서 핀 꽃차례를 말한다.(예: 한삼덩굴, 거북꼬리, 버드나무)
수상화서	穗狀花序	spike	이삭꽃차례		이삭꽃차례 참조
수상꽃차례	穗狀花序	spike	이삭꽃차례		이삭꽃차례 참조
수평우산꽃 차례	繖房花序	corymb	편평꽃차례		편평꽃차례 참조

술모양꽃차례	總狀花序	raceme	총상화서 (總狀花序)	총상꽃차례	중앙의 긴 꽃대에 거의 비슷한 길이의 작은 꽃자루가 있는 꽃들이 아래에서 위로 피어 올라가는 꽃차례(예: 아까시나무, 때죽나무)
술잔모양꽃차례	盃狀花序	cyathium	배상화서 (盃狀花序)	등잔모양꽃차례	암꽃과 수꽃이 술잔 모양의 꽃싸개 속에 함께 들어 있는 꽃차례. 꽃싸개 속에 몇 개의 퇴화한 수꽃과 한 개의 암꽃이 있다.(예: 대극과)
숨은꽃차례	隱頭花序	hypanthodium, syconium	은두화서 (隱頭花序)		머리꽃차례의 변형으로서, 꽃턱이 크게 발달하여 항아리 모양을 이루고, 그 속에 많은 꽃이 달리는 꽃차례(예: 무화과나무)
암꽃이삭	雌花穗	female catkin	자화수 (雌花穗)		작은 꽃이 여러 송이 다닥다닥 붙어서 이삭처럼 늘어지는 암꽃
암꽃차례	雌花序	female inflores- cence	자화서 (雌花序)	수꽃차례	암꽃만으로 된 꽃차례를 말한다.(예: 한삼덩굴, 버드나무, 거북꼬리)
우산꽃차례	傘形花序	umbel	산형화서 (傘形花序)	산형꽃차례 우산모양꽃차례	거의 같은 길이의 작은 꽃자루가 우산살처럼 퍼지며, 작은 꽃자루마다 한 송이씩 피는 꽃이 모여 공 모양이나 편평한 모양의 꽃차례(예: 두릅나무과)
우산모양꽃차례	傘形花序	umbel	우산꽃차례		우산꽃차례 참조
웅화서	雄花序	staminate inflo- rescence	수꽃차례		수꽃차례 참조
웅화수	雄花穗	male catkin	수꽃이삭		수꽃이삭 참조
웅화수	雄花穗	male gameto- phyte	수배우체		수배우체 참조
원뿔꽃차례	圓錐花序	panicle	원추화서 (圓錐花序)	원뿔모양꽃차례	위로 갈수록 점점 좁아져 전체적으로 원뿔모양인 꽃차례. 꽃은 한 번에 피지 않고 위나 아래에서 피기 시작하고, 중앙에서 시작하여 상하로 꽃이 피는 경우도 있다. 꽃차례 곁가지마다 술모양꽃차례나 이삭꽃차례가 모여 전체적으로 원뿔모양의 꽃차례를 이룬다.
원뿔모양꽃차례	圓錐花序	panicle	원뿔꽃차례		원뿔꽃차례 참조
원추화서	圓錐花序	panicle	원뿔꽃차례		원뿔꽃차례 참조
유이화서	葇荑花序	ament	꼬리꽃차례		꼬리꽃차례 참조
육수화서	肉穗花序	spadix	살이삭꽃차례	육수꽃차례	살이삭꽃차례 참조
윤산화서	輪繖花序	verticillaster	돌림꽃차례		돌림꽃차례 참조
윤생화서	輪生花序	verticillaster	돌림꽃차례		돌림꽃차례 참조
은두꽃차례	隱頭花序	hypanthodium	은두화서 (隱頭花序)		숨은꽃차례 참조
은두화서	隱頭花序	hypanthodium	숨은꽃차례		숨은꽃차례 참조

이삭꽃차례	穗狀花序	spike, spicae	수상화서 (穗狀花序)	수상꽃차례	가늘고 긴 꽃대에 꽃자루가 없는 작은 꽃이 여러 송이 다닥다닥 붙어서 이삭모양이 된 꽃차례(예: 좀깨잎나무, 병솔나무, 참나무과, 오리나무)
이출작은모임 꽃차례	岐繖花序	dichasium, di-chasial cyme	기산화서 (岐繖花序)	집산화서 (集繖花序)	작은모임꽃차례의 일종으로, 꽃대의 꼭대기에 한 개의 꽃이 달리고, 그 꽃의 아래에 두 개의 작은꽃자루가 나와 그 끝에 각각 하나의 꽃이 달리는 꽃차례
자화서	雌花序	female inflores-cence	암꽃차례		암꽃차례 참조
자화수	雌花穗	female catkin	암꽃이삭		암꽃이삭 참조
자화수	雌花穗	female gameto-phyte	암배우체		암배우체 참조
작은모임꽃 차례	聚繖花序	cyme	취산화서 (聚繖花序)	집산화서 (集繖花序)	꽃대의 끝에 한 송이 꽃이 피고, 그 꽃 밑에서 또 작은 꽃자루가 한 쌍씩 나와 끝에 꽃이 한 송이씩 달리는 꽃차례. 처음 중앙에 있는 꽃이 먼저 피고 다음에 주변의 꽃들이 핀다.(예: 작살나무, 백당나무, 덜꿩나무)
집산화서	集繖花序	dichasial cyme	2출작은모임 꽃차례		이출작은모임꽃차례 참조
총상꽃차례	總狀花序	raceme	술모양꽃차례		술모양꽃차례 참조
총상화서	總狀花序	raceme	술모양꽃차례		술모양꽃차례 참조
취산화서	聚繖花序	cyme	작은모임꽃 차례		작은모임꽃차례 참조
편평꽃차례	繖房花序	corymb	산방화서 (繖房花序)	고른우산꽃 차례 수평우산꽃차 례	작은꽃자루의 길이가 위로 갈수록 점점 짧아져 전체적으로 거의 편평한 모양을 이룬다. 꽃대에 꽃이 달리는 모습은 술모양꽃차례와 같고, 꽃대 끝에서 공모양 또는 편평하게 펼쳐지는 모양은 우산꽃차례와 가깝다. 꽃은 가장자리의 둘레의 꽃이 먼저 피고, 안쪽 것이 나중에 핀다.(예: 말발도리, 수국, 산수국, 산사나무)
편평한작은모 임꽃차례	繖房狀 聚繖 花序	corymbose cyme	산방상취산화 서(繖房狀 聚 繖花序)		어긋나게 갈라진 작은모임꽃차례가 모여 편평꽃차례 모양을 이룬다.(예: 자주꿩의비름)
홑꽃차례	單頂花序	solitary inflores-cence	단정화서(單 頂花序)		가지나 꽃대 끝에 꽃이 1개씩 달리는 꽃차례(예: 목련, 모란)
화서	花序	inflorescence	꽃차례		꽃차례 참조
화수	花穗	spike	꽃이삭		꽃이삭 참조

2. 꽃차례 도해

*꽃은 원으로 표시되었으며, 숫자는 꽃 피는 순서를 나타냄. 1이 가장 먼저 핀 꽃.

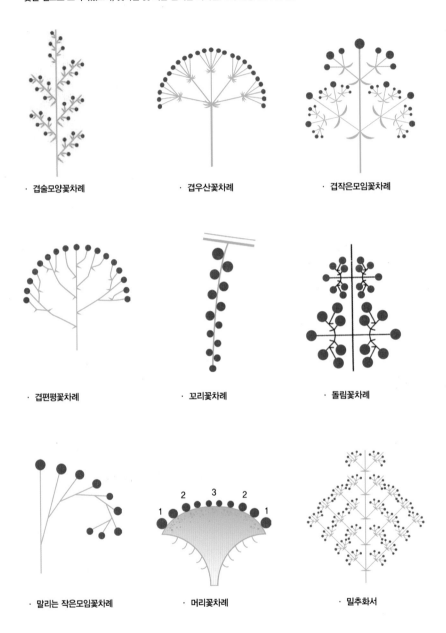

· 겹술모양꽃차례   · 겹우산꽃차례   · 겹작은모임꽃차례

· 겹편평꽃차례   · 꼬리꽃차례   · 돌림꽃차례

· 말리는 작은모임꽃차례   · 머리꽃차례   · 밀추화서

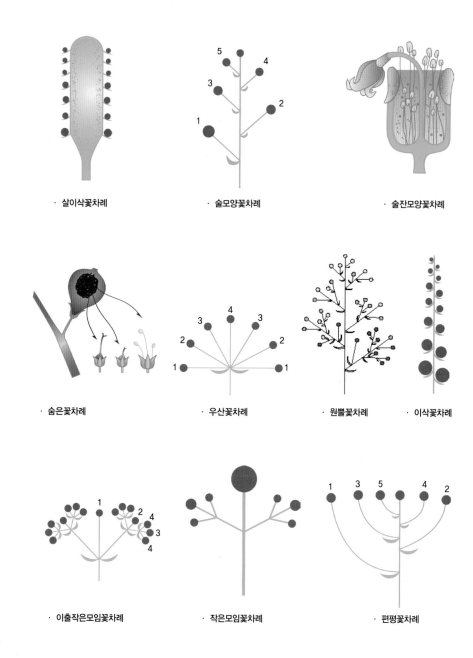

· 살이삭꽃차례

· 술모양꽃차례

· 술잔모양꽃차례

· 숨은꽃차례

· 우산꽃차례

· 원뿔꽃차례

· 이삭꽃차례

· 이출작은모임꽃차례

· 작은모임꽃차례

· 편평꽃차례

찾아보기

굵은 글씨는 정명, 가는 글씨는 이명·속명

한눈에 알아보는 우리 나무 1

1판 1쇄 2021년 5월 3일
1판 5쇄 2024년 12월 2일

지은이 박승철
펴낸이 강성민
편집장 이은혜
마케팅 정민호 박치우 한민아 이민경 박진희 황승현
브랜딩 함유지 함근아 박민재 김희숙 이송이 박다솔 조다현 배진성 이서진 김하연
제작 강신은 김동욱 이순호

펴낸곳 (주)글항아리│출판등록 2009년 1월 19일 제406-2009-000002호

주소 10881 경기도 파주시 심학산로 10 3층
전자우편 bookpot@hanmail.net
전화번호 031-941-5161(편집부) 031-955-2689(마케팅)

ISBN 978-89-6735-878-5 06480

www.geulhangari.com